生产经营单位主要负责人、安全生产管理人员培训教材

危险化学品

生产、经营、使用安全管理

虞 谦 虞汉华 刘龙飞 编著

东南大学出版社
SOUTHEAST UNIVERSITY PRESS
·南京·

图书在版编目(CIP)数据

危险化学品生产、经营、使用安全管理 / 虞谦，虞汉华，刘龙飞编著. — 南京 ：东南大学出版社，2023.7
ISBN 978 - 7 - 5766 - 0777 - 2

Ⅰ. ①危… Ⅱ. ①虞… ②虞… ③刘… Ⅲ. ①化工产品-危险物品管理 Ⅳ. ①TQ086.5

中国国家版本馆 CIP 数据核字(2023)第 105120 号

责任编辑:陈潇潇 **责任校对**:韩小亮 **封面设计**:王玥 **责任印制**:周荣虎

危险化学品生产、经营、使用安全管理

编　　著 虞　谦　虞汉华　刘龙飞
出版发行 东南大学出版社
社　　址 南京四牌楼 2 号　邮编:210096　电话:025 - 83793330
网　　址 http://www.seupress.com
电子邮件 press@seupress.com
经　　销 全国各地新华书店
印　　刷 常州市武进第三印刷有限公司
开　　本 787 mm×1092 mm　1/16
印　　张 13.75
字　　数 348 千字
版　　次 2023 年 7 月第 1 版
印　　次 2023 年 7 月第 1 次印刷
书　　号 ISBN 978 - 7 - 5766 - 0777 - 2
定　　价 45.00 元

前　言

为了帮助危险化学品单位从业人员具备与所从事的生产经营活动相适应的安全生产知识和技能，提升危险化学品单位主要负责人和安全生产管理人员有关安全管理方面的业务素质和专业水平，依据国家有关危险化学品单位主要负责人、安全生产管理人员安全生产培训大纲及考核标准，我们编著了《危险化学品生产、经营、使用安全管理》一书。

本书主要内容包括有关危险化学品安全管理的法律法规、危险化学品生产单位安全管理、危险化学品经营单位安全管理、危险化学品使用单位安全管理、安全风险分级管控和隐患排查治理双重预防机制、危险化学品重大危险源安全管理、安全培训、应急管理、安全生产标准化、典型事故案例分析等内容。

本书的主要特点是：

1. 反映最新的有关危险化学品单位安全管理的法律、法规、规章、标准和有关规定。

2. 针对危险化学品安全管理的新情况、新问题，根据广大学员的实际需求，总结近几年来学员参加培训考核的经验，对培训大纲及考核标准中的知识点进行了全面深入的分析，以符合科学性、适用性的要求。

本书主要适用于危险化学品单位主要负责人和安全生产管理人员的培训和考核，也可作为有关从业人员学习安全生产知识的辅导书。

本书第二章至第七章由虞谦博士编著，第一章、第八章由虞汉华博士编著，第九章、第十章由刘龙飞博士编著，全书由虞谦博士统稿。在编著本书过程中，得到了许多学者和专家的帮助，在此表示衷心感谢。

由于编著时间紧，加之笔者水平所限，书中难免有疏漏和不妥之处，敬请读者批评指正。

编　者

2023 年 4 月

目　录

第一章　安全生产法律法规

第一节　安全生产法

最新修正后的《中华人民共和国安全生产法》(简称《安全生产法》)共七章一百一十九条，包括总则、生产经营单位的安全生产保障、从业人员的安全生产权利义务、安全生产的监督管理、生产安全事故的应急救援与调查处理、法律责任以及附则，自 2021 年 9 月 1 日起施行。现将《安全生产法》主要内容阐述如下：

一、适用范围

《安全生产法》适用于在中华人民共和国领域内从事生产经营活动的单位(以下统称生产经营单位)的安全生产。

有关法律、行政法规对消防安全和道路交通安全、铁路交通安全、水上交通安全、民用航空安全以及核与辐射安全、特种设备安全另有规定的，适用其规定。

二、安全生产工作方针与工作机制

1. 安全生产工作坚持安全第一、预防为主、综合治理的方针。

安全生产工作应当以人为本，坚持人民至上、生命至上，把保护人民生命安全摆在首位，树牢安全发展理念，从源头上防范化解重大安全风险。

2. 安全生产工作实行管行业必须管安全、管业务必须管安全、管生产经营必须管安全。

3. 安全生产工作建立生产经营单位负责、职工参与、政府监管、行业自律和社会监督的机制。

三、生产经营单位安全生产总体要求

1. 生产经营单位必须遵守《安全生产法》和其他有关安全生产的法律、法规，加强安全生产管理，建立健全全员安全生产责任制和安全生产规章制度，加大对安全生产资金、物资、技术、人员的投入保障力度，改善安全生产条件，加强安全生产标准化、信息化建设，构建安全风险分级管控和隐患排查治理双重预防机制，健全风险防范化解机制，提高安全生产水平，确保安全生产。

2. 平台经济等新兴行业、领域的生产经营单位应当根据本行业、领域的特点，建立健全并落实全员安全生产责任制，加强从业人员安全生产教育和培训，履行本法和其他法律、法规规定的有关安全生产义务。

3. 生产经营单位必须执行依法制定的保障安全生产的国家标准或者行业标准。

四、生产经营单位委托有关机构提供安全生产技术、管理服务，保证安全生产的责任仍由本单位负责

依法设立的为安全生产提供技术、管理服务的机构，依照法律、行政法规和执业准则，接受生产经营单位的委托为其安全生产工作提供技术、管理服务。

生产经营单位委托前款规定的机构提供安全生产技术、管理服务的，保证安全生产的责任仍由本单位负责。

五、实行生产安全事故责任追究制度

国家实行生产安全事故责任追究制度，依照《安全生产法》和有关法律、法规的规定，追究生产安全事故责任人员的法律责任。

六、生产经营单位的安全生产保障

（一）生产经营单位应当具备安全生产条件

生产经营单位应当具备《安全生产法》和有关法律、行政法规和国家标准或者行业标准规定的安全生产条件；不具备安全生产条件的，不得从事生产经营活动。

（二）生产经营单位的主要负责人职责

生产经营单位的主要负责人是本单位安全生产第一责任人，对本单位的安全生产工作全面负责。其他负责人对职责范围内的安全生产工作负责。

生产经营单位的主要负责人对本单位安全生产工作负有下列7项职责：

1. 建立健全并落实本单位全员安全生产责任制，加强安全生产标准化建设。
2. 组织制定并实施本单位安全生产规章制度和操作规程。
3. 组织制定并实施本单位安全生产教育和培训计划。
4. 保证本单位安全生产投入的有效实施。
5. 组织建立并落实安全风险分级管控和隐患排查治理双重预防工作机制，督促、检查本单位的安全生产工作，及时消除生产安全事故隐患。
6. 组织制定并实施本单位的生产安全事故应急救援预案。
7. 及时、如实报告生产安全事故。

（三）全员安全生产责任制基本要求

生产经营单位的全员安全生产责任制应当明确各岗位的责任人员、责任范围和考核标准等内容。

生产经营单位应当建立相应的机制，加强对全员安全生产责任制落实情况的监督考核，保证全员安全生产责任制的落实。

（四）生产经营单位安全生产条件所必需的资金投入

生产经营单位应当具备的安全生产条件所必需的资金投入，由生产经营单位的决策机构、主要负责人或者个人经营的投资人予以保证，并对由于安全生产所必需的资金投入不足导致的后果承担责任。

有关生产经营单位应当按照规定提取和使用安全生产费用，专门用于改善安全生产条件。

安全生产费用在成本中据实列支。

（五）设置安全生产管理机构或者配备专职安全生产管理人员

矿山、金属冶炼、建筑施工、运输单位和危险物品的生产、经营、储存、装卸单位，应当设置安全生产管理机构或者配备专职安全生产管理人员。

前款规定以外的其他生产经营单位，从业人员超过一百人的，应当设置安全生产管理机构或者配备专职安全生产管理人员；从业人员在一百人以下的，应当配备专职或者兼职的安全生产管理人员。

（六）安全生产管理机构以及安全生产管理人员的职责

生产经营单位的安全生产管理机构以及安全生产管理人员履行下列职责：

1. 组织或者参与拟订本单位安全生产规章制度、操作规程和生产安全事故应急救援预案。

2. 组织或者参与本单位安全生产教育和培训，如实记录安全生产教育和培训情况。

3. 组织开展危险源辨识和评估，督促落实本单位重大危险源的安全管理措施。

4. 组织或者参与本单位应急救援演练。

5. 检查本单位的安全生产状况，及时排查生产安全事故隐患，提出改进安全生产管理的建议。

6. 制止和纠正违章指挥、强令冒险作业、违反操作规程的行为。

7. 督促落实本单位安全生产整改措施。

（七）生产经营单位的安全生产管理机构以及安全生产管理人员应当恪尽职守，依法履行职责

生产经营单位作出涉及安全生产的经营决策，应当听取安全生产管理机构以及安全生产管理人员的意见。

生产经营单位不得因安全生产管理人员依法履行职责而降低其工资、福利等待遇或者解除与其订立的劳动合同。

危险物品的生产、储存单位以及矿山、金属冶炼单位的安全生产管理人员的任免，应当告知主管的负有安全生产监督管理职责的部门。

生产经营单位可以设置专职安全生产分管负责人，协助本单位主要负责人履行安全生产管理职责。

（八）主要负责人和安全生产管理人员具备安全知识和管理能力

生产经营单位的主要负责人和安全生产管理人员必须具备与本单位所从事的生产经营活动相应的安全生产知识和管理能力。

危险物品的生产、经营、储存、装卸单位以及矿山、金属冶炼、建筑施工、运输单位的主要负责人和安全生产管理人员，应当由主管的负有安全生产监督管理职责的部门对其安全生产知识和管理能力考核合格。考核不得收费。

（九）安全生产教育和培训

1. 生产经营单位应当对从业人员进行安全生产教育和培训，保证从业人员具备必要的安全生产知识，熟悉有关的安全生产规章制度和安全操作规程，掌握本岗位的安全操作技能，了解事故应急处理措施，知悉自身在安全生产方面的权利和义务。未经安全生产教育和培训合格的从业人员，不得上岗作业。

2. 生产经营单位使用被派遣劳动者的，应当将被派遣劳动者纳入本单位从业人员统一管理，对被派遣劳动者进行岗位安全操作规程和安全操作技能的教育和培训。劳务派遣单位应当对被派遣劳动者进行必要的安全生产教育和培训。

3. 生产经营单位接收中等职业学校、高等学校学生实习的，应当对实习学生进行相应的安全生产教育和培训，提供必要的劳动防护用品。学校应当协助生产经营单位对实习学生进行安全生产教育和培训。

4. 生产经营单位应当建立安全生产教育和培训档案，如实记录安全生产教育和培训的时间、内容、参加人员以及考核结果等情况。

5. 生产经营单位采用新工艺、新技术、新材料或者使用新设备，必须了解、掌握其安全技术特性，采取有效的安全防护措施，并对从业人员进行专门的安全生产教育和培训。

6. 生产经营单位的特种作业人员必须按照国家有关规定经专门的安全作业培训，取得相应资格，方可上岗作业。

（十）安全设施“三同时”

生产经营单位新建、改建、扩建工程项目（以下统称建设项目）的安全设施，必须与主体工程同时设计、同时施工、同时投入生产和使用。安全设施投资应当纳入建设项目概算。

（十一）安全警示标志

生产经营单位应当在有较大危险因素的生产经营场所和有关设施、设备上，设置明显的安全警示标志。

（十二）安全设备

1. 安全设备的设计、制造、安装、使用、检测、维修、改造和报废，应当符合国家标准或者行业标准。

2. 生产经营单位必须对安全设备进行经常性维护、保养，并定期检测，保证正常运转。维护、保养、检测应当做好记录，并由有关人员签字。

3. 生产经营单位不得关闭、破坏直接关系生产安全的监控、报警、防护、救生设备、设施，或者篡改、隐瞒、销毁其相关数据、信息。

4. 餐饮等行业的生产经营单位使用燃气的，应当安装可燃气体报警装置，并保障其正常使用。

（十三）危险物品的容器、运输工具检测、检验

生产经营单位使用的危险物品的容器、运输工具，以及涉及人身安全、危险性较大的海洋石油开采特种设备和矿山井下特种设备，必须按照国家有关规定，由专业生产单位生产，并经具有专业资质的检测、检验机构检测、检验合格，取得安全使用证或者安全标志，方可投入使用。检测、检验机构对检测、检验结果负责。

危险物品，是指易燃易爆物品、危险化学品、放射性物品等能够危及人身安全和财产安全的物品。

（十四）严重危及生产安全的工艺、设备实行淘汰制度

国家对严重危及生产安全的工艺、设备实行淘汰制度。

生产经营单位不得使用应当淘汰的危及生产安全的工艺、设备。

（十五）重大危险源安全管理

1. 生产经营单位对重大危险源应当登记建档，进行定期检测、评估、监控，并制定应急预案，告知从业人员和相关人员在紧急情况下应当采取的应急措施。

2. 生产经营单位应当按照国家有关规定将本单位重大危险源及有关安全措施、应急措施报有关地方人民政府应急管理部门和有关部门备案。有关地方人民政府应急管理部门和有关部门应当通过相关信息系统实现信息共享。

重大危险源，是指长期地或者临时地生产、搬运、使用或者储存危险物品，且危险物品的数量等于或者超过临界量的单元(包括场所和设施)。

（十六）安全风险分级管控与事故隐患排查治理

1. 生产经营单位应当建立安全风险分级管控制度，按照安全风险分级采取相应的管控措施。

2. 生产经营单位应当建立健全并落实生产安全事故隐患排查治理制度，采取技术、管理措施，及时发现并消除事故隐患。

3. 事故隐患排查治理情况应当如实记录，并通过职工大会或者职工代表大会、信息公示栏等方式向从业人员通报。其中，重大事故隐患排查治理情况应当及时向负有安全生产监督管理职责的部门和职工大会或者职工代表大会报告。

（十七）安全距离与出口通道

1. 生产、经营、储存、使用危险物品的车间、商店、仓库不得与员工宿舍在同一座建筑物内，并应当与员工宿舍保持安全距离。

2. 生产经营场所和员工宿舍应当设有符合紧急疏散要求、标志明显、保持畅通的出口、疏散通道。

3. 禁止占用、锁闭、封堵生产经营场所或者员工宿舍的出口、疏散通道。

（十八）危险作业

生产经营单位进行爆破、吊装、动火、临时用电以及国务院应急管理部门会同国务院有关部门规定的其他危险作业，应当安排专门人员进行现场安全管理，确保操作规程的遵守和安全措施的落实。

（十九）告知与心理疏导

1. 生产经营单位应当教育和督促从业人员严格执行本单位的安全生产规章制度和安全操作规程；并向从业人员如实告知作业场所和工作岗位存在的危险因素、防范措施以及事故应急措施。

2. 生产经营单位应当关注从业人员的身体、心理状况和行为习惯，加强对从业人员的心理疏导、精神慰藉，严格落实岗位安全生产责任，防范从业人员行为异常导致事故发生。

（二十）劳动防护用品

生产经营单位必须为从业人员提供符合国家标准或者行业标准的劳动防护用品，并监督、教育从业人员按照使用规则佩戴、使用。

（二十一）安全检查

1. 生产经营单位的安全生产管理人员应当根据本单位的生产经营特点，对安全生产状况进行经常性检查；对检查中发现的安全问题，应当立即处理；不能处理的，应当及时报告本单位有关负责人，有关负责人应当及时处理。检查及处理情况应当如实记录在案。

2. 生产经营单位的安全生产管理人员在检查中发现重大事故隐患，依照前款规定向本单位有关负责人报告，有关负责人不及时处理的，安全生产管理人员可以向主管的负有安全生产监督管理职责的部门报告，接到报告的部门应当依法及时处理。

（二十二）劳动防护用品与安全生产培训经费

生产经营单位应当安排用于配备劳动防护用品、进行安全生产培训的经费。

（二十三）安全生产管理协议

两个以上生产经营单位在同一作业区域内进行生产经营活动，可能危及对方生产安全的，应当签订安全生产管理协议，明确各自的安全生产管理职责和应当采取的安全措施，并指定专职安全生产管理人员进行安全检查与协调。

（二十四）项目、场所、设备发包或者出租

1. 生产经营单位不得将生产经营项目、场所、设备发包或者出租给不具备安全生产条件或者相应资质的单位或者个人。

2. 生产经营项目、场所发包或者出租给其他单位的，生产经营单位应当与承包单位、承租单位签订专门的安全生产管理协议，或者在承包合同、租赁合同中约定各自的安全生产管理职责；生产经营单位对承包单位、承租单位的安全生产工作统一协调、管理，定期进行安全检查，发现安全问题的，应当及时督促整改。

3. 矿山、金属冶炼建设项目和用于生产、储存、装卸危险物品的建设项目的施工单位应当加强对施工项目的安全管理，不得倒卖、出租、出借、挂靠或者以其他形式非法转让施工资质，不得将其承包的全部建设工程转包给第三人或者将其承包的全部建设工程支解以后以分包的名义分别转包给第三人，不得将工程分包给不具备相应资质条件的单位。

（二十五）事故抢救

生产经营单位发生生产安全事故时，单位的主要负责人应当立即组织抢救，并不得在事故调查处理期间擅离职守。

（二十六）工伤保险

1. 生产经营单位必须依法参加工伤保险，为从业人员缴纳保险费。

2. 国家鼓励生产经营单位投保安全生产责任保险。

3. 属于国家规定的高危行业、领域的生产经营单位，应当投保安全生产责任保险。

七、从业人员的安全生产权利

1. 生产经营单位与从业人员订立的劳动合同，应当载明有关保障从业人员劳动安全、防止职业危害的事项，以及依法为从业人员办理工伤保险的事项。

生产经营单位不得以任何形式与从业人员订立协议，免除或者减轻其对从业人员因生产安全事故伤亡依法应承担的责任。

2. 生产经营单位的从业人员有权了解其作业场所和工作岗位存在的危险因素、防范措施及事故应急措施，有权对本单位的安全生产工作提出建议。

3. 从业人员有权对本单位安全生产工作中存在的问题提出批评、检举、控告；有权拒绝违章指挥和强令冒险作业。

生产经营单位不得因从业人员对本单位安全生产工作提出批评、检举、控告或者拒绝违章指挥、强令冒险作业而降低其工资、福利等待遇或者解除与其订立的劳动合同。

4. 从业人员发现直接危及人身安全的紧急情况时，有权停止作业或者在采取可能的应急措施后撤离作业场所。

生产经营单位不得因从业人员在前款紧急情况下停止作业或者采取紧急撤离措施而降低其工资、福利等待遇或者解除与其订立的劳动合同。

5. 生产经营单位发生生产安全事故后，应当及时采取措施救治有关人员。

因生产安全事故受到损害的从业人员，除依法享有工伤保险外，依照有关民事法律尚有获得赔偿的权利的，有权提出赔偿要求。

八、从业人员的安全生产义务

1. 从业人员在作业过程中，应当严格落实岗位安全责任，遵守本单位的安全生产规章制度和操作规程，服从管理，正确佩戴和使用劳动防护用品。

2. 从业人员应当接受安全生产教育和培训，掌握本职工作所需的安全生产知识，提高安全生产技能，增强事故预防和应急处理能力。

3. 从业人员发现事故隐患或者其他不安全因素，应当立即向现场安全生产管理人员或者本单位负责人报告；接到报告的人员应当及时予以处理。

九、被派遣劳动者安全生产权利与义务

生产经营单位使用被派遣劳动者的，被派遣劳动者享有安全生产法规定的从业人员的权利，并应当履行安全生产法规定的从业人员的义务。

十、工会安全生产权利

生产经营单位的工会依法组织职工参加本单位安全生产工作的民主管理和民主监督，维护职工在安全生产方面的合法权益。生产经营单位制定或者修改有关安全生产的规章制度，应当听取工会的意见。

1. 工会有权对建设项目的安全设施与主体工程同时设计、同时施工、同时投入生产和使用进行监督，提出意见。

2. 工会对生产经营单位违反安全生产法律、法规，侵犯从业人员合法权益的行为，有权要求纠正；发现生产经营单位违章指挥、强令冒险作业或者发现事故隐患时，有权提出解决的建议，生产经营单位应当及时研究答复；发现危及从业人员生命安全的情况时，有权向生产经营单位建议组织从业人员撤离危险场所，生产经营单位必须立即作出处理。

3. 工会有权依法参加事故调查，向有关部门提出处理意见，并要求追究有关人员的责任。

十一、配合监督检查

生产经营单位对负有安全生产监督管理职责的部门的监督检查人员依法履行监督检查职责，应当予以配合，不得拒绝、阻挠。

十二、安全生产中介机构的责任

1. 承担安全评价、认证、检测、检验职责的机构应当具备国家规定的资质条件，并对其作出的安全评价、认证、检测、检验结果的合法性、真实性负责。

2. 承担安全评价、认证、检测、检验职责的机构应当建立并实施服务公开和报告公开制度，

不得租借资质、挂靠、出具虚假报告。

十三、报告或者举报安全生产违法行为

1. 任何单位或者个人对事故隐患或者安全生产违法行为，均有权向负有安全生产监督管理职责的部门报告或者举报。

2. 因安全生产违法行为造成重大事故隐患或者导致重大事故，致使国家利益或者社会公共利益受到侵害的，人民检察院可以根据民事诉讼法、行政诉讼法的相关规定提起公益诉讼。

十四、生产安全事故的应急救援与调查处理

（一）制定应急救援预案

生产经营单位应当制定本单位生产安全事故应急救援预案，与所在地县级以上地方人民政府组织制定的生产安全事故应急救援预案相衔接，并定期组织演练。

（二）建立应急救援组织与应急救援物资

1. 危险物品的生产、经营、储存单位以及矿山、金属冶炼、城市轨道交通运营、建筑施工单位应当建立应急救援组织；生产经营规模较小的，可以不建立应急救援组织，但应当指定兼职的应急救援人员。

2. 危险物品的生产、经营、储存、运输单位以及矿山、金属冶炼、城市轨道交通运营、建筑施工单位应当配备必要的应急救援器材、设备和物资，并进行经常性维护、保养，保证正常运转。

（三）生产经营单位事故报告与救援

1. 生产经营单位发生生产安全事故后，事故现场有关人员应当立即报告本单位负责人。

2. 单位负责人接到事故报告后，应当迅速采取有效措施，组织抢救，防止事故扩大，减少人员伤亡和财产损失，并按照国家有关规定立即如实报告当地负有安全生产监督管理职责的部门，不得隐瞒不报、谎报或者迟报，不得故意破坏事故现场、毁灭有关证据。

3. 参与事故抢救的部门和单位应当服从统一指挥，加强协同联动，采取有效的应急救援措施，并根据事故救援的需要采取警戒、疏散等措施，防止事故扩大和次生灾害的发生，减少人员伤亡和财产损失。

4. 事故抢救过程中应当采取必要措施，避免或者减少对环境造成的危害。

5. 任何单位和个人都应当支持、配合事故抢救，并提供一切便利条件。

（四）事故调查处理

1. 事故调查处理应当按照科学严谨、依法依规、实事求是、注重实效的原则，及时、准确地查清事故原因，查明事故性质和责任，评估应急处置工作，总结事故教训，提出整改措施，并对事故责任单位和人员提出处理建议。事故调查报告应当依法及时向社会公布。

2. 生产经营单位发生生产安全事故，经调查确定为责任事故的，除了应当查明事故单位的责任并依法予以追究外，还应当查明对安全生产的有关事项负有审查批准和监督职责的行政部门的责任，对有失职、渎职行为的，依照《安全生产法》的规定追究法律责任。

3. 任何单位和个人不得阻挠和干涉对事故的依法调查处理。

十五、法律责任

1. 生产经营单位的决策机构、主要负责人或者个人经营的投资人不依照《安全生产法》规

定保证安全生产所必需的资金投入，致使生产经营单位不具备安全生产条件的，责令限期改正，提供必需的资金；逾期未改正的，责令生产经营单位停产停业整顿。

有前款违法行为，导致发生生产安全事故的，对生产经营单位的主要负责人给予撤职处分，对个人经营的投资人处二万元以上二十万元以下的罚款；构成犯罪的，依照刑法有关规定追究刑事责任。

2. 生产经营单位的主要负责人未履行安全生产法规定的安全生产管理职责的，责令限期改正，处二万元以上五万元以下的罚款；逾期未改正的，处五万元以上十万元以下的罚款，责令生产经营单位停产停业整顿。生产经营单位的主要负责人有前款违法行为，导致发生生产安全事故的，给予撤职处分；构成犯罪的，依照刑法有关规定追究刑事责任。

生产经营单位的主要负责人依照前款规定受刑事处罚或者撤职处分的，自刑罚执行完毕或者受处分之日起，五年内不得担任任何生产经营单位的主要负责人；对重大、特别重大生产安全事故负有责任的，终身不得担任本行业生产经营单位的主要负责人。

3. 生产经营单位的主要负责人未履行《安全生产法》规定的安全生产管理职责，导致发生生产安全事故的，由应急管理部门依照下列规定处以罚款：

(1) 发生一般事故的，处上一年年收入百分之四十的罚款；

(2) 发生较大事故的，处上一年年收入百分之六十的罚款；

(3) 发生重大事故的，处上一年年收入百分之八十的罚款；

(4) 发生特别重大事故的，处上一年年收入百分之一百的罚款。

4. 生产经营单位的其他负责人和安全生产管理人员未履行《安全生产法》规定的安全生产管理职责的，责令限期改正，处一万元以上三万元以下的罚款；导致发生生产安全事故的，暂停或者吊销其与安全生产有关的资格，并处上一年年收入百分之二十以上百分之五十以下的罚款；构成犯罪的，依照刑法有关规定追究刑事责任。

5. 生产经营单位有下列行为之一的，责令限期改正，处十万元以下的罚款；逾期未改正的，责令停产停业整顿，并处十万元以上二十万元以下的罚款，对其直接负责的主管人员和其他直接责任人员处二万元以上五万元以下的罚款：

(1) 未按照规定设置安全生产管理机构或者配备安全生产管理人员、注册安全工程师的；

(2) 危险物品的生产、经营、储存、装卸单位以及矿山、金属冶炼、建筑施工、运输单位的主要负责人和安全生产管理人员未按照规定经考核合格的；

(3) 未按照规定对从业人员、被派遣劳动者、实习学生进行安全生产教育和培训，或者未按照规定如实告知有关的安全生产事项的；

(4) 未如实记录安全生产教育和培训情况的；

(5) 未将事故隐患排查治理情况如实记录或者未向从业人员通报的；

(6) 未按照规定制定生产安全事故应急救援预案或者未定期组织演练的；

(7) 特种作业人员未按照规定经专门的安全作业培训并取得相应资格，上岗作业的。

6. 生产经营单位有下列行为之一的，责令限期改正，处五万元以下的罚款；逾期未改正的，处五万元以上二十万元以下的罚款，对其直接负责的主管人员和其他直接责任人员处一万元以上二万元以下的罚款；情节严重的，责令停产停业整顿；构成犯罪的，依照刑法有关规定追究刑事责任：

(1) 未在有较大危险因素的生产经营场所和有关设施、设备上设置明显的安全警示标志的；

(2) 安全设备的安装、使用、检测、改造和报废不符合国家标准或者行业标准的；

(3) 未对安全设备进行经常性维护、保养和定期检测的；

(4) 关闭、破坏直接关系生产安全的监控、报警、防护、救生设备、设施，或者篡改、隐瞒、销毁其相关数据、信息的；

(5) 未为从业人员提供符合国家标准或者行业标准的劳动防护用品的；

(6) 危险物品的容器、运输工具，以及涉及人身安全、危险性较大的海洋石油开采特种设备和矿山井下特种设备未经具有专业资质的机构检测、检验合格，取得安全使用证或者安全标志，投入使用的；

(7) 使用应当淘汰的危及生产安全的工艺、设备的；

(8) 餐饮等行业的生产经营单位使用燃气未安装可燃气体报警装置的。

7. 生产经营单位有下列行为之一的，责令限期改正，处十万元以下的罚款；逾期未改正的，责令停产停业整顿，并处十万元以上二十万元以下的罚款，对其直接负责的主管人员和其他直接责任人员处二万元以上五万元以下的罚款；构成犯罪的，依照刑法有关规定追究刑事责任：

(1) 生产、经营、运输、储存、使用危险物品或者处置废弃危险物品，未建立专门安全管理制度、未采取可靠的安全措施的；

(2) 对重大危险源未登记建档，未进行定期检测、评估、监控，未制定应急预案，或者未告知应急措施的；

(3) 进行爆破、吊装、动火、临时用电以及国务院应急管理部门会同国务院有关部门规定的其他危险作业，未安排专门人员进行现场安全管理的；

(4) 未建立安全风险分级管控制度或者未按照安全风险分级采取相应管控措施的；

(5) 未建立事故隐患排查治理制度，或者重大事故隐患排查治理情况未按照规定报告的。

8. 生产经营单位未采取措施消除事故隐患的，责令立即消除或者限期消除，处五万元以下的罚款；生产经营单位拒不执行的，责令停产停业整顿，对其直接负责的主管人员和其他直接责任人员处五万元以上十万元以下的罚款；构成犯罪的，依照刑法有关规定追究刑事责任。

9. 生产经营单位将生产经营项目、场所、设备发包或者出租给不具备安全生产条件或者相应资质的单位或者个人的，责令限期改正，没收违法所得；违法所得十万元以上的，并处违法所得二倍以上五倍以下的罚款；没有违法所得或者违法所得不足十万元的，单处或者并处十万元以上二十万元以下的罚款；对其直接负责的主管人员和其他直接责任人员处一万元以上二万元以下的罚款；导致发生生产安全事故给他人造成损害的，与承包方、承租方承担连带赔偿责任。

生产经营单位未与承包单位、承租单位签订专门的安全生产管理协议或者未在承包合同、租赁合同中明确各自的安全生产管理职责，或者未对承包单位、承租单位的安全生产统一协调、管理的，责令限期改正，处五万元以下的罚款，对其直接负责的主管人员和其他直接责任人员处一万元以下的罚款；逾期未改正的，责令停产停业整顿。

10. 两个以上生产经营单位在同一作业区域内进行可能危及对方安全生产的生产经营活动，未签订安全生产管理协议或者未指定专职安全生产管理人员进行安全检查与协调的，责令限期改正，处五万元以下的罚款，对其直接负责的主管人员和其他直接责任人员处一万元以下的罚款；逾期未改正的，责令停产停业。

11. 生产经营单位有下列行为之一的，责令限期改正，处五万元以下的罚款，对其直接负责的主管人员和其他直接责任人员处一万元以下的罚款；逾期未改正的，责令停产停业整顿；构成犯罪的，依照刑法有关规定追究刑事责任：

(1) 生产、经营、储存、使用危险物品的车间、商店、仓库与员工宿舍在同一座建筑内,或者与员工宿舍的距离不符合安全要求的;

(2) 生产经营场所和员工宿舍未设有符合紧急疏散需要、标志明显、保持畅通的出口、疏散通道,或者占用、锁闭、封堵生产经营场所或者员工宿舍出口、疏散通道的。

12. 生产经营单位与从业人员订立协议,免除或者减轻其对从业人员因生产安全事故伤亡依法应承担的责任的,该协议无效;对生产经营单位的主要负责人、个人经营的投资人处二万元以上十万元以下的罚款。

13. 生产经营单位的从业人员不落实岗位安全责任,不服从管理,违反安全生产规章制度或者操作规程的,由生产经营单位给予批评教育,依照有关规章制度给予处分;构成犯罪的,依照刑法有关规定追究刑事责任。

14. 违反《安全生产法》规定,生产经营单位拒绝、阻碍负有安全生产监督管理职责的部门依法实施监督检查的,责令改正;拒不改正的,处二万元以上二十万元以下的罚款;对其直接负责的主管人员和其他直接责任人员处一万元以上二万元以下的罚款;构成犯罪的,依照刑法有关规定追究刑事责任。

15. 高危行业、领域的生产经营单位未按照国家规定投保安全生产责任保险的,责令限期改正,处五万元以上十万元以下的罚款;逾期未改正的,处十万元以上二十万元以下的罚款。

16. 生产经营单位的主要负责人在本单位发生生产安全事故时,不立即组织抢救或者在事故调查处理期间擅离职守或者逃匿的,给予降级、撤职的处分,并由应急管理部门处上一年年收入百分之六十至百分之一百的罚款;对逃匿的处十五日以下拘留;构成犯罪的,依照刑法有关规定追究刑事责任。

生产经营单位的主要负责人对生产安全事故隐瞒不报、谎报或者迟报的,依照前款规定处罚。

17. 生产经营单位违反安全生产法规定,被责令改正且受到罚款处罚,拒不改正的,负有安全生产监督管理职责的部门可以自作出责令改正之日的次日起,按照原处罚数额按日连续处罚。

18. 生产经营单位存在下列情形之一的,负有安全生产监督管理职责的部门应当提请地方人民政府予以关闭,有关部门应当依法吊销其有关证照。生产经营单位主要负责人五年内不得担任任何生产经营单位的主要负责人;情节严重的,终身不得担任本行业生产经营单位的主要负责人:

(1) 存在重大事故隐患,一百八十日内三次或者一年内四次受到安全生产法规定的行政处罚的;

(2) 经停产停业整顿,仍不具备法律、行政法规和国家标准或者行业标准规定的安全生产条件的;

(3) 不具备法律、行政法规和国家标准或者行业标准规定的安全生产条件,导致发生重大、特别重大生产安全事故的;

(4) 拒不执行负有安全生产监督管理职责的部门作出的停产停业整顿决定的。

19. 发生生产安全事故,对负有责任的生产经营单位除要求其依法承担相应的赔偿等责任外,由应急管理部门依照下列规定处以罚款:

(1) 发生一般事故的,处三十万元以上一百万元以下的罚款;

(2) 发生较大事故的,处一百万元以上二百万元以下的罚款;

(3) 发生重大事故的，处二百万元以上一千万元以下的罚款；

(4) 发生特别重大事故的，处一千万元以上二千万元以下的罚款。

发生生产安全事故，情节特别严重、影响特别恶劣的，应急管理部门可以按照前款罚款数额的二倍以上五倍以下对负有责任的生产经营单位处以罚款。

20. 生产经营单位发生生产安全事故造成人员伤亡、他人财产损失的，应当依法承担赔偿责任；拒不承担或者其负责人逃匿的，由人民法院依法强制执行。

生产安全事故的责任人未依法承担赔偿责任，经人民法院依法采取执行措施后，仍不能对受害人给予足额赔偿的，应当继续履行赔偿义务；受害人发现责任人有其他财产的，可以随时请求人民法院执行。

第二节　消防法

《中华人民共和国消防法》(简称《消防法》)包括总则、火灾预防、消防组织、灭火救援、监督检查、法律责任、附则共七章七十四条，第二次修正的《消防法》自 2021 年 4 月 29 日起施行。现将《消防法》有关内容阐述如下。

一、消防工作方针

消防工作贯彻预防为主、防消结合的方针，按照政府统一领导、部门依法监管、单位全面负责、公民积极参与的原则，实行消防安全责任制，建立健全社会化的消防工作网络。

二、消防义务

任何单位和个人都有维护消防安全、保护消防设施、预防火灾、报告火警的义务。任何单位和成年人都有参加有组织的灭火工作的义务。

三、建设工程的消防设计、施工符合消防技术标准

1. 建设工程的消防设计、施工必须符合国家工程建设消防技术标准。建设、设计、施工、工程监理等单位依法对建设工程的消防设计、施工质量负责。

2. 对按照国家工程建设消防技术标准需要进行消防设计的建设工程，实行建设工程消防设计审查验收制度。

四、特殊建设工程的消防设计审查验收

1. 国务院住房和城乡建设主管部门规定的特殊建设工程，建设单位应当将消防设计文件报送住房和城乡建设主管部门审查，住房和城乡建设主管部门依法对审查的结果负责。

2. 前款规定以外的其他建设工程，建设单位申请领取施工许可证或者申请批准开工报告时应当提供满足施工需要的消防设计图纸及技术资料。

3. 特殊建设工程未经消防设计审查或者审查不合格的，建设单位、施工单位不得施工；其他建设工程，建设单位未提供满足施工需要的消防设计图纸及技术资料的，有关部门不得发放施工许可证或者批准开工报告。

4. 国务院住房和城乡建设主管部门规定应当申请消防验收的建设工程竣工，建设单位应

当向住房和城乡建设主管部门申请消防验收。

前款规定以外的其他建设工程，建设单位在验收后应当报住房和城乡建设主管部门备案，住房和城乡建设主管部门应当进行抽查。

依法应当进行消防验收的建设工程，未经消防验收或者消防验收不合格的，禁止投入使用；其他建设工程经依法抽查不合格的，应当停止使用。

五、公众聚集场所消防安全检查

1. 公众聚集场所投入使用、营业前消防安全检查实行告知承诺管理。公众聚集场所在投入使用、营业前，建设单位或者使用单位应当向场所所在地的县级以上地方人民政府消防救援机构申请消防安全检查，作出场所符合消防技术标准和管理规定的承诺，提交规定的材料，并对其承诺和材料的真实性负责。

2. 公众聚集场所未经消防救援机构许可的，不得投入使用、营业。

六、机关、团体、企业、事业等单位消防安全职责

1. 落实消防安全责任制，制定本单位的消防安全制度、消防安全操作规程，制定灭火和应急疏散预案。

2. 按照国家标准、行业标准配置消防设施、器材，设置消防安全标志，并定期组织检验、维修，确保完好有效。

3. 对建筑消防设施每年至少进行一次全面检测，确保完好有效，检测记录应当完整准确，存档备查。

4. 保障疏散通道、安全出口、消防车通道畅通，保证防火防烟分区、防火间距符合消防技术标准。

5. 组织防火检查，及时消除火灾隐患。

6. 组织进行有针对性的消防演练。

7. 法律、法规规定的其他消防安全职责。

单位的主要负责人是本单位的消防安全责任人。

七、消防安全重点单位消防安全职责

消防安全重点单位除应当履行上述第六条规定的职责外，还应当履行下列消防安全职责：

1. 确定消防安全管理人，组织实施本单位的消防安全管理工作。

2. 建立消防档案，确定消防安全重点部位，设置防火标志，实行严格管理。

3. 实行每日防火巡查，并建立巡查记录。

4. 对职工进行岗前消防安全培训，定期组织消防安全培训和消防演练。

八、安全距离

1. 生产、储存、经营易燃易爆危险品的场所不得与居住场所设置在同一建筑物内，并应当与居住场所保持安全距离。

2. 生产、储存、经营其他物品的场所与居住场所设置在同一建筑物内的，应当符合国家工程建设消防技术标准。

九、禁止在危险的场所使用明火

1. 禁止在具有火灾、爆炸危险的场所吸烟、使用明火。因施工等特殊情况需要使用明火作业的，应当按照规定事先办理审批手续，采取相应的消防安全措施；作业人员应当遵守消防安全规定。

2. 进行电焊、气焊等具有火灾危险作业的人员和自动消防系统的操作人员，必须持证上岗，并遵守消防安全操作规程。

十、建筑构件等防火性能要求

1. 建筑构件、建筑材料和室内装修、装饰材料的防火性能必须符合国家标准；没有国家标准的，必须符合行业标准。

2. 人员密集场所室内装修、装饰，应当按照消防技术标准的要求，使用不燃、难燃材料。

十一、电器产品、燃气用具的产品标准应当符合消防安全的要求

电器产品、燃气用具的安装、使用及其线路、管路的设计、敷设、维护保养、检测，必须符合消防技术标准和管理规定。

十二、不得损坏、挪用或者擅自拆除、停用消防设施、器材

任何单位、个人不得损坏、挪用或者擅自拆除、停用消防设施、器材，不得埋压、圈占、遮挡消火栓或者占用防火间距，不得占用、堵塞、封闭疏散通道、安全出口、消防车通道。人员密集场所的门窗不得设置影响逃生和灭火救援的障碍物。

十三、任何人发现火灾都应当立即报警

1. 任何单位、个人都应当无偿为报警提供便利，不得阻拦报警。严禁谎报火警。

2. 人员密集场所发生火灾，该场所的现场工作人员应当立即组织、引导在场人员疏散。

3. 任何单位发生火灾，必须立即组织力量扑救。邻近单位应当给予支援。

十四、法律责任

1. 违反《消防法》规定，有下列行为之一的，由住房和城乡建设主管部门、消防救援机构按照各自职权责令停止施工、停止使用或者停产停业，并处三万元以上三十万元以下罚款：

(1) 依法应当进行消防设计审查的建设工程，未经依法审查或者审查不合格，擅自施工的；

(2) 依法应当进行消防验收的建设工程，未经消防验收或者消防验收不合格，擅自投入使用的；

(3)《消防法》规定的其他建设工程验收后经依法抽查不合格，不停止使用的；

(4) 公众聚集场所未经消防救援机构许可，擅自投入使用、营业的，或者经核查发现场所使用、营业情况与承诺内容不符的。

核查发现公众聚集场所使用、营业情况与承诺内容不符，经责令限期改正，逾期不整改或者整改后仍达不到要求的，依法撤销相应许可。

建设单位未依照《消防法》规定在验收后报住房和城乡建设主管部门备案的，由住房和城乡建设主管部门责令改正，处五千元以下罚款。

2. 违反《消防法》规定，有下列行为之一的，由住房和城乡建设主管部门责令改正或者停止施工，并处一万元以上十万元以下罚款：

(1) 建设单位要求建筑设计单位或者建筑施工企业降低消防技术标准设计、施工的；

(2) 建筑设计单位不按照消防技术标准强制性要求进行消防设计的；

(3) 建筑施工企业不按照消防设计文件和消防技术标准施工，降低消防施工质量的；

(4) 工程监理单位与建设单位或者建筑施工企业串通，弄虚作假，降低消防施工质量的。

3. 单位违反消防法规定，有下列行为之一的，责令改正，处五千元以上五万元以下罚款：

(1) 消防设施、器材或者消防安全标志的配置、设置不符合国家标准、行业标准，或者未保持完好有效的；

(2) 损坏、挪用或者擅自拆除、停用消防设施、器材的；

(3) 占用、堵塞、封闭疏散通道、安全出口或者有其他妨碍安全疏散行为的；

(4) 埋压、圈占、遮挡消火栓或者占用防火间距的；

(5) 占用、堵塞、封闭消防车通道，妨碍消防车通行的；

(6) 人员密集场所在门窗上设置影响逃生和灭火救援的障碍物的；

(7) 对火灾隐患经消防救援机构通知后不及时采取措施消除的。

4. 生产、储存、经营易燃易爆危险品的场所与居住场所设置在同一建筑物内，或者未与居住场所保持安全距离的，责令停产停业，并处五千元以上五万元以下罚款。

生产、储存、经营其他物品的场所与居住场所设置在同一建筑物内，不符合消防技术标准的，依照前款规定处罚。

5. 违反《消防法》规定，有下列行为之一的，处警告或者五百元以下罚款；情节严重的，处五日以下拘留：

(1) 违反消防安全规定进入生产、储存易燃易爆危险品场所的；

(2) 违反规定使用明火作业或者在具有火灾、爆炸危险的场所吸烟、使用明火的。

第三节　职业病防治法

《中华人民共和国职业病防治法》(简称《职业病防治法》)包括总则、前期预防、劳动过程中的防护与管理、职业病诊断与职业病病人保障、监督检查、法律责任、附则共七章八十八条，第四次修正后《职业病防治法》自 2018 年 12 月 29 日起施行。现将《职业病防治法》有关内容阐述如下。

一、适用范围

《职业病防治法》适用于中华人民共和国领域内的职业病防治活动。

职业病，是指企业、事业单位和个体经济组织等用人单位的劳动者在职业活动中，因接触粉尘、放射性物质和其他有毒、有害因素而引起的疾病。

二、职业病防治工作方针和机制

职业病防治工作坚持预防为主、防治结合的方针，建立用人单位负责、行政机关监管、行业自律、职工参与和社会监督的机制，实行分类管理、综合治理。

三、用人单位在职业病防治方面的职责

用人单位在职业病防治方面有以下职责：

1. 用人单位应当为劳动者创造符合国家职业卫生标准和卫生要求的工作环境和条件，并采取措施保障劳动者获得职业卫生保护。

2. 工会组织依法对职业病防治工作进行监督，维护劳动者的合法权益。用人单位制定或者修改有关职业病防治的规章制度，应当听取工会组织的意见。

3. 用人单位应当建立健全职业病防治责任制，加强对职业病防治的管理，提高职业病防治水平，对本单位产生的职业病危害承担责任。

4. 用人单位的主要负责人对本单位的职业病防治工作全面负责。

5. 用人单位必须依法参加工伤社会保险。

四、职业病的前期预防

（一）从源头上控制和消除职业病危害

用人单位应当依照法律、法规要求，严格遵守国家职业卫生标准，落实职业病预防措施，从源头上控制和消除职业病危害。

（二）工作场所的职业卫生要求

产生职业病危害的用人单位的设立除应当符合法律、行政法规规定的设立条件外，其工作场所还应当符合职业卫生要求：

1. 职业病危害因素的强度或浓度必须符合国家职业卫生标准。

2. 有与职业病危害防护相适应的设施。

3. 生产布局合理，符合有害与无害作业分开的原则。

4. 有配套的更衣间、洗浴间、孕妇休息间等卫生设施。

5. 设备、工具、用具等设施符合保护劳动者生理、心理健康的要求。

6. 法律、行政法规和国务院卫生行政部门关于保护劳动者健康的其他要求。

（三）职业病危害项目申报

用人单位工作场所存在职业病目录所列职业病的危害因素的，应当及时、如实向所在地卫生行政部门申报危害项目，接受监督。

（四）职业病危害防护设施

建设项目的职业病防护设施所需费用应当纳入建设项目工程预算，并与主体工程同时设计，同时施工，同时投入生产和使用。

建设项目的职业病防护设施设计应当符合国家职业卫生标准和卫生要求。

五、劳动过程中的防护与管理

（一）职业病防治管理措施

用人单位应当采取下列职业病防治管理措施：

1. 设置或者指定职业卫生管理机构或者组织，配备专职或者兼职的职业卫生管理人员，负责本单位的职业病防治工作。

2. 制订职业病防治计划和实施方案。

3. 建立健全职业卫生管理制度和操作规程。

4. 建立健全职业卫生档案和劳动者健康监护档案。

5. 建立健全工作场所职业病危害因素监测及评价制度。

6. 建立健全职业病危害事故应急救援预案。

用人单位应当保障职业病防治所需的资金投入,不得挤占、挪用,并对因资金投入不足导致的后果承担责任。

(二)职业病的个人防护和劳动者受保护的权利

1. 用人单位必须采用有效的职业病防护设施,并为劳动者提供个人使用的职业病防护用品。用人单位为劳动者个人提供的职业病防护用品必须符合防治职业病的要求;不符合要求的,不得使用。

2. 用人单位应当优先采用有利于防治职业病和保护劳动者健康的新技术、新工艺、新设备和新材料,逐步替代职业病危害严重的技术、工艺、设备和材料。

(三)工作场所的防护和管理要求

1. 产生职业病危害的用人单位,应当在醒目位置设置公告栏,公布有关职业病防治的规章制度、操作规程、职业病危害事故应急救援措施和工作场所职业病危害因素检测结果。

对产生严重职业病危害的作业岗位,应当在其醒目位置,设置警示标识和中文警示说明。警示说明应当载明产生职业病危害的种类、后果、预防以及应急救治措施等内容。

2. 对可能发生急性职业损伤的有毒、有害工作场所,用人单位应当设置报警装置,配置现场急救用品、冲洗设备、应急撤离通道和必要的泄险区。

对职业病防护设备、应急救援设施和个人使用的职业病防护用品,用人单位应当进行经常性的维护、检修,定期检测其性能和效果,确保其处于正常状态,不得擅自拆除或者停止使用。

(四)任何单位和个人不得生产、经营、进口和使用国家明令禁止使用的可能产生职业病危害的设备或者材料

任何单位和个人不得将产生职业病危害的作业转移给不具备职业病防护条件的单位和个人。不具备职业病防护条件的单位和个人不得接受产生职业病危害的作业。

用人单位对采用的技术、工艺、设备、材料,应当知悉其产生的职业病危害,对有职业病危害的技术、工艺、设备、材料隐瞒其危害而采用的,对所造成的职业病危害后果承担责任。

(五)职业病防治中的劳动关系

1. 用人单位与劳动者订立劳动合同(含聘用合同,下同)时,应当将工作过程中可能产生的职业病危害及其后果、职业病防护措施和待遇等如实告知劳动者,并在劳动合同中写明,不得隐瞒或者欺骗。

2. 劳动者在已订立劳动合同期间因工作岗位或者工作内容变更,从事与所订立劳动合同中未告知的存在职业病危害的作业时,用人单位应当依照前款规定,向劳动者履行如实告知的义务,并协商变更原劳动合同相关条款。

3. 用人单位违反前两款规定的,劳动者有权拒绝从事存在职业病危害的作业,用人单位不得因此解除与劳动者所订立的劳动合同。

(六)职业卫生培训要求

1. 用人单位的主要负责人和职业卫生管理人员应当接受职业卫生培训,遵守职业病防治法律、法规，依法组织本单位的职业病防治工作。

2. 用人单位应当对劳动者进行上岗前的职业卫生培训和在岗期间的定期职业卫生培训，普及职业卫生知识，督促劳动者遵守职业病防治法律、法规、规章和操作规程，指导劳动者正确使用职业病防护设备和个人使用的职业病防护用品。

3. 劳动者应当学习和掌握相关的职业卫生知识，增强职业病防范意识，遵守职业病防治法律、法规、规章和操作规程，正确使用、维护职业病防护设备和个人使用的职业病防护用品，发现职业病危害事故隐患应当及时报告。

劳动者不履行上述规定义务的，用人单位应当对其进行教育。

（七）职业健康检查、监护制度

1. 对从事接触职业病危害的作业的劳动者，用人单位应当按照国务院卫生行政部门的规定组织上岗前、在岗期间和离岗时的职业健康检查，并将检查结果书面告知劳动者。职业健康检查费用由用人单位承担。

用人单位不得安排未经上岗前职业健康检查的劳动者从事接触职业病危害的作业；不得安排有职业禁忌的劳动者从事其所禁忌的作业；对在职业健康检查中发现有与所从事的职业相关的健康损害的劳动者，应当调离原工作岗位，并妥善安置；对未进行离岗前职业健康检查的劳动者不得解除或者终止与其订立的劳动合同。

2. 用人单位应当为劳动者建立职业健康监护档案，并按照规定的期限妥善保存。

职业健康监护档案应当包括劳动者的职业史、职业病危害接触史、职业健康检查结果和职业病诊疗等有关个人健康资料。

劳动者离开用人单位时，有权索取本人职业健康监护档案复印件，用人单位应当如实、无偿提供，并在所提供的复印件上签章。

（八）职业病危害事故处置

1. 发生或者可能发生急性职业病危害事故时，用人单位应当立即采取应急救援和控制措施，并及时报告所在地卫生行政部门和有关部门。卫生行政部门接到报告后，应当及时会同有关部门组织调查处理；必要时，可以采取临时控制措施。卫生行政部门应当组织做好医疗救治工作。

2. 对遭受或者可能遭受急性职业病危害的劳动者，用人单位应当及时组织救治、进行健康检查和医学观察，所需费用由用人单位承担。

（九）未成年工和孕期、哺乳期的女职工不得从事接触职业病危害的作业

用人单位不得安排未成年工从事接触职业病危害的作业；不得安排孕期、哺乳期的女职工从事对本人和胎儿、婴儿有危害的作业。

（十）劳动者享有的职业卫生保护权利

1. 获得职业卫生教育、培训。

2. 获得职业健康检查、职业病诊疗、康复等职业病防治服务。

3. 了解工作场所产生或者可能产生的职业病危害因素、危害后果和应当采取的职业病防护措施。

4. 要求用人单位提供符合防治职业病要求的职业病防护设施和个人使用的职业病防护用品，改善工作条件。

5. 对违反职业病防治法律、法规以及危及生命健康的行为提出批评、检举和控告。

6. 拒绝违章指挥和强令进行没有职业病防护措施的作业。

7. 参与用人单位职业卫生工作的民主管理，对职业病防治工作提出意见和建议。

用人单位应当保障劳动者行使前款所列权利。因劳动者依法行使正当权利而降低其工资、福利等待遇或者解除、终止与其订立的劳动合同的，其行为无效。

（十一）费用

用人单位按照职业病防治要求，用于预防和治理职业病危害、工作场所卫生检测、健康监护和职业卫生培训等费用，按照国家有关规定，在生产成本中据实列支。

六、用人单位应当保障职业病病人依法享受国家规定的职业病待遇

1. 用人单位应当及时安排对疑似职业病病人进行诊断；在疑似职业病病人诊断或者医学观察期间，不得解除或者终止与其订立的劳动合同。

疑似职业病病人在诊断、医学观察期间的费用，由用人单位承担。

2. 用人单位应当按照国家有关规定，安排职业病病人进行治疗、康复和定期检查。

3. 用人单位对不适宜继续从事原工作的职业病病人，应当调离原岗位，并妥善安置。

4. 用人单位对从事接触职业病危害的作业的劳动者，应当给予适当岗位津贴。

5. 职业病病人变动工作单位，其依法享有的待遇不变。

6. 用人单位在发生分立、合并、解散、破产等情形时，应当对从事接触职业病危害的作业的劳动者进行健康检查，并按照国家有关规定妥善安置职业病病人。

7. 用人单位已经不存在或者无法确认劳动关系的职业病病人，可以向地方人民政府医疗保障、民政部门申请医疗救助和生活等方面的救助。

第四节　环境保护法

《中华人民共和国环境保护法》(简称《环境保护法》)包括总则、监督管理、保护和改善环境、防治污染和其他公害、信息公开和公众参与、法律责任、附则共七章七十条，经修订后自 2015 年 1 月 1 日起施行。现将《环境保护法》有关内容阐述如下。

1. 一切单位和个人都有保护环境的义务。

企业事业单位和其他生产经营者应当防止、减少环境污染和生态破坏，对所造成的损害依法承担责任。

2. 企业事业单位和其他生产经营者违反法律法规规定排放污染物，造成或者可能造成严重污染的，县级以上人民政府环境保护主管部门和其他负有环境保护监督管理职责的部门，可以查封、扣押造成污染物排放的设施、设备。

3. 建设项目中防治污染的设施，应当与主体工程同时设计、同时施工、同时投产使用。防治污染的设施应当符合经批准的环境影响评价文件的要求，不得擅自拆除或者闲置。

4. 排放污染物的企业事业单位和其他生产经营者，应当采取措施，防治在生产建设或者其他活动中产生的废气、废水、废渣、医疗废物、粉尘、恶臭气体、放射性物质以及噪声、振动、光辐射、电磁辐射等对环境的污染和危害。

排放污染物的企业事业单位，应当建立环境保护责任制度，明确单位负责人和相关人员的责任。

重点排污单位应当按照国家有关规定和监测规范安装使用监测设备，保证监测设备正常运行，保存原始监测记录。

严禁通过暗管、渗井、渗坑、灌注或者篡改、伪造监测数据，或者不正常运行防治污染设施等逃避监管的方式违法排放污染物。

第五节　刑法修正案（十一）

《中华人民共和国刑法修正案（十一）》自 2021 年 3 月 1 日起施行。

一、重大责任事故罪；强令违章冒险作业罪

1. 在生产、作业中违反有关安全管理的规定，因而发生重大伤亡事故或者造成其他严重后果的，处三年以下有期徒刑或者拘役；情节特别恶劣的，处三年以上七年以下有期徒刑。

强令他人违章冒险作业，或者明知存在重大事故隐患而不排除，仍冒险组织作业，因而发生重大伤亡事故或者造成其他严重后果的，处五年以下有期徒刑或者拘役；情节特别恶劣的，处五年以上有期徒刑。

2. 在生产、作业中违反有关安全管理的规定，有下列情形之一，具有发生重大伤亡事故或者其他严重后果的现实危险的，处一年以下有期徒刑、拘役或者管制：

（1）关闭、破坏直接关系生产安全的监控、报警、防护、救生设备、设施，或者篡改、隐瞒、销毁其相关数据、信息的；

（2）因存在重大事故隐患被依法责令停产停业、停止施工、停止使用有关设备、设施、场所或者立即采取排除危险的整改措施，而拒不执行的；

（3）涉及安全生产的事项未经依法批准或者许可，擅自从事矿山开采、金属冶炼、建筑施工，以及危险物品生产、经营、储存等高度危险的生产作业活动的。

二、重大劳动安全事故罪；大型群众性活动重大安全事故罪

1. 安全生产设施或者安全生产条件不符合国家规定，因而发生重大伤亡事故或者造成其他严重后果的，对直接负责的主管人员和其他直接责任人员，处三年以下有期徒刑或者拘役；情节特别恶劣的，处三年以上七年以下有期徒刑。

2. 举办大型群众性活动违反安全管理规定，因而发生重大伤亡事故或者造成其他严重后果的，对直接负责的主管人员和其他直接责任人员，处三年以下有期徒刑或者拘役；情节特别恶劣的，处三年以上七年以下有期徒刑。

三、工程重大安全事故罪

建设单位、设计单位、施工单位、工程监理单位违反国家规定，降低工程质量标准，造成重大安全事故的，对直接责任人员，处五年以下有期徒刑或者拘役，并处罚金；后果特别严重的，处五年以上十年以下有期徒刑，并处罚金。

四、消防责任事故罪；不报、谎报安全事故罪

1. 违反消防管理法规，经消防监督机构通知采取改正措施而拒绝执行，造成严重后果的，

对直接责任人员，处三年以下有期徒刑或者拘役；后果特别严重的，处三年以上七年以下有期徒刑。

2. 在安全事故发生后，负有报告职责的人员不报或者谎报事故情况，贻误事故抢救，情节严重的，处三年以下有期徒刑或者拘役；情节特别严重的，处三年以上七年以下有期徒刑。

第六节　危险化学品安全管理条例

《危险化学品安全管理条例》分为总则，生产、储存安全，使用安全，经营安全，运输安全，危险化学品登记与事故应急救援，法律责任，附则等八章一百零二条，经第二次修正后自 2013 年 12 月 7 日起施行。

一、适用范围

适用于危险化学品生产、储存、使用、经营和运输的安全管理。

废弃危险化学品的处置，依照有关环境保护的法律、行政法规和国家有关规定执行。

二、危险化学品定义

危险化学品是指具有毒害、腐蚀、爆炸、燃烧、助燃等性质，对人体、设施、环境具有危害的剧毒化学品和其他化学品。

三、企业的主体责任

危险化学品安全管理，应当坚持安全第一、预防为主、综合治理的方针，强化和落实企业的主体责任。

生产、储存、使用、经营、运输危险化学品的单位（以下统称危险化学品单位）的主要负责人对本单位的危险化学品安全管理工作全面负责。

危险化学品单位应当具备法律、行政法规规定和国家标准、行业标准要求的安全条件，建立、健全安全管理规章制度和岗位安全责任制度，对从业人员进行安全教育、法制教育和岗位技术培训。从业人员应当接受教育和培训，考核合格后上岗作业；对有资格要求的岗位，应当配备依法取得相应资格的人员。

四、不得生产、经营、使用国家禁止的危险化学品

任何单位和个人不得生产、经营、使用国家禁止生产、经营、使用的危险化学品。

国家对危险化学品的使用有限制性规定的，任何单位和个人不得违反限制性规定使用危险化学品。

五、采用先进技术、工艺、设备以及自动控制系统

国家鼓励危险化学品生产企业和使用危险化学品从事生产的企业采用有利于提高安全保障水平的先进技术、工艺、设备以及自动控制系统，鼓励对危险化学品实行专门储存、统一配送、集中销售。

六、安全条件审查

新建、改建、扩建生产、储存危险化学品的建设项目（以下简称建设项目），应当由安全生产监督管理部门进行安全条件审查。

建设单位应当对建设项目进行安全条件论证，委托具备国家规定的资质条件的机构对建设项目进行安全评价，并将安全条件论证和安全评价的情况报告报建设项目所在地设区的市级以上人民政府安全生产监督管理部门；安全生产监督管理部门应当自收到报告之日起 45 日内作出审查决定，并书面通知建设单位。

新建、改建、扩建储存、装卸危险化学品的港口建设项目，由港口行政管理部门按照国务院交通运输主管部门的规定进行安全条件审查。

七、危险化学品管道定期检查、检测

生产、储存危险化学品的单位，应当对其铺设的危险化学品管道设置明显标志，并对危险化学品管道定期检查、检测。

进行可能危及危险化学品管道安全的施工作业，施工单位应当在开工的 7 日前书面通知管道所属单位，并与管道所属单位共同制定应急预案，采取相应的安全防护措施。管道所属单位应当指派专门人员到现场进行管道安全保护指导。

八、取得危险化学品安全生产许可证

危险化学品生产企业进行生产前，应当依照《安全生产许可证条例》的规定，取得危险化学品安全生产许可证。

九、安全技术说明书和安全标签

危险化学品生产企业应当提供与其生产的危险化学品相符的化学品安全技术说明书，并在危险化学品包装（包括外包装件）上粘贴或者拴挂与包装内危险化学品相符的化学品安全标签。化学品安全技术说明书和化学品安全标签所载明的内容应当符合国家标准的要求。

危险化学品生产企业发现其生产的危险化学品有新的危险特性的，应当立即公告，并及时修订其化学品安全技术说明书和化学品安全标签。

十、危险化学品的包装

危险化学品的包装应当符合法律、行政法规、规章的规定以及国家标准、行业标准的要求。

危险化学品包装物、容器的材质以及危险化学品包装的型式、规格、方法和单件质量（重量），应当与所包装的危险化学品的性质和用途相适应。

十一、取得工业产品生产许可证

生产列入国家实行生产许可证制度的工业产品目录的危险化学品包装物、容器的企业，应当依照《中华人民共和国工业产品生产许可证管理条例》的规定，取得工业产品生产许可证；其生产的危险化学品包装物、容器经国务院质量监督检验检疫部门认定的检验机构检验合格，方可出厂销售。

运输危险化学品的船舶及其配载的容器，应当按照国家船舶检验规范进行生产，并经海事管理机构认定的船舶检验机构检验合格，方可投入使用。

对重复使用的危险化学品包装物、容器，使用单位在重复使用前应当进行检查；发现存在安全隐患的，应当维修或者更换。使用单位应当对检查情况作出记录，记录的保存期限不得少于2年。

十二、储存设施安全距离

危险化学品生产装置或者储存数量构成重大危险源的危险化学品储存设施（运输工具加油站、加气站除外），与下列场所、设施、区域的距离应当符合国家有关规定：

1. 居住区以及商业中心、公园等人员密集场所。

2. 学校、医院、影剧院、体育场（馆）等公共设施。

3. 饮用水源、水厂以及水源保护区。

4. 车站、码头（依法经许可从事危险化学品装卸作业的除外）、机场以及通信干线、通信枢纽、铁路线路、道路交通干线、水路交通干线、地铁风亭以及地铁站出入口。

5. 基本农田保护区、基本草原、畜禽遗传资源保护区、畜禽规模化养殖场（养殖小区）、渔业水域以及种子、种畜禽、水产苗种生产基地。

6. 河流、湖泊、风景名胜区、自然保护区。

7. 军事禁区、军事管理区。

8. 法律、行政法规规定的其他场所、设施、区域。

已建的危险化学品生产装置或者储存数量构成重大危险源的危险化学品储存设施不符合前款规定的，由所在地设区的市级人民政府安全生产监督管理部门会同有关部门监督其所属单位在规定期限内进行整改；需要转产、停产、搬迁、关闭的，由本级人民政府决定并组织实施。

根据上述规定，储存数量构成重大危险源的危险化学品储存设施的选址，应当避开地震活动断层和容易发生洪灾、地质灾害的区域。

本条例所称重大危险源，是指生产、储存、使用或者搬运危险化学品，且危险化学品的数量等于或者超过临界量的单元（包括场所和设施）。

十三、安全设施、设备及经常性维护、保养

生产、储存危险化学品的单位，应当根据其生产、储存的危险化学品的种类和危险特性，在作业场所设置相应的监测、监控、通风、防晒、调温、防火、灭火、防爆、泄压、防毒、中和、防潮、防雷、防静电、防腐、防泄漏以及防护围堤或者隔离操作等安全设施、设备，并按照国家标准、行业标准或者国家有关规定对安全设施、设备进行经常性维护、保养，保证安全设施、设备的正常使用。

生产、储存危险化学品的单位，应当在其作业场所和安全设施、设备上设置明显的安全警示标志。

十四、设置通信、报警装置

生产、储存危险化学品的单位，应当在其作业场所设置通信、报警装置，并保证处于适用状态。

十五、安全评价

生产、储存危险化学品的企业，应当委托具备国家规定的资质条件的机构，对本企业的安全生产条件每3年进行一次安全评价，提出安全评价报告。安全评价报告的内容应当包括对安全生产条件存在的问题进行整改的方案。

生产、储存危险化学品的企业，应当将安全评价报告以及整改方案的落实情况报所在地县级人民政府安全生产监督管理部门备案。在港区内储存危险化学品的企业，应当将安全评价报告以及整改方案的落实情况报港口行政管理部门备案。

十六、易制爆危险化学品管理

生产、储存剧毒化学品或者国务院应急管理部门规定的可用于制造爆炸物品的危险化学品(以下简称易制爆危险化学品)的单位，应当如实记录其生产、储存的剧毒化学品、易制爆危险化学品的数量、流向，并采取必要的安全防范措施，防止剧毒化学品、易制爆危险化学品丢失或者被盗；发现剧毒化学品、易制爆危险化学品丢失或者被盗的，应当立即向当地应急管理部门报告。

生产、储存剧毒化学品、易制爆危险化学品的单位，应当设置治安保卫机构，配备专职治安保卫人员。

十七、危险化学品储存在专用仓库

危险化学品应当储存在专用仓库、专用场地或者专用储存室(以下统称专用仓库)内，并由专人负责管理；剧毒化学品以及储存数量构成重大危险源的其他危险化学品，应当在专用仓库内单独存放，并实行双人收发、双人保管制度。

危险化学品的储存方式、方法以及储存数量应当符合国家标准或者国家有关规定。

十八、出入库核查、登记制度

储存危险化学品的单位应当建立危险化学品出入库核查、登记制度。

对剧毒化学品以及储存数量构成重大危险源的其他危险化学品，储存单位应当将其储存数量、储存地点以及管理人员的情况，报所在地县级人民政府安全生产监督管理部门(在港区内储存的，报港口行政管理部门)和应急管理部门备案。

十九、危险化学品专用仓库符合国家标准、行业标准

危险化学品专用仓库应当符合国家标准、行业标准的要求，并设置明显的标志。储存剧毒化学品、易制爆危险化学品的专用仓库，应当按照国家有关规定设置相应的技术防范设施。

二十、生产、储存危险化学品的单位转产、停产、停业或者解散

生产、储存危险化学品的单位转产、停产、停业或者解散的，应当采取有效措施，及时、妥善处置其危险化学品生产装置、储存设施以及库存的危险化学品，不得丢弃危险化学品；处置方案应当报所在地县级人民政府安全生产监督管理部门、工业和信息化主管部门、环境保护主管部门和应急管理部门备案。安全生产监督管理部门应当会同环境保护主管部门和应急管理部门对处置情况进行监督检查，发现未依照规定处置的，应当责令其立即处置。

二十一、使用危险化学品的单位管理要求

使用危险化学品的单位，其使用条件（包括工艺）应当符合法律、行政法规的规定和国家标准、行业标准的要求，并根据所使用的危险化学品的种类、危险特性以及使用量和使用方式，建立、健全使用危险化学品的安全管理规章制度和安全操作规程，保证危险化学品的安全使用。

二十二、取得危险化学品安全使用许可证

使用危险化学品从事生产并且使用量达到规定数量的化工企业（属于危险化学品生产企业的除外，下同），应当依照本条例的规定取得危险化学品安全使用许可证。

二十三、申请危险化学品安全使用许可证的条件

申请危险化学品安全使用许可证的化工企业，除应当符合上述二十一条的规定外，还应当具备下列条件：

1. 有与所使用的危险化学品相适应的专业技术人员。
2. 有安全管理机构和专职安全管理人员。
3. 有符合国家规定的危险化学品事故应急预案和必要的应急救援器材、设备。
4. 依法进行了安全评价。

二十四、申请危险化学品安全使用许可证的程序

申请危险化学品安全使用许可证的化工企业，应当向所在地设区的市级人民政府安全生产监督管理部门提出申请，并提交其符合《危险化学品安全管理条例》第三十条规定条件的证明材料。设区的市级人民政府安全生产监督管理部门应当依法进行审查，自收到证明材料之日起45日内作出批准或者不予批准的决定。予以批准的，颁发危险化学品安全使用许可证；不予批准的，书面通知申请人并说明理由。

安全生产监督管理部门应当将其颁发危险化学品安全使用许可证的情况及时向同级环境保护主管部门和应急管理部门通报。

二十五、国家对危险化学品经营实行许可制度

国家对危险化学品经营（包括仓储经营，下同）实行许可制度。未经许可，任何单位和个人不得经营危险化学品。

依法设立的危险化学品生产企业在其厂区范围内销售本企业生产的危险化学品，不需要取得危险化学品经营许可。

依照《中华人民共和国港口法》的规定取得港口经营许可证的港口经营人，在港区内从事危险化学品仓储经营，不需要取得危险化学品经营许可。

二十六、危险化学品经营的企业具备的条件

从事危险化学品经营的企业应当具备下列条件：

1. 有符合国家标准、行业标准的经营场所，储存危险化学品的，还应当有符合国家标准、行业标准的储存设施。
2. 从业人员经过专业技术培训并经考核合格。

3. 有健全的安全管理规章制度。
4. 有专职安全管理人员。
5. 有符合国家规定的危险化学品事故应急预案和必要的应急救援器材、设备。
6. 法律、法规规定的其他条件。

二十七、从事剧毒化学品、易制爆危险化学品经营的企业许可证

从事剧毒化学品、易制爆危险化学品经营的企业，应当向所在地设区的市级人民政府安全生产监督管理部门提出申请，从事其他危险化学品经营的企业，应当向所在地县级人民政府安全生产监督管理部门提出申请(有储存设施的，应当向所在地设区的市级人民政府安全生产监督管理部门提出申请)。

申请人持危险化学品经营许可证向工商行政管理部门办理登记手续后，方可从事危险化学品经营活动。法律、行政法规或者国务院规定经营危险化学品还需要经其他有关部门许可的，申请人向工商行政管理部门办理登记手续时还应当持相应的许可证件。

二十八、商店内只能存放民用小包装的危险化学品

危险化学品经营企业储存危险化学品的，应当遵守本条例关于储存危险化学品的规定。危险化学品商店内只能存放民用小包装的危险化学品。

二十九、不得向未经许可的企业采购危险化学品

危险化学品经营企业不得向未经许可从事危险化学品生产、经营活动的企业采购危险化学品，不得经营没有化学品安全技术说明书或者化学品安全标签的危险化学品。

三十、凭相应的许可证件购买剧毒化学品、易制爆危险化学品

依法取得危险化学品安全生产许可证、危险化学品安全使用许可证、危险化学品经营许可证的企业，凭相应的许可证件购买剧毒化学品、易制爆危险化学品。民用爆炸物品生产企业凭民用爆炸物品生产许可证购买易制爆危险化学品。

前款规定以外的单位购买剧毒化学品的，应当向所在地县级人民政府应急管理部门申请取得剧毒化学品购买许可证；购买易制爆危险化学品的，应当持本单位出具的合法用途说明。

个人不得购买剧毒化学品(属于剧毒化学品的农药除外)和易制爆危险化学品。

三十一、申请取得剧毒化学品购买许可证

申请取得剧毒化学品购买许可证，申请人应当向所在地县级人民政府应急管理部门提交下列材料：

1. 营业执照或者法人证书(登记证书)的复印件。
2. 拟购买的剧毒化学品品种、数量的说明。
3. 购买剧毒化学品用途的说明。
4. 经办人的身份证明。

三十二、销售剧毒化学品、易制爆危险化学品

危险化学品生产企业、经营企业销售剧毒化学品、易制爆危险化学品，应当如实记录购买单

位的名称、地址、经办人的姓名、身份证号码以及所购买的剧毒化学品、易制爆危险化学品的品种、数量、用途。销售记录以及经办人的身份证明复印件、相关许可证件复印件或者证明文件的保存期限不得少于1年。

剧毒化学品、易制爆危险化学品的销售企业、购买单位应当在销售、购买后5日内，将所销售、购买的剧毒化学品、易制爆危险化学品的品种、数量以及流向信息报所在地县级人民政府应急管理部门备案，并输入计算机系统。

三十三、不得出借、转让其购买的剧毒化学品、易制爆危险化学品

使用剧毒化学品、易制爆危险化学品的单位不得出借、转让其购买的剧毒化学品、易制爆危险化学品；因转产、停产、搬迁、关闭等确需转让的，应当向具有《危险化学品安全管理条例》第三十八条第一款、第二款规定的相关许可证件或者证明文件的单位转让，并在转让后将有关情况及时向所在地县级人民政府应急管理部门报告。

三十四、危险货物道路运输许可、水路运输许可

从事危险化学品道路运输、水路运输的，应当分别依照有关道路运输、水路运输的法律、行政法规的规定，取得危险货物道路运输许可、危险货物水路运输许可，并向工商行政管理部门办理登记手续。

危险化学品道路运输企业、水路运输企业应当配备专职安全管理人员。

三十五、道路运输从业资格

危险化学品道路运输企业、水路运输企业的驾驶人员、船员、装卸管理人员、押运人员、申报人员、集装箱装箱现场检查员应当经交通运输主管部门考核合格，取得从业资格。

危险化学品的装卸作业应当遵守安全作业标准、规程和制度，并在装卸管理人员的现场指挥或者监控下进行。

水路运输危险化学品的集装箱装箱作业应当在集装箱装箱现场检查员的指挥或者监控下进行，并符合积载、隔离的规范和要求；装箱作业完毕后，集装箱装箱现场检查员应当签署装箱证明书。

三十六、采取安全防护措施

运输危险化学品，应当根据危险化学品的危险特性采取相应的安全防护措施，并配备必要的防护用品和应急救援器材。

用于运输危险化学品的槽罐以及其他容器应当封口严密，能够防止危险化学品在运输过程中因温度、湿度或者压力的变化发生渗漏、洒漏；槽罐以及其他容器的溢流和泄压装置应当设置准确、起闭灵活。

运输危险化学品的驾驶人员、船员、装卸管理人员、押运人员、申报人员、集装箱装箱现场检查员，应当了解所运输的危险化学品的危险特性及其包装物、容器的使用要求和出现危险情况时的应急处置方法。

三十七、委托依法取得许可的企业承运危险化学品

通过道路运输危险化学品的，托运人应当委托依法取得危险货物道路运输许可的企业承运。

三十八、不得超载危险化学品

通过道路运输危险化学品的，应当按照运输车辆的核定载质量装载危险化学品，不得超载。

危险化学品运输车辆应当符合国家标准要求的安全技术条件，并按照国家有关规定定期进行安全技术检验。

危险化学品运输车辆应当悬挂或者喷涂符合国家标准要求的警示标志。

三十九、配备押运人员

通过道路运输危险化学品的，应当配备押运人员，并保证所运输的危险化学品处于押运人员的监控之下。

运输危险化学品途中因住宿或者发生影响正常运输的情况，需要较长时间停车的，驾驶人员、押运人员应当采取相应的安全防范措施；运输剧毒化学品或者易制爆危险化学品的，还应当向当地应急管理部门报告。

四十、不得进入危险化学品运输车辆限制通行的区域

未经应急管理部门批准，运输危险化学品的车辆不得进入危险化学品运输车辆限制通行的区域。危险化学品运输车辆限制通行的区域由县级人民政府应急管理部门划定，并设置明显的标志。

四十一、剧毒化学品道路运输通行证

通过道路运输剧毒化学品的，托运人应当向运输始发地或者目的地县级人民政府应急管理部门申请剧毒化学品道路运输通行证。

申请剧毒化学品道路运输通行证，托运人应当向县级人民政府应急管理部门提交下列材料：

1. 拟运输的剧毒化学品品种、数量的说明。

2. 运输始发地、目的地、运输时间和运输路线的说明。

3. 承运人取得危险货物道路运输许可、运输车辆取得营运证以及驾驶人员、押运人员取得上岗资格的证明文件。

4. 购买剧毒化学品的相关许可证件，或者海关出具的进出口证明文件。

县级人民政府应急管理部门应当自收到前款规定的材料之日起7日内，作出批准或者不予批准的决定。予以批准的，颁发剧毒化学品道路运输通行证；不予批准的，书面通知申请人并说明理由。

四十二、运输途中发生突发情况的处置

剧毒化学品、易制爆危险化学品在道路运输途中丢失、被盗、被抢或者出现流散、泄漏等情况的，驾驶人员、押运人员应当立即采取相应的警示措施和安全措施，并向当地应急管理部门报告。应急管理部门接到报告后，应当根据实际情况立即向安全生产监督管理部门、环境保护主管部门、卫生主管部门通报。有关部门应当采取必要的应急处置措施。

四十三、禁止通过内河封闭水域运输剧毒化学品

禁止通过内河封闭水域运输剧毒化学品以及国家规定禁止通过内河运输的其他危险化学品。

前款规定以外的内河水域,禁止运输国家规定禁止通过内河运输的剧毒化学品以及其他危险化学品。

四十四、由取得许可的企业通过内河运输危险化学品

通过内河运输危险化学品,应当由依法取得危险货物水路运输许可的水路运输企业承运,其他单位和个人不得承运。托运人应当委托依法取得危险货物水路运输许可的水路运输企业承运,不得委托其他单位和个人承运。

四十五、内河码头、泊位

用于危险化学品运输作业的内河码头、泊位应当符合国家有关安全规范,与饮用水取水口保持国家规定的距离。有关管理单位应当制定码头、泊位危险化学品事故应急预案,并为码头、泊位配备充足、有效的应急救援器材和设备。

用于危险化学品运输作业的内河码头、泊位,经交通运输主管部门按照国家有关规定验收合格后方可投入使用。

爆炸品不可存放于码头普通仓库内。

四十六、托运危险化学品

托运危险化学品的,托运人应当向承运人说明所托运的危险化学品的种类、数量、危险特性以及发生危险情况的应急处置措施,并按照国家有关规定对所托运的危险化学品妥善包装,在外包装上设置相应的标志。

运输危险化学品需要添加抑制剂或者稳定剂的,托运人应当添加,并将有关情况告知承运人。

托运人不得在托运的普通货物中夹带危险化学品,不得将危险化学品匿报或者谎报为普通货物托运。

任何单位和个人不得交寄危险化学品或者在邮件、快件内夹带危险化学品,不得将危险化学品匿报或者谎报为普通物品交寄。邮政企业、快递企业不得收寄危险化学品。

四十七、危险化学品登记

国家实行危险化学品登记制度,为危险化学品安全管理以及危险化学品事故预防和应急救援提供技术、信息支持。

危险化学品生产企业、进口企业,应当向国务院安全生产监督管理部门负责危险化学品登记的机构(以下简称危险化学品登记机构)办理危险化学品登记。

危险化学品登记包括下列内容:

1. 分类和标签信息。
2. 物理、化学性质。
3. 主要用途。
4. 危险特性。
5. 储存、使用、运输的安全要求。
6. 出现危险情况的应急处置措施。

对同一企业生产、进口的同一品种的危险化学品,不进行重复登记。危险化学品生产企业、

进口企业发现其生产、进口的危险化学品有新的危险特性的，应当及时向危险化学品登记机构办理登记内容变更手续。

四十八、事故应急预案及应急救援演练

危险化学品单位应当制定本单位危险化学品事故应急预案，配备应急救援人员和必要的应急救援器材、设备，并定期组织应急救援演练。

危险化学品单位应当将其危险化学品事故应急预案报所在地设区的市级人民政府安全生产监督管理部门备案。

四十九、发生危险化学品事故，单位主要负责人组织救援

发生危险化学品事故，事故单位主要负责人应当立即按照本单位危险化学品应急预案组织救援，并向当地安全生产监督管理部门和环境保护、公安、卫生主管部门报告；道路运输、水路运输过程中发生危险化学品事故的，驾驶人员、船员或者押运人员还应当向事故发生地交通运输主管部门报告。

五十、发生危险化学品事故，政府及各部门组织救援

发生危险化学品事故，有关地方人民政府应当立即组织安全生产监督管理、环境保护、公安、卫生、交通运输等有关部门，按照本地区危险化学品事故应急预案组织实施救援，不得拖延、推诿。

第七节　安全生产许可证条例

《安全生产许可证条例》经第二次修订后自 2014 年 7 月 29 日施行。

一、适用范围

国家对矿山企业、建筑施工企业和危险化学品、烟花爆竹、民用爆炸物品生产企业（以下统称企业）实行安全生产许可制度。

企业未取得安全生产许可证的，不得从事生产活动。

二、企业取得安全生产许可证应具备的安全生产条件

企业取得安全生产许可证，应当具备下列安全生产条件：

1. 建立、健全安全生产责任制，制定完备的安全生产规章制度和操作规程。
2. 安全投入符合安全生产要求。
3. 设置安全生产管理机构，配备专职安全生产管理人员。
4. 主要负责人和安全生产管理人员经考核合格。
5. 特种作业人员经有关业务主管部门考核合格，取得特种作业操作资格证书。
6. 从业人员经安全生产教育和培训合格。
7. 依法参加工伤保险，为从业人员缴纳保险费。
8. 厂房、作业场所和安全设施、设备、工艺符合有关安全生产法律、法规、标准和规程的

要求。

9. 有职业危害防治措施，并为从业人员配备符合国家标准或者行业标准的劳动防护用品。

10. 依法进行安全评价。

11. 有重大危险源检测、评估、监控措施和应急预案。

12. 有生产安全事故应急救援预案、应急救援组织或者应急救援人员，配备必要的应急救援器材、设备。

13. 法律、法规规定的其他条件。

三、申请领取安全生产许可证程序

企业进行生产前，应当依照《安全生产许可证条例》的规定向安全生产许可证颁发管理机关申请领取安全生产许可证，并提供《安全生产许可证条例》规定的相关文件、资料。安全生产许可证颁发管理机关应当自收到申请之日起 45 日内审查完毕，经审查符合本条例规定的安全生产条件的，颁发安全生产许可证；不符合《安全生产许可证条例》规定的安全生产条件的，不予颁发安全生产许可证，书面通知企业并说明理由。

四、安全生产许可证的有效期

安全生产许可证的有效期为 3 年。安全生产许可证有效期满需要延期的，企业应当于期满前 3 个月向原安全生产许可证颁发管理机关办理延期手续。

企业在安全生产许可证有效期内，严格遵守有关安全生产的法律法规，未发生死亡事故的，安全生产许可证有效期届满时，经原安全生产许可证颁发管理机关同意，不再审查，安全生产许可证有效期延期 3 年。

五、企业取得安全生产许可证后的禁止性规定

1. 企业不得转让、冒用安全生产许可证或者使用伪造的安全生产许可证。

2. 企业取得安全生产许可证后，不得降低安全生产条件，并应当加强日常安全生产管理，接受安全生产许可证颁发管理机关的监督检查。

六、法律责任

1. 违反《安全生产许可证条例》规定，未取得安全生产许可证擅自进行生产的，责令停止生产，没收违法所得，并处 10 万元以上 50 万元以下的罚款；造成重大事故或者其他严重后果，构成犯罪的，依法追究刑事责任。

2. 违反《安全生产许可证条例》规定，安全生产许可证有效期满未办理延期手续，继续进行生产的，责令停止生产，限期补办延期手续，没收违法所得，并处 5 万元以上 10 万元以下的罚款；逾期仍不办理延期手续，继续进行生产的，依照《安全生产许可证条例》第十九条的规定处罚。

3. 违反《安全生产许可证条例》规定，转让安全生产许可证的，没收违法所得，处 10 万元以上 50 万元以下的罚款，并吊销其安全生产许可证；构成犯罪的，依法追究刑事责任；接受转让的，依照《安全生产许可证条例》的规定处罚。

冒用安全生产许可证或者使用伪造的安全生产许可证的，依照《安全生产许可证条例》的规定处罚。

第八节 生产安全事故报告和调查处理条例

《生产安全事故报告和调查处理条例》包括总则、事故报告、事故调查、事故处理、法律责任、附则共六章四十六条，自 2007 年 6 月 1 日起施行。

一、适用范围

生产经营活动中发生的造成人身伤亡或者直接经济损失的生产安全事故的报告和调查处理，适用《生产安全事故报告和调查处理条例》；环境污染事故、核设施事故、国防科研生产事故的报告和调查处理不适用《生产安全事故报告和调查处理条例》。

二、生产安全事故分级

根据生产安全事故（以下简称事故）造成的人员伤亡或者直接经济损失，事故一般分为以下等级：

1. 特别重大事故，是指造成 30 人以上死亡，或者 100 人以上重伤（包括急性工业中毒，下同），或者 1 亿元以上直接经济损失的事故。

2. 重大事故，是指造成 10 人以上 30 人以下死亡，或者 50 人以上 100 人以下重伤，或者 5 000 万元以上 1 亿元以下直接经济损失的事故。

3. 较大事故，是指造成 3 人以上 10 人以下死亡，或者 10 人以上 50 人以下重伤，或者 1 000 万元以上 5 000 万元以下直接经济损失的事故。

4. 一般事故，是指造成 3 人以下死亡，或者 10 人以下重伤，或者 1 000 万元以下直接经济损失的事故。

三、事故报告

（一）事故报告应当及时、准确、完整

事故报告应当及时、准确、完整，任何单位和个人对事故不得迟报、漏报、谎报或者瞒报。

（二）报告时限

1. 事故发生后，事故现场有关人员应当立即向本单位负责人报告；单位负责人接到报告后，应当于 1 小时内向事故发生地县级以上人民政府安全生产监督管理部门* 和负有安全生产监督管理职责的有关部门报告。

2. 情况紧急时，事故现场有关人员可以直接向事故发生地县级以上人民政府安全生产监督管理部门和负有安全生产监督管理职责的有关部门报告。

（三）报告事故包括的内容

报告事故应当包括下列内容：

1. 事故发生单位概况。

2. 事故发生的时间、地点以及事故现场情况。

---

* 注：原安全生产监督管理部门现已改为应急管理部门。

3. 事故的简要经过。

4. 事故已经造成或者可能造成的伤亡人数(包括下落不明的人数)和初步估计的直接经济损失。

5. 已经采取的措施。

6. 其他应当报告的情况。

(四) 事故报告后出现新情况的,应当及时补报

自事故发生之日起 30 日内,事故造成的伤亡人数发生变化的,应当及时补报。道路交通事故、火灾事故自发生之日起 7 日内,事故造成的伤亡人数发生变化的,应当及时补报。

(五) 单位负责人启动事故应急预案

事故发生单位负责人接到事故报告后,应当立即启动事故相应应急预案,或者采取有效措施,组织抢救,防止事故扩大,减少人员伤亡和财产损失。

(六) 保护事故现场

事故发生后,有关单位和人员应当妥善保护事故现场以及相关证据,任何单位和个人不得破坏事故现场、毁灭相关证据。

因抢救人员、防止事故扩大以及疏通交通等原因,需要移动事故现场物件的,应当做出标志,绘制现场简图并做出书面记录,妥善保存现场重要痕迹、物证。

四、事故调查

(一) 事故调查权限

特别重大事故由国务院或者国务院授权有关部门组织事故调查组进行调查。

重大事故、较大事故、一般事故分别由事故发生地省级人民政府、设区的市级人民政府、县级人民政府负责调查。省级人民政府、设区的市级人民政府、县级人民政府可以直接组织事故调查组进行调查,也可以授权或者委托有关部门组织事故调查组进行调查。

未造成人员伤亡的一般事故,县级人民政府也可以委托事故发生单位组织事故调查组进行调查。

(二) 上级人民政府可以调查由下级人民政府负责调查的事故

上级人民政府认为必要时,可以调查由下级人民政府负责调查的事故。

自事故发生之日起 30 日内(道路交通事故、火灾事故自发生之日起 7 日内),因事故伤亡人数变化导致事故等级发生变化,依照《生产安全事故报告和调查处理条例》规定应当由上级人民政府负责调查的,上级人民政府可以另行组织事故调查组进行调查。

(三) 事故发生地与事故发生单位不在同一行政区域时调查规定

特别重大事故以下等级事故,事故发生地与事故发生单位不在同一个县级以上行政区域的,由事故发生地人民政府负责调查,事故发生单位所在地人民政府应当派人参加。

(四) 事故调查组的组成应当遵循精简、效能的原则

根据事故的具体情况,事故调查组由有关人民政府、安全生产监督管理部门、负有安全生产监督管理职责的有关部门、监察机关、公安机关以及工会派人组成,并应当邀请人民检察院派人参加。

事故调查组可以聘请有关专家参与调查。

(五) 事故调查组成员

事故调查组成员应当具有事故调查所需要的知识和专长,并与所调查的事故没有直接利害关系。

（六）事故调查组组长

事故调查组组长由负责事故调查的人民政府指定。事故调查组组长主持事故调查组的工作。

（七）事故调查组履行的职责

事故调查组履行下列职责：

1. 查明事故发生的经过、原因、人员伤亡情况及直接经济损失。
2. 认定事故的性质和事故责任。
3. 提出对事故责任者的处理建议。
4. 总结事故教训，提出防范和整改措施。
5. 提交事故调查报告。

（八）事故调查组有权向有关单位和个人了解与事故有关的情况

事故调查组有权向有关单位和个人了解与事故有关的情况，并要求其提供相关文件、资料，有关单位和个人不得拒绝。

事故发生单位的负责人和有关人员在事故调查期间不得擅离职守，并应当随时接受事故调查组的询问，如实提供有关情况。

（九）技术鉴定

事故调查中需要进行技术鉴定的，事故调查组应当委托具有国家规定资质的单位进行技术鉴定。必要时，事故调查组可以直接组织专家进行技术鉴定。技术鉴定所需时间不计入事故调查期限。

（十）事故调查组纪律

事故调查组成员在事故调查工作中应当诚信公正、恪尽职守，遵守事故调查组的纪律，保守事故调查的秘密。

未经事故调查组组长允许，事故调查组成员不得擅自发布有关事故的信息。

（十一）提交事故调查报告

事故调查组应当自事故发生之日起60日内提交事故调查报告；特殊情况下，经负责事故调查的人民政府批准，提交事故调查报告的期限可以适当延长，但延长的期限最长不超过60日。

（十二）事故调查报告包括的内容

事故调查报告应当包括下列内容：

1. 事故发生单位概况。
2. 事故发生经过和事故救援情况。
3. 事故造成的人员伤亡和直接经济损失。
4. 事故发生的原因和事故性质。
5. 事故责任的认定以及对事故责任者的处理建议。
6. 事故防范和整改措施。

事故调查报告应当附具有关证据材料。事故调查组成员应当在事故调查报告上签名。

（十三）事故调查工作结束

事故调查报告报送负责事故调查的人民政府后，事故调查工作即告结束。事故调查的有关资料应当归档保存。

五、事故处理

1. 重大事故、较大事故、一般事故，负责事故调查的人民政府应当自收到事故调查报告之日起 15 日内做出批复；特别重大事故，30 日内做出批复，特殊情况下，批复时间可以适当延长，但延长的时间最长不超过 30 日。

2. 有关机关应当按照人民政府的批复，依照法律、行政法规规定的权限和程序，对事故发生单位和有关人员进行行政处罚，对负有事故责任的国家工作人员进行处分。

3. 事故发生单位应当按照负责事故调查的人民政府的批复，对本单位负有事故责任的人员进行处理。

4. 负有事故责任的人员涉嫌犯罪的，依法追究刑事责任。

5. 事故发生单位应当认真吸取事故教训，落实防范和整改措施，防止事故再次发生。防范和整改措施的落实情况应当接受工会和职工的监督。

第九节　工伤保险条例

《工伤保险条例》包括总则、工伤保险基金、工伤认定、劳动能力鉴定、工伤保险待遇、监督管理、法律责任、附则共八章六十七条，经修订后自 2011 年 1 月 1 日起施行。

一、适用范围

中华人民共和国境内的企业、事业单位、社会团体、民办非企业单位、基金会、律师事务所、会计师事务所等组织和有雇工的个体工商户（以下称用人单位）应当依照本条例规定参加工伤保险，为本单位全部职工或者雇工（以下称职工）缴纳工伤保险费。

中华人民共和国境内的企业、事业单位、社会团体、民办非企业单位、基金会、律师事务所、会计师事务所等组织的职工和个体工商户的雇工，均有依照《工伤保险条例》的规定享受工伤保险待遇的权利。

二、工伤保险缴纳

1. 工伤保险基金由用人单位缴纳的工伤保险费、工伤保险基金的利息和依法纳入工伤保险基金的其他资金构成。

2. 用人单位应当按时缴纳工伤保险费。职工个人不缴纳工伤保险费。

用人单位缴纳工伤保险费的数额为本单位职工工资总额乘以单位缴费费率之积。

3. 工伤保险基金逐步实行省级统筹。

跨地区、生产流动性较大的行业，可以采取相对集中的方式异地参加统筹地区的工伤保险。

三、工伤认定

（一）职工有下列情形之一的，应当认定为工伤

1. 在工作时间和工作场所内，因工作原因受到事故伤害的。

2. 工作时间前后在工作场所内，从事与工作有关的预备性或者收尾性工作受到事故伤害的。

3. 在工作时间和工作场所内，因履行工作职责受到暴力等意外伤害的。

4. 患职业病的。

5. 因工外出期间，由于工作原因受到伤害或者发生事故下落不明的。

6. 在上下班途中，受到非本人主要责任的交通事故或者城市轨道交通、客运轮渡、火车事故伤害的。

7. 法律、行政法规规定应当认定为工伤的其他情形。

（二）视同工伤的情形

职工有下列情形之一的，视同工伤：

1. 在工作时间和工作岗位，突发疾病死亡或者在48小时之内经抢救无效死亡的。

2. 在抢险救灾等维护国家利益、公共利益活动中受到伤害的。

3. 职工原在军队服役，因战、因公负伤致残，已取得革命伤残军人证，到用人单位后旧伤复发的。

（三）不得认定为工伤或者视同工伤的情形

职工符合上述的规定，但是有下列情形之一的，不得认定为工伤或者视同工伤：

1. 故意犯罪的。

2. 醉酒或者吸毒的。

3. 自残或者自杀的。

（四）工伤认定申请时限

职工发生事故伤害或者按照职业病防治法规定被诊断、鉴定为职业病，所在单位应当自事故伤害发生之日或者被诊断、鉴定为职业病之日起30日内，向统筹地区社会保险行政部门提出工伤认定申请。遇有特殊情况，经报社会保险行政部门同意，申请时限可以适当延长。

用人单位未按前款规定提出工伤认定申请的，工伤职工或者其近亲属、工会组织在事故伤害发生之日或者被诊断、鉴定为职业病之日起1年内，可以直接向用人单位所在地统筹地区社会保险行政部门提出工伤认定申请。

用人单位未在本条第一款规定的时限内提交工伤认定申请，在此期间发生符合本条例规定的工伤待遇等有关费用由该用人单位负担。

（五）调查核实

社会保险行政部门受理工伤认定申请后，根据审核需要可以对事故伤害进行调查核实，用人单位、职工、工会组织、医疗机构以及有关部门应当予以协助。职业病诊断和诊断争议的鉴定，依照职业病防治法的有关规定执行。对依法取得职业病诊断证明书或者职业病诊断鉴定书的，社会保险行政部门不再进行调查核实。

职工或者其近亲属认为是工伤，用人单位不认为是工伤的，由用人单位承担举证责任。

四、劳动能力鉴定

（一）职工发生工伤后的劳动能力鉴定

职工发生工伤，经治疗伤情相对稳定后存在残疾、影响劳动能力的，应当进行劳动能力鉴定。

（二）劳动功能障碍和生活自理障碍等级

劳动能力鉴定是指劳动功能障碍程度和生活自理障碍程度的等级鉴定。

劳动功能障碍分为十个伤残等级，最重的为一级，最轻的为十级。

生活自理障碍分为三个等级：生活完全不能自理、生活大部分不能自理和生活部分不能自理。

（三）劳动能力鉴定的申请

劳动能力鉴定由用人单位、工伤职工或者其近亲属向设区的市级劳动能力鉴定委员会提出申请，并提供工伤认定决定和职工工伤医疗的有关资料。

（四）劳动能力鉴定结论

设区的市级劳动能力鉴定委员会应当自收到劳动能力鉴定申请之日起60日内作出劳动能力鉴定结论，必要时，作出劳动能力鉴定结论的期限可以延长30日。劳动能力鉴定结论应当及时送达申请鉴定的单位和个人。

申请鉴定的单位或者个人对设区的市级劳动能力鉴定委员会作出的鉴定结论不服的，可以在收到该鉴定结论之日起15日内向省、自治区、直辖市劳动能力鉴定委员会提出再次鉴定申请。省、自治区、直辖市劳动能力鉴定委员会作出的劳动能力鉴定结论为最终结论。

（五）申请劳动能力复查鉴定

自劳动能力鉴定结论作出之日起1年后，工伤职工或者其近亲属、所在单位或者经办机构认为伤残情况发生变化的，可以申请劳动能力复查鉴定。

五、工伤保险待遇

（一）职工因工作遭受事故伤害或者患职业病进行治疗，享受工伤医疗待遇

1. 职工治疗工伤应当在签订服务协议的医疗机构就医，情况紧急时可以先到就近的医疗机构急救。

2. 治疗工伤所需费用符合工伤保险诊疗项目目录、工伤保险药品目录、工伤保险住院服务标准的，从工伤保险基金支付。

3. 职工住院治疗工伤的伙食补助费，以及经医疗机构出具证明，报经办机构同意，工伤职工到统筹地区以外就医所需的交通、食宿费用从工伤保险基金支付，基金支付的具体标准由统筹地区人民政府规定。

4. 工伤职工治疗非工伤引发的疾病，不享受工伤医疗待遇，按照基本医疗保险办法处理。

5. 工伤职工到签订服务协议的医疗机构进行工伤康复的费用，符合规定的，从工伤保险基金支付。

（二）行政复议和诉讼期间的待遇

社会保险行政部门作出认定为工伤的决定后发生行政复议、行政诉讼的，行政复议和行政诉讼期间不停止支付工伤职工治疗工伤的医疗费用。

（三）安装假肢、矫形器、假眼、假牙和配置轮椅等辅助器具

工伤职工因日常生活或者就业需要，经劳动能力鉴定委员会确认，可以安装假肢、矫形器、假眼、假牙和配置轮椅等辅助器具，所需费用按照国家规定的标准从工伤保险基金支付。

（四）在停工留薪期内的待遇

职工因工作遭受事故伤害或者患职业病需要暂停工作接受工伤医疗的，在停工留薪期内，原工资福利待遇不变，由所在单位按月支付。

停工留薪期一般不超过12个月。伤情严重或者情况特殊，经设区的市级劳动能力鉴定委员会确认，可以适当延长，但延长不得超过12个月。工伤职工评定伤残等级后，停发原待遇，按照本章的有关规定享受伤残待遇。工伤职工在停工留薪期满后仍需治疗的，继续享受工伤医疗待遇。

生活不能自理的工伤职工在停工留薪期需要护理的，由所在单位负责。

（五）生活护理费

工伤职工已经评定伤残等级并经劳动能力鉴定委员会确认需要生活护理的，从工伤保险基金按月支付生活护理费。

生活护理费按照生活完全不能自理、生活大部分不能自理或者生活部分不能自理3个不同等级支付。

（六）职工因工死亡，其近亲属补助金

职工因工死亡，其近亲属按照下列规定从工伤保险基金领取丧葬补助金、供养亲属抚恤金和一次性工亡补助金：

1. 丧葬补助金为6个月的统筹地区上年度职工月平均工资。

2. 供养亲属抚恤金按照职工本人工资的一定比例发给由因工死亡职工生前提供主要生活来源、无劳动能力的亲属。

3. 一次性工亡补助金标准为上一年度全国城镇居民人均可支配收入的20倍。

第十节　易制毒化学品管理条例

《易制毒化学品管理条例》内容包括总则，生产、经营管理，购买管理，运输管理、进口、出口管理，监督检查、法律责任、附则共八章四十五条，2018年9月18日第三次修订。

一、国家对易制毒化学品的生产、经营、购买、运输和进口、出口实行分类管理和许可制度

易制毒化学品分为三类。第一类是可以用于制毒的主要原料，第二类、第三类是可以用于制毒的化学配剂。

二、标明产品的名称、化学分子式和成分

易制毒化学品的产品包装和使用说明书，应当标明产品的名称、化学分子式和成分。

三、属于药品和危险化学品的，遵守药品和危险化学品的有关规定

易制毒化学品的生产、经营、购买、运输和进口、出口，除应当遵守《易制毒化学品管理条例》的规定外，属于药品和危险化学品的，还应当遵守法律、其他行政法规对药品和危险化学品的有关规定。

禁止走私或者非法生产、经营、购买、转让、运输易制毒化学品。

禁止使用现金或者实物进行易制毒化学品交易。但是，个人合法购买第一类中的药品类易

制毒化学品药品制剂和第三类易制毒化学品的除外。

生产、经营、购买、运输和进口、出口易制毒化学品的单位，应当建立单位内部易制毒化学品管理制度。

四、申请生产第一类易制毒化学品应具备的条件

申请生产第一类易制毒化学品，应当具备下列条件，并经行政主管部门审批，取得生产许可证后，方可进行生产：

1. 属依法登记的化工产品生产企业或者药品生产企业。
2. 有符合国家标准的生产设备、仓储设施和污染物处理设施。
3. 有严格的安全生产管理制度和环境突发事件应急预案。
4. 企业法定代表人和技术、管理人员具有安全生产和易制毒化学品的有关知识，无毒品犯罪记录。
5. 法律、法规、规章规定的其他条件。

申请生产第一类中的药品类易制毒化学品，还应当在仓储场所等重点区域设置电视监控设施以及与公安机关联网的报警装置。

申请生产第一类中的药品类易制毒化学品的，由省、自治区、直辖市人民政府药品监督管理部门审批；申请生产第一类中的非药品类易制毒化学品的，由省、自治区、直辖市人民政府安全生产监督管理部门审批。

五、申请经营第一类易制毒化学品应具备的条件

申请经营第一类易制毒化学品，应当具备下列条件，并经行政主管部门审批，取得经营许可证后，方可进行经营：

1. 属依法登记的化工产品经营企业或者药品经营企业。
2. 有符合国家规定的经营场所，需要储存、保管易制毒化学品的，还应当有符合国家技术标准的仓储设施。
3. 有易制毒化学品的经营管理制度和健全的销售网络。
4. 企业法定代表人和销售、管理人员具有易制毒化学品的有关知识，无毒品犯罪记录。
5. 法律、法规、规章规定的其他条件。

申请经营第一类中的药品类易制毒化学品的，由省、自治区、直辖市人民政府药品监督管理部门审批；申请经营第一类中的非药品类易制毒化学品的，由省、自治区、直辖市人民政府安全生产监督管理部门审批。

六、取得第一类易制毒化学品生产许可的企业可以经销自产的易制毒化学品

取得第一类易制毒化学品生产许可或者依照《易制毒化学品管理条例》第十三条第一款规定已经履行第二类、第三类易制毒化学品备案手续的生产企业，可以经销自产的易制毒化学品。但是，在厂外设立销售网点经销第一类易制毒化学品的，应当依照本条例的规定取得经营许可。

第一类中的药品类易制毒化学品药品单方制剂，由麻醉药品定点经营企业经销，且不得零售。

取得第一类易制毒化学品生产、经营许可的企业，应当凭生产、经营许可证到市场监督管理部门办理经营范围变更登记。未经变更登记，不得进行第一类易制毒化学品的生产、经营。

第一类易制毒化学品生产、经营许可证被依法吊销的，行政主管部门应当自作出吊销决定之日起5日内通知市场监督管理部门；被吊销许可证的企业，应当及时到市场监督管理部门办理经营范围变更或者企业注销登记。

七、生产第二类、第三类易制毒化学品的备案

生产第二类、第三类易制毒化学品的，应当自生产之日起30日内，将生产的品种、数量等情况，向所在地的设区的市级人民政府安全生产监督管理部门备案。

经营第二类易制毒化学品的，应当自经营之日起30日内，将经营的品种、数量、主要流向等情况，向所在地的设区的市级人民政府安全生产监督管理部门备案；经营第三类易制毒化学品的，应当自经营之日起30日内，将经营的品种、数量、主要流向等情况，向所在地的县级人民政府安全生产监督管理部门备案。

八、申请购买第一类易制毒化学品，应取得购买许可证

申请购买第一类易制毒化学品，应当提交下列证件，经行政主管部门审批，取得购买许可证：

1. 经营企业提交企业营业执照和合法使用需要证明。
2. 其他组织提交登记证书(成立批准文件)和合法使用需要证明。

九、申请购买第一类中的药品类、非药品易制毒化学品的审批

申请购买第一类中的药品类易制毒化学品的，由所在地的省、自治区、直辖市人民政府食品药品监督管理部门审批；申请购买第一类中的非药品类易制毒化学品的，由所在地的省、自治区、直辖市人民政府应急管理部门审批。

持有麻醉药品、第一类精神药品购买印鉴卡的医疗机构购买第一类中的药品类易制毒化学品的，无须申请第一类易制毒化学品购买许可证。

个人不得购买第一类、第二类易制毒化学品。

购买第二类、第三类易制毒化学品的，应当在购买前将所需购买的品种、数量，向所在地的县级人民政府公安机关备案。个人自用购买少量高锰酸钾的，无须备案。

十、经营单位销售第一类易制毒化学品

经营单位销售第一类易制毒化学品时，应当查验购买许可证和经办人的身份证明。对委托代购的，还应当查验购买人持有的委托文书。

经营单位在查验无误、留存上述证明材料的复印件后，方可出售第一类易制毒化学品；发现可疑情况的，应当立即向当地公安机关报告。

经营单位应当建立易制毒化学品销售台账，如实记录销售的品种、数量、日期、购买方等情况。销售台账和证明材料复印件应当保存2年备查。

第一类易制毒化学品的销售情况，应当自销售之日起5日内报当地公安机关备案；第一类易制毒化学品的使用单位，应当建立使用台账，并保存2年备查。

第二类、第三类易制毒化学品的销售情况，应当自销售之日起30日内报当地公安机关备案。

十一、易制毒化学品运输

跨设区的市级行政区域(直辖市为跨市界)或者在国务院公安部门确定的禁毒形势严峻的重点地区跨县级行政区域运输第一类易制毒化学品的，由运出地的设区的市级人民政府公安机关审批；运输第二类易制毒化学品的，由运出地的县级人民政府公安机关审批。经审批取得易制毒化学品运输许可证后，方可运输。

申请易制毒化学品运输许可，应当提交易制毒化学品的购销合同，货主是企业的，应当提交营业执照；货主是其他组织的，应当提交登记证书(成立批准文件)；货主是个人的，应当提交其个人身份证明。经办人还应当提交本人的身份证明。

对许可运输第一类易制毒化学品的，发给一次有效的运输许可证。

对许可运输第二类易制毒化学品的，发给 3 个月有效的运输许可证；6 个月内运输安全状况良好的，发给 12 个月有效的运输许可证。

易制毒化学品运输许可证应当载明拟运输的易制毒化学品的品种、数量、运入地、货主及收货人、承运人情况以及运输许可证种类。

十二、运输供教学、科研使用的麻黄素

运输供教学、科研使用的 100 克以下的麻黄素样品和供医疗机构制剂配方使用的小包装麻黄素以及医疗机构或者麻醉药品经营企业购买麻黄素片剂 6 万片以下、注射剂 1.5 万支以下，货主或者承运人持有依法取得的购买许可证明或者麻醉药品调拨单的，无须申请易制毒化学品运输许可。

因治疗疾病需要，患者、患者近亲属或者患者委托的人凭医疗机构出具的医疗诊断书和本人的身份证明，可以随身携带第一类中的药品类易制毒化学品药品制剂，但是不得超过医用单张处方的最大剂量。

十三、承运人应当查验货主提供的运输许可证或者备案证明

接受货主委托运输的，承运人应当查验货主提供的运输许可证或者备案证明，并查验所运货物与运输许可证或者备案证明载明的易制毒化学品品种等情况是否相符；不相符的，不得承运。

运输易制毒化学品，运输人员应当自启运起全程携带运输许可证或者备案证明。公安机关应当在易制毒化学品的运输过程中进行检查。

运输易制毒化学品，应当遵守国家有关货物运输的规定。

十四、申请进口或者出口易制毒化学品

申请进口或者出口易制毒化学品，应当提交下列材料，经国务院商务主管部门或者其委托的省、自治区、直辖市人民政府商务主管部门审批，取得进口或者出口许可证后，方可从事进口、出口活动：

1. 对外贸易经营者备案登记证明复印件。
2. 营业执照副本。
3. 易制毒化学品生产、经营、购买许可证或者备案证明。
4. 进口或者出口合同(协议)副本。
5. 经办人的身份证明。

十五、通关

进口、出口或者过境、转运、通运易制毒化学品的，应当如实向海关申报，并提交进口或者出口许可证。海关凭许可证办理通关手续。

易制毒化学品在境外与保税区、出口加工区等海关特殊监管区域、保税场所之间进出的，适用前款规定。

易制毒化学品在境内与保税区、出口加工区等海关特殊监管区域、保税场所之间进出的，或者在上述海关特殊监管区域、保税场所之间进出的，无须申请易制毒化学品进口或者出口许可证。

进口第一类中的药品类易制毒化学品，还应当提交药品监督管理部门出具的进口药品通关单。

进出境人员随身携带第一类中的药品类易制毒化学品药品制剂和高锰酸钾，应当以自用且数量合理为限，并接受海关监管。

进出境人员不得随身携带前款规定以外的易制毒化学品。

十六、易制毒化学品丢失、被盗、被抢情况的报告

易制毒化学品丢失、被盗、被抢的，发案单位应当立即向当地公安机关报告，并同时报告当地的县级人民政府负责药品监督管理的部门、安全生产监督管理部门、商务主管部门或者卫生主管部门。接到报案的公安机关应当及时立案查处，并向上级公安机关报告；有关行政主管部门应当逐级上报并配合公安机关的查处。

十七、生产、经营、购买、运输或者进口、出口易制毒化学品情况的报告

生产、经营、购买、运输或者进口、出口易制毒化学品的单位，应当于每年 3 月 31 日前向许可或者备案的行政主管部门和公安机关报告本单位上年度易制毒化学品的生产、经营、购买、运输或者进口、出口情况；有条件的生产、经营、购买、运输或者进口、出口单位，可以与有关行政主管部门建立计算机联网，及时通报有关经营情况。

第十一节　生产安全事故应急条例

《生产安全事故应急条例》包括总则、应急准备、应急救援、法律责任、附则等共五章三十五条，自 2019 年 4 月 1 日起施行。

一、适用范围

适用于生产安全事故应急工作。

二、生产经营单位应急工作责任

生产经营单位应当加强生产安全事故应急工作，建立、健全生产安全事故应急工作责任制，其主要负责人对本单位的生产安全事故应急工作全面负责。

三、应急准备

（一）制定生产安全事故应急救援预案

生产经营单位应当针对本单位可能发生的生产安全事故的特点和危害，进行风险辨识和评估，制定相应的生产安全事故应急救援预案，并向本单位从业人员公布。

（二）生产安全事故应急救援预案的要求

生产安全事故应急救援预案应当符合有关法律、法规、规章和标准的规定，具有科学性、针对性和可操作性，明确规定应急组织体系、职责分工以及应急救援程序和措施。

有下列情形之一的，生产安全事故应急救援预案制定单位应当及时修订相关预案：

1. 制定预案所依据的法律、法规、规章、标准发生重大变化。
2. 应急指挥机构及其职责发生调整。
3. 安全生产面临的风险发生重大变化。
4. 重要应急资源发生重大变化。
5. 在预案演练或者应急救援中发现需要修订预案的重大问题。
6. 其他应当修订的情形。

（三）应急救援预案演练

易燃易爆物品、危险化学品等危险物品的生产、经营、储存、运输单位，矿山、金属冶炼、城市轨道交通运营、建筑施工单位，以及宾馆、商场、娱乐场所、旅游景区等人员密集场所经营单位，应当至少每半年组织 1 次生产安全事故应急救援预案演练，并将演练情况报送所在地县级以上地方人民政府负有安全生产监督管理职责的部门。

（四）应急救援队伍

易燃易爆物品、危险化学品等危险物品的生产、经营、储存、运输单位，矿山、金属冶炼、城市轨道交通运营、建筑施工单位，以及宾馆、商场、娱乐场所、旅游景区等人员密集场所经营单位，应当建立应急救援队伍；其中，小型企业或者微型企业等规模较小的生产经营单位，可以不建立应急救援队伍，但应当指定兼职的应急救援人员，并且可以与邻近的应急救援队伍签订应急救援协议。

工业园区、开发区等产业聚集区域内的生产经营单位，可以联合建立应急救援队伍。

（五）应急救援人员

应急救援队伍的应急救援人员应当具备必要的专业知识、技能、身体素质和心理素质。

应急救援队伍建立单位或者兼职应急救援人员所在单位应当按照国家有关规定对应急救援人员进行培训；应急救援人员经培训合格后，方可参加应急救援工作。

应急救援队伍应当配备必要的应急救援装备和物资，并定期组织训练。

（六）应急救援队伍建立情况的报送

生产经营单位应当及时将本单位应急救援队伍建立情况按照国家有关规定报送县级以上人民政府负有安全生产监督管理职责的部门，并依法向社会公布。

（七）应急救援器材、设备和物资

易燃易爆物品、危险化学品等危险物品的生产、经营、储存、运输单位，矿山、金属冶炼、城市轨道交通运营、建筑施工单位，以及宾馆、商场、娱乐场所、旅游景区等人员密集场所经营单位，应当根据本单位可能发生的生产安全事故的特点和危害，配备必要的灭火、排水、通风以及危险物品稀释、掩埋、收集等应急救援器材、设备和物资，并进行经常性维护、保养，保证正常运转。

（八）应急值班制度

下列单位应当建立应急值班制度，配备应急值班人员：

1. 县级以上人民政府及其负有安全生产监督管理职责的部门；

2. 危险物品的生产、经营、储存、运输单位以及矿山、金属冶炼、城市轨道交通运营、建筑施工单位；

3. 应急救援队伍。

（九）从业人员的教育和培训

生产经营单位应当对从业人员进行应急教育和培训，保证从业人员具备必要的应急知识，掌握风险防范技能和事故应急措施。

四、应急救援

发生生产安全事故后，生产经营单位应当立即启动生产安全事故应急救援预案，采取下列一项或者多项应急救援措施，并按照国家有关规定报告事故情况：

1. 迅速控制危险源，组织抢救遇险人员。

2. 根据事故危害程度，组织现场人员撤离或者采取可能的应急措施后撤离。

3. 及时通知可能受到事故影响的单位和人员。

4. 采取必要措施，防止事故危害扩大和次生、衍生灾害发生。

5. 根据需要请求邻近的应急救援队伍参加救援，并向参加救援的应急救援队伍提供相关技术资料、信息和处置方法。

6. 维护事故现场秩序，保护事故现场和相关证据。

7. 法律、法规规定的其他应急救援措施。

第二章　危险化学品生产单位安全管理

第一节　危险化学品生产企业安全生产许可

一、安全生产许可证

企业应当取得危险化学品安全生产许可证(以下简称安全生产许可证)。未取得安全生产许可证的企业,不得从事危险化学品的生产活动。

安全生产许可证的颁发管理工作实行企业申请、两级发证、属地监管的原则。

二、申请安全生产许可证的条件

1. 企业选址布局、规划设计以及与重要场所、设施、区域的距离应当符合下列要求:

(1) 国家产业政策;当地县级以上(含县级)人民政府的规划和布局;新设立企业建在地方人民政府规划的专门用于危险化学品生产、储存的区域内;

(2) 危险化学品生产装置或者储存危险化学品数量构成重大危险源的储存设施,与《危险化学品安全管理条例》规定的八类场所、设施、区域的距离符合有关法律、法规、规章和国家标准或者行业标准的规定;

(3) 总体布局符合《化工企业总图运输设计规范》《工业企业总平面设计规范》《建筑设计防火规范》等标准的要求。

石油化工企业还应当符合《石油化工企业设计防火规范》的要求。

2. 企业的厂房、作业场所、储存设施和安全设施、设备、工艺应当符合下列要求:

(1) 新建、改建、扩建建设项目经具备国家规定资质的单位设计、制造和施工建设;涉及危险化工工艺、重点监管危险化学品的装置,由具有综合甲级资质或者化工石化专业甲级设计资质的化工石化设计单位设计;

(2) 不得采用国家明令淘汰、禁止使用和危及安全生产的工艺、设备;新开发的危险化学品生产工艺必须在小试、中试、工业化试验的基础上逐步放大到工业化生产;国内首次使用的化工工艺,必须经过省级人民政府有关部门组织的安全可靠性论证;

(3) 涉及危险化工工艺、重点监管危险化学品的装置装设自动化控制系统;涉及危险化工工艺的大型化工装置装设紧急停车系统;涉及易燃易爆、有毒有害气体化学品的场所装设易燃易爆、有毒有害介质泄漏报警等安全设施;

(4) 生产区与非生产区分开设置,并符合国家标准或者行业标准规定的距离;

(5) 危险化学品生产装置和储存设施之间及其与建(构)筑物之间的距离符合有关标准规

范的规定。

同一厂区内的设备、设施及建(构)筑物的布置必须适用同一标准的规定。

3. 企业应当有相应的职业危害防护设施，并为从业人员配备符合国家标准或者行业标准的劳动防护用品。

4. 企业应当依据《危险化学品重大危险源辨识》(GB 18218)，对本企业的生产、储存和使用装置、设施或者场所进行重大危险源辨识。

对已确定为重大危险源的生产和储存设施，应当执行《危险化学品重大危险源监督管理暂行规定》。

5. 企业应当依法设置安全生产管理机构，配备专职安全生产管理人员。配备的专职安全生产管理人员必须能够满足安全生产的需要。

6. 企业应当建立全员安全生产责任制，保证每位从业人员的安全生产责任与职务、岗位相匹配。

7. 企业应当根据化工工艺、装置、设施等实际情况，制定完善下列主要安全生产规章制度：

(1) 安全生产例会等安全生产会议制度；

(2) 安全投入保障制度；

(3) 安全生产奖惩制度；

(4) 安全培训教育制度；

(5) 领导干部轮流现场带班制度；

(6) 特种作业人员管理制度；

(7) 安全检查和隐患排查治理制度；

(8) 重大危险源评估和安全管理制度；

(9) 变更管理制度；

(10) 应急管理制度；

(11) 生产安全事故或者重大事件管理制度；

(12) 防火、防爆、防中毒、防泄漏管理制度；

(13) 工艺、设备、电气仪表、公用工程安全管理制度；

(14) 动火、进入受限空间、吊装、高处、盲板抽堵、动土、断路、设备检维修等作业安全管理制度；

(15) 危险化学品安全管理制度；

(16) 职业健康相关管理制度；

(17) 劳动防护用品使用维护管理制度；

(18) 承包商管理制度；

(19) 安全管理制度及操作规程定期修订制度。

8. 企业应当根据危险化学品的生产工艺、技术、设备特点和原辅料、产品的危险性编制岗位操作安全规程。

9. 企业主要负责人、分管安全负责人和安全生产管理人员必须具备与其从事的生产经营活动相适应的安全生产知识和管理能力，依法参加安全生产培训，并经考核合格，取得安全合格证书。

企业分管安全负责人、分管生产负责人、分管技术负责人应当具有一定的化工专业知识或者相应的专业学历,专职安全生产管理人员应当具备国民教育化工化学类(或安全工程)中等职业教育以上学历或者化工化学类中级以上专业技术职称。

企业应当有危险物品安全类注册安全工程师从事安全生产管理工作。

特种作业人员应当依照《特种作业人员安全技术培训考核管理规定》,经专门的安全技术培训并考核合格,取得特种作业操作证书。

10. 企业应当按照国家规定提取与安全生产有关的费用,并保证安全生产所必需的资金投入。

11. 企业应当依法参加工伤保险,为从业人员缴纳保险费。

12. 企业应当依法委托具备国家规定资质的安全评价机构进行安全评价,并按照安全评价报告的意见对存在的安全生产问题进行整改。

13. 企业应当依法进行危险化学品登记,为用户提供化学品安全技术说明书,并在危险化学品包装(包括外包装件)上粘贴或者拴挂与包装内危险化学品相符的化学品安全标签。

14. 企业应当符合下列应急管理要求:

(1) 按照国家有关规定编制危险化学品事故应急预案并报有关部门备案;

(2) 建立应急救援组织,规模较小的企业可以不建立应急救援组织,但应指定兼职的应急救援人员;

(3) 配备必要的应急救援器材、设备和物资,并进行经常性维护、保养,保证正常运转。

生产、储存和使用氯气、氨气、光气、硫化氢等吸入性有毒有害气体的企业,应当配备至少两套以上全封闭防化服;构成重大危险源的,还应当设立气体防护站(组)。

15. 企业应当符合有关法律、行政法规和国家标准或者行业标准规定的安全生产条件。

三、安全生产许可证的申请

1. 中央企业及其直接控股涉及危险化学品生产的企业(总部)以外的企业向所在地省级安全生产监督管理部门或其委托的安全生产监督管理部门申请安全生产许可证。

2. 新建企业安全生产许可证的申请,应当在危险化学品生产建设项目安全设施竣工验收通过后10个工作日内提出。

3. 企业申请安全生产许可证时,应当提交下列文件、资料,并对其内容的真实性负责:

(1) 申请安全生产许可证的文件及申请书;

(2) 安全生产责任制文件,安全生产规章制度、岗位操作安全规程清单;

(3) 设置安全生产管理机构,配备专职安全生产管理人员的文件复制件;

(4) 主要负责人、分管安全负责人、安全生产管理人员和特种作业人员的安全合格证或者特种作业操作证复制件;

(5) 与安全生产有关的费用提取和使用情况报告,新建企业提交有关安全生产费用提取和使用规定的文件;

(6) 为从业人员缴纳工伤保险费的证明材料;

(7) 危险化学品事故应急救援预案的备案证明文件;

(8) 危险化学品登记证复制件;

(9) 工商营业执照副本或者工商核准文件复制件;

(10) 具备资质的中介机构出具的安全评价报告;

(11) 新建企业的竣工验收报告；

(12) 应急救援组织或者应急救援人员，以及应急救援器材、设备设施清单。

有危险化学品重大危险源的企业，还应当提供重大危险源及其应急预案的备案证明文件、资料。

4. 企业在安全生产许可证有效期内变更主要负责人、企业名称或者注册地址的，应当自工商营业执照或者隶属关系变更之日起10个工作日内向实施机关提出变更申请，并提交下列文件、资料：

(1) 变更后的工商营业执照副本复制件；

(2) 变更主要负责人的，还应当提供主要负责人经安全生产监督管理部门考核合格后颁发的安全合格证复制件；

(3) 变更注册地址的，还应当提供相关证明材料。

对已经受理的变更申请，实施机关应当在对企业提交的文件、资料审查无误后，方可办理安全生产许可证变更手续。

企业在安全生产许可证有效期内变更隶属关系的，仅需提交隶属关系变更证明材料报实施机关备案。

5. 企业在安全生产许可证有效期内，当原生产装置新增产品或者改变工艺技术对企业的安全生产产生重大影响时，应当对该生产装置或者工艺技术进行专项安全评价，并对安全评价报告中提出的问题进行整改；在整改完成后，向原实施机关提出变更申请，提交安全评价报告。

6. 企业在安全生产许可证有效期内，有危险化学品新建、改建、扩建建设项目(以下简称建设项目)的，应当在建设项目安全设施竣工验收合格之日起10个工作日内向原实施机关提出变更申请，并提交建设项目安全设施竣工验收报告等相关文件、资料。

四、安全生产许可证有效期

安全生产许可证有效期为3年。企业安全生产许可证有效期届满后继续生产
危险化学品的，应当在安全生产许可证有效期届满前3个月提出延期申请，并提交延期申请书和规定的申请文件、资料。

企业在安全生产许可证有效期内，符合下列条件的，其安全生产许可证届满时，经原实施机关同意，可直接办理延期手续：

1. 严格遵守有关安全生产的法律、法规和本办法的。

2. 取得安全生产许可证后，加强日常安全生产管理，未降低安全生产条件，并达到安全生产标准化等级二级以上的。

3. 未发生死亡事故的。

五、安全生产许可证的使用规定

企业不得出租、出借、买卖或者以其他形式转让其取得的安全生产许可证，或者冒用他人取得的安全生产许可证、使用伪造的安全生产许可证。

第二节　化工过程安全管理

化工过程安全管理管理要素包括以下几个方面：

一、安全领导力

1. 企业安全领导力主要指企业各级负责人对安全生产工作的领导能力，核心是企业主要负责人的领导能力。

2. 企业主要负责人应领导企业贯彻落实“以人为本、安全第一”的安全理念，建立包括以安全愿景目标、安全发展战略、安全使命精神等为内容的安全生产核心价值观，构建符合企业安全生产特点的良好安全文化。

3. 企业主要负责人应领导企业制定安全生产方针和目标。

4. 企业主要负责人应具备基本的安全素养，包括法律意识、风险意识、安全管理知识和技能。

5. 企业主要负责人应为化工过程安全管理的实施提供相应的人力资源，选择懂安全、工艺、设备、管理的复合型人才担任安全管理部门负责人，建立懂安全的专业技术管理团队。

6. 企业主要负责人应领导企业建立以本导则为核心的安全生产管理体系，按照“管业务必须管安全、管生产经营必须管安全”的要求，明确各级管理人员的安全管理职责，落实属地安全管理职责，落实专业安全管理职责，为体系的有效运行提供必需的财力保障。

7. 企业主要负责人应深入基层，宣传安全生产理念、了解基层安全生产状况、倾听员工建议，以个人良好的安全行为带动企业形成良好的安全文化氛围。企业主要负责人应自觉带头履行安全承诺，通过率先垂范，展示领导的示范力、行动力和影响力；通过制定和落实个人月度安全行动计划，带动全员参与安全管理，确保安全领导力贯穿于基层员工中。

8. 企业主要负责人应重视重大危险源安全风险管控，及时消除隐患，加大风险管控措施投入力度，完善监管机制，落实管理责任。

9. 企业主要负责人应重视生产安全事故事件管理，在分析出所有生产安全事故事件技术原因的基础上，重点查清管理上的缺陷和不足。

10. 企业主要负责人应定期组织开展化工过程安全管理要素考核、安全管理体系评审、安全生产绩效考核、外部安全审计等活动，实现安全管理量化评估考核。

11. 企业应按照主要负责人的领导力要求建立工作机制，明确企业其他负责人和各级负责人的工作要求，不断提高安全领导力。

12. 企业主要负责人及车间、班组各级负责人应及时奖励安全绩效突出的员工，并对其进行优先任命和提拔。

二、安全生产责任制

1. 安全生产责任是企业安全管理的核心，建立和落实全员安全生产责任制是企业实现安全生产的根基。

2. 企业主要负责人应建立健全并落实本单位全员安全生产责任制。

3. 企业应结合每个岗位的职责，明确所有层级、各类岗位（含劳务派遣人员、实习生等）的安全生产职责，做到“一岗一责”。

4. 企业安全生产责任制的责任内容、范围、考核标准应清晰明确、便于操作、实时更新。

5. 全员安全生产责任制应经主要负责人审定、批准后，以正式文件形式发布实施，确保每位员工及时掌握所在岗位的安全生产职责。

6. 企业应组织开展全员安全生产责任制教育培训，并将该项培训纳入安全生产年度培训计划。

7. 企业应每年对安全生产责任制的适用性和有效性进行评审，有下列情形之一的，应及时修订：

(1) 依据的法律、法规、规章、标准中的有关规定发生重大变化的；

(2) 组织机构及其职责进行了调整的；

(3) 企业生产经营内容发生重大变化的；

(4) 企业发生安全事故事件后，在安全责任方面暴露出问题的；

(5) 企业认为需要修订的其他情况。

8. 企业应建立安全生产责任制考核制度，对全员安全生产责任制落实情况进行考核。

三、安全生产合规性管理

1. 企业应建立安全生产合规性管理制度，明确合规性管理的主管部门，确定合规性管理程序和要求。

2. 企业应组织各部门对相关法律、法规、标准、规范及其他法定要求进行识别、获取、公布及执行。

3. 企业应建立法规标准管理工作程序，明确定期获取和识别相关法律、法规、标准、规范及其他法定要求的渠道，定期进行适用性评估，及时更新法律、法规、标准清单，并将新要求转化为企业的安全生产管理制度或规程。识别范围包括但不限于：

(1) 国家有关法律、法规和地方性法规；

(2) 相关部门规章；

(3) 国家标准、行业标准、地方标准；

(4) 各级负有安全生产监督管理职责部门发布的政策性文件；

(5) 上级公司的有关规章制度。

4. 企业应及时将法律、法规、标准、规范中的新规定、新要求对员工进行培训。

5. 企业应将适用的相关法律、法规、标准、规范及其他法定要求应用于企业的全生命周期安全管理中。

6. 企业应成立合规性审核小组，每年至少开展一次对执行中的制度、操作规程、安全生产行为等的安全生产合规性审核，当企业发生事故、重大安全事件以及法律法规等发生重大调整时应及时对相关内容开展合规性审核。对审核中提出的不符合项，应及时组织各部门进行整改，并跟踪整改情况。

7. 企业应将收集到的法律、法规、标准、规范及其他法定要求、相关审核及整改情况记录，并及时归档。

四、安全生产信息管理

1. 企业应建立安全生产信息管理制度，明确责任部门，对装置规划、设计、建设和生产过程中的相关信息及时收集获取，明确收集获取的时间间隔、途径、识别方法、应用管理等内容，保证安全生产信息及时、准确、完整。

2. 安全生产信息包括化学品危险性信息、工艺危险性信息、工艺技术信息、设备设施信息和其他信息。包括但不限于：

(1) 相关化学品(包括废弃物)信息；

(2) 规划及工艺技术信息；

(3) 工程建设及安装调试有关信息；

(4) 设备设施信息；

(5) 自控及安全仪表信息；

(6) 相关公用(辅助)工程系统信息；

(7) 同行业事故事件信息；

(8) 同行业企业良好安全管理实践；

(9) 企业需要收集的其他相关安全生产信息。

3. 企业安全生产信息的来源包括但不限于：

(1) 制造商或供应商提供的化学品安全标签和安全技术说明书；

(2) 项目工艺技术提供商、设计单位或工程项目承包商提供的工艺信息和详细设计信息等；

(3) 设备供应商提供的设备设施信息；

(4) 相关方提供的设备和管道完工试验报告、单机和系统调试报告、监理报告、特种设备及附件检验检测报告、消防验收报告、安全验收报告、安全评价报告、职业卫生评价报告、设备检验检测报告等资料；

(5) 同行业、同类企业或同类化工过程的事故调查报告等资料。

4. 企业应建立安全生产信息目录清单，并及时收集新的信息，对安全生产信息的获取、识别、使用、更新、归档等进行管理。

5. 企业应根据所获取的化学品信息，建立化学品反应矩阵、化学品与材质相容性矩阵。

6. 企业应保证相关人员(包括承包商人员)及时获取最新的安全生产信息，使其与岗位控制风险需求相匹配。

7. 企业合规性管理所需的法规、标准和安全生产信息的获取、识别、更新、归档可合并管理。

五、安全教育、培训和能力建设

1. 企业应对员工进行相关法律和风险教育，增强员工安全意识、法律意识、风险意识；通过强化知识和技能培训，增强员工的安全履职能力。

2. 企业应在调查的基础上，确定培训需求，编制培训计划，对培训资源建设与管理、课程设置、培训活动及人员管理、培训效果评估进行规范管理。

3. 企业应制定岗位能力要求标准和安全教育、培训管理制度，通过招聘符合任职基本条件的人员，及时开展教育、培训等，确保上岗员工符合岗位能力要求。

(1) 建立岗位能力标准。基于岗位职责编制岗位说明书，从教育程度、专业知识和技能(含上岗资格)、工作经验和综合素质等方面，明确岗位人员应具备的任职资格。

(2) 确定培训课程体系。依据各个岗位所需的能力要求，将岗位能力标准转化为培训目标，并依据培训目标和载体，确定各个岗位的具体培训内容。

4. 企业应对新入职员工开展公司级、车间级、班组级三级安全教育，并根据岗位技能要求开展岗前培训，经考核合格后方可上岗。若调整工作岗位或离岗半年以上重新上岗，应重新接受车间级和班组级的安全培训。

5. 企业应按照下列岗位需求制定全员持续安全教育和培训计划，并组织实施：

(1) 各级领导层以提升守法合规意识、风险意识、安全领导和管理能力、安全生产基础知识为重点；

(2) 专业技术人员以增强专业知识和管理能力，尤其是风险评估与管控、隐患排查治理、应急处置和事故事件调查分析能力为重点；

(3) 操作人员以提升安全操作、隐患排查、初期应急处置和自救互救能力为重点。

6. 企业应根据生产运营的不同阶段和风险特点，开展针对性培训：

(1) 新建装置试车前，企业应对参与装置试车的全体管理人员和操作人员等相关人员进行岗位技能培训，经考核合格后方可参加装置试车工作；

(2) 当安全生产信息变更或风险变化时，企业应及时更新培训内容，对相关人员（包括承包商人员）进行培训；

(3) 企业应对采用新工艺、新技术、新材料或者使用新设备设施的岗位操作人员进行相应的安全技能培训；

(4) 同行业或本企业发生事故事件后，企业应及时组织教育培训，分享经验，吸取教训。

7. 企业应定期对在岗人员工作能力、工作绩效等进行岗位履职能力评估，对不能胜任的岗位履职者开展再培训，对培训考核不合格者及时进行岗位调整。

8. 企业应会同劳务派遣单位，按照企业员工培训标准，开展对劳务派遣人员的安全教育和培训管理工作。

9. 企业应定期对教育培训效果进行评估，并将评估结果作为改进和优化的依据。

10. 企业可通过导师带徒、在职教育、线上线下教育、仿真培训、实训基地培训等方式，拓展培训渠道，提升培训效果。

11. 企业应建立教育培训档案，保存员工的教育培训记录，明确保存期限。

六、风险管理

1. 企业应制定风险管理制度，明确风险管理的职责、范围、方法及风险管控要求等，将安全风险分级管控和隐患排查治理双重预防工作机制融入风险管理工作，通过危害辨识、风险评估、风险控制及风险监控，保证风险处于受控状态。

2. 企业应结合实际情况，制定本企业风险分级管理标准，对辨识出的所有危害进行风险评估和分级。

3. 企业的风险管理应贯穿装置的工艺开发、规划设计、首次开车、生产运行、检维修、变更、废弃等全生命周期各个阶段以及作业过程，针对所处阶段或评估对象特点选择适用的危害辨识和风险评估方法，开展风险管理活动。

4. 危害辨识应涵盖但不限于：

(1) 工艺技术的本质安全性；

(2) 厂区选址和平面布局不合理导致的危害；

(3) 企业潜在的风险对相关人员安全的影响；

(4) 工艺系统可能存在的危害;

(5) 操作过程可能存在的危害;

(6) 设备设施失效可能存在的危害;

(7) 作业过程可能存在的危害;

(8) 变更所引入的危害;

(9) 建(构)筑物潜在的危害;

(10) 自然灾害对企业带来的危害;

(11) 企业潜在的风险对厂外相关方的影响;

(12) 外部环境对企业安全的影响。

5. 企业应选用合适的风险评估方法对所辨识出的危害实施风险评估,确定残余风险是否可以达到政府、企业的相关风险可接受标准要求。

6. 企业应依据风险评估的结果建立风险管控措施清单,包括可接受风险的管控措施清单和不可接受风险的管控措施清单。

7. 企业应针对不可接受风险的管控措施清单逐项提出相应的管控要求和削减措施,并明确责任部门、责任人和完成时间,跟踪落实情况,确保风险削减措施按要求落实。

8. 企业应制定隐患排查制度,通过定期排查隐患的方式实现风险监控。

9. 企业应依据可接受风险管控措施清单,明确每项风险管控措施的责任人、检查频次、检查具体内容和发现问题后的处置要求等,将已有风险管控措施的检查和验证纳入日常检查内容,确保风险控制措施的有效性。企业应通过隐患排查工作及时、全面辨识新的危害并纳入风险管理程序。

10. 企业应建立高后果风险清单,对高后果风险按上述第(九)条要求进行风险管控。

11. 企业应随时关注外部环境和国家法规及标准规范的变化情况,及时对高后果风险的残余风险进行评估,确保其风险可接受。

12. 企业应每年针对不同类型的风险,编制风险管理报告或建立管理档案,并归档保存。

13. 风险管理报告或档案内容至少应包括风险分析的分析依据、分析范围、分析时间、参加人员、分析方法、分析内容、分析结论、不可接受风险削减措施的落实和跟踪情况等。

七、装置安全规划与设计

(一) 安全规划

1. 在建设项目前期论证或可行性研究阶段,相关单位及人员应开展危害辨识,分析拟建项目存在的工艺危害,当地自然地理条件、自然灾害和周边设施对拟建项目的影响,以及拟建项目可能发生的泄漏、火灾、爆炸、中毒等事故对周边防护目标的影响。

2. 在工厂选址、总平面布局时,应符合有关设计标准的要求,并按照 GB/T 37243 的要求进行定量风险评价(QRA),开展外部安全防护距离计算,以满足 GB 36894 所规定的个人与社会可容许风险标准。建设单位应提供项目的危害辨识报告和定量风险评估报告。

3. 危险化学品生产企业搬迁改建及新建化工项目应建设在合规设立的化工园区。

(二) 安全设计

1. 企业应委托具备国家资质要求的设计单位承担建设项目工程设计职责。涉及重点监管危险化学品、重点监管危险化工工艺和危险化学品重大危险源(“两重点一重大”)的大型建设项目，其设计单位资质应为工程设计综合甲级资质或相应工程设计化工石化医药、石油天然气(海洋石油)行业、专业资质甲级。

2. 涉及精细化工的建设项目，设计前应按有关要求进行反应安全风险评估。

3. 在建设项目基础设计阶段应开展危险和可操作性分析(HAZOP)，涉及“两重点一重大”建设项目的工艺包设计文件应包括工艺危险性分析报告，设计单位应提供装置的主要风险清单。

4. 新建化工装置应设计装备自动化控制系统。

5. 企业应根据工艺过程危害辨识和风险评估结果、安全仪表系统安全完整性等级(SIL)评估结果，确定安全仪表系统的装备。涉及重点监管危险化工工艺的新建项目应按照GB/T 21109和GB/T 50770等标准开展安全仪表系统设计。对涉及毒性气体、液化气体、剧毒液体的一级或者二级重大危险源，应设置独立的安全仪表系统。

6. 化工装置供配电系统设计应符合GB 50052的要求，爆炸性危险环境的电气仪表设备的设计应符合GB 50058的要求。

7. 气体检测报警系统的设置应满足GB/T 50493的要求，报警值、报警点位的设置应符合可能泄漏的介质要求。若气体检测报警信号需接入安全仪表系统(SIS)，则应符合GB/T 21109、GB/T 50770的相关要求。

8. 企业应依据GB 50116的要求设置火灾自动报警设施，并根据装置类型、装置规模、火灾类别、火灾场所，有针对性地设置灭火设施。

9. 涉及爆炸性危险化学品的生产装置控制室、交接班室不应布置在装置区内；涉及甲、乙类火灾危险性的生产装置控制室、交接班室不宜布置在装置区内，确需布置的，应按照GB 50779进行抗爆设计。具有甲、乙类火灾危险性、粉尘爆炸危险性、中毒危险性的厂房(含装置或车间)和仓库内，不应设置办公室、休息室、外操室、巡检室。

10. 建设项目安全设计文件经相关主管部门批复后，如有下列情形之一的，建设单位应当重新进行安全评价，并申请审查：

(1) 建设项目周边条件发生重大变化的；

(2) 变更建设地址的；

(3) 主要技术、工艺路线、产品方案或者装置规模发生重大变化的；

(4) 建设项目在安全条件审查意见书有效期内未开工建设，期限届满后需要开工建设的。

八、装置首次开车安全

(一) 生产准备

1. 企业应在建设项目开工建设后，及时组织开展生产准备工作。准备工作主要包括以下内容。

(1) 组织准备：建立建设项目试生产阶段的组织管理机构，明确试生产阶段的负责人、部门和有关人员及其工作职责、工作标准，建立健全试生产阶段各项安全管理规章制度；界定建设单位、总承包商、设计单位、监理单位、施工单位等相关方的安全管理范围与职责。

(2) 人员准备：企业应根据装置定编和岗位需求配备人员，在生产人员进入现场配合试车前，完成对所有参加试车人员的培训，并通过考核方可参加试车。

(3) 技术准备：主要包括审查单机试车方案、编制联动试车和化工投料试车方案及其他试车方案；编制管道仪表流程图、物料平衡图、操作规程、工艺控制指标、现场处置方案等生产技术资料。

(4) 物资准备：企业应落实试生产阶段所需的原料、燃料、三剂(催化剂、溶剂、添加剂)、化学药品、标准样气、备品备件、润滑油(脂)等；安全、职业卫生、消防、气防、救护、通信等器材，应配备到岗位或个人。

(5) 外部条件：落实安全、消防、环保、职业卫生、抗震、防雷、特种设备登记和检测检验等各项措施，以及消防、医疗救护等社会应急救援力量及公共服务设施。企业应调查装置周边环境的安全条件，确保试生产阶段周边环境的安全；周边环境可能对装置试车安全产生严重影响的，企业应报当地政府及有关部门，及时整改消除。

2. 企业生产管理部门应配合工程管理和施工单位做好工程建设质量管控，深度参与设备设施的调试工作。

(二) 吹扫、清洗、气密(压力)试验安全

进行吹扫、清洗、气密(压力)试验时，应编制清洗、吹扫、气密(压力)试验方案，落实责任人，按照方案组织实施，落实以下安全措施。

1. 吹扫清洗前，应确认吹扫清洗流程、介质及压力，并在排放口设置警戒区。

2. 选择水、空气、蒸汽对系统进行清洗、吹扫；使用介质、流量、流速、压力等参数及检验方法，应符合设计和规范的要求。

3. 不宜选择氮气作为吹扫介质，若必须使用氮气时，应明确防止氮气窒息的措施。

4. 蒸汽吹扫时，应落实防止人员烫伤的防护措施。

5. 化学清洗时，应落实防止化学品伤害的安全防护措施，配备必要的劳动防护用品；清洗废液应经处理后安全排放或作为危险废物进行合规处置。

6. 气密试验前应用盲板将气密试验系统与其他系统隔离，明确系统气密试验的最高压力等级，严禁超压；需对气密试验中发现的问题进行处理时，应先泄压，再进行处理。

(三) 单机试车安全

1. 企业应成立单机试车小组，检查单机试车方案安全措施落实情况，主要包括：

(1) 单机安装工作全部完成；

(2) 转动设备保护装置、机构及保护系统安装完成，保护功能试验合格；

(3) 动力系统检查确认具备使用条件；

(4) 划定试车区域，无关人员禁止进入；

(5) 单机试车过程中，应安排专人操作、监护、记录，发现异常立即处理，专利设备或关键设备应由供应商负责调试。

2. 单机试车时应按照点动试车、无负荷试车、带负荷试车的顺序依次进行。

(四) 中间交接

1. 企业应组织有经验的专业人员和操作人员开展“三查四定”工作，落实整改措施，重点检查安全措施的缺项、设计缺陷等。

2. “三查四定”结束后进行中间交接，安全综合协调责任主体由施工单位转交至建设单位。

(五) 联动试车安全

企业应统筹协调试车的管理工作。联动试车时：

1. 单机试车应全部完成。

2. 应进行试车方案现场交底，参与人员应熟悉操作与异常处理方法，以及安全注意事项等。

3. 公用工程系统应已稳定运行。

4. 应确认流程正确，与其相连的非联动试车系统已完全隔离。

5. 仪表系统应已调校完毕，准确可靠，且仪表报警和联锁值整定完毕，联锁系统功能试验合格。

6. 安全设施、职业病防护设施、消防设施和气防器材、有毒有害和可燃气体报警、视频监控、防护设施状态应完好。

7. 宜选择水、空气作为联动试车介质。

8. 引入燃料或窒息性气体后，应在警示区域设置标识，并指定专人重点巡检。

（六）开车前安全审查

1. 新建项目正式投料前，应进行开车前安全审查。开车前安全审查前期准备工作主要包括以下内容。

（1）明确审查的范围。

（2）编制开车前安全审查表，并经相应负责人批准。

（3）组建开车前安全审查小组，明确职责。小组应由项目经理，工艺、设备、电气、仪表、操作、安全、消防等专业人员，设计、技术专利商、施工方、工程监理方等其他必要的人员，以及同类装置有开车经验的专家组成。

（4）确定审查日程安排。

2. 审查小组应根据安全审查清单完成开车前的安全审查，包括以下内容：

（1）项目“三查四定”发现问题的整改落实情况。

（2）安装的设备、管道、仪表及其他辅助设备设施符合设计安装要求情况，特种设备和强检设备已按要求办理登记使用并在检验有效期内，安全设施经过检验、标定并达到使用条件。

（3）安全信息资料是否准确、齐全，风险管控措施落实情况。

（4）系统吹扫冲洗、气密试验、单机试车、联动试车完成情况。

（5）相关试车资料、试生产方案、操作规程、管理制度等准备情况。

（6）现场确认工艺、设备、电气、仪表、公用工程和应急准备等是否具备投料条件。

（7）发生的变更是否符合变更管理要求。

（8）员工培训考核情况。

（9）应急预案编制和演练完成情况。

（10）安全、环保、职业卫生措施落实情况等。

3. 现场审查完成后，审查小组应编制开车前安全审查报告，明确整改项、整改时间和整改责任人，并在开车前完成整改。

（七）投料试车安全

1. 经开车前安全审查，确认装置具备投料试车条件后，方可开始投料试车。

2. 试车过程中企业负责人和各有关专业技术人员应做好指挥工作，及时协调处置发现的问题。

3. 投料应严格按照试车方案进行，并做好各项记录。

4. 引入易燃易爆和有毒有害介质前，应指定有经验的专业人员再次确认流程正确。

5. 试车过程中出现异常状况时要及时中止试车进程，问题整改后方可恢复试车。

6. 试车中，企业应控制现场人数，严禁无关人员进入现场。

7. 试车现场应准备必要的应急物资装备和人员，做好试车的安全监护。

九、安全操作

（一）操作规程

1. 企业应制定操作规程管理制度，明确操作规程编制、审查、批准、分发、使用、控制、修订及废止的程序和职责。

2. 企业应按照供应商提供的有关技术规程和收集的安全生产信息、风险分析结果以及同类装置操作经验编制操作规程。操作人员应参与操作规程的编制、修订和审核工作。

3. 操作规程内容应至少包括：开车、正常操作、临时操作、异常处置、正常停车和紧急停车的操作步骤与安全要求；工艺参数的正常控制范围及报警、联锁值设置，偏离正常工况的后果及预防措施和步骤；操作过程的人身安全保障、职业健康注意事项等。企业应根据操作规程中确定的重要控制指标编制工艺卡片。

4. 企业应每年对操作规程的适应性和有效性进行确认，至少每三年对操作规程进行一次审核修订。企业发生生产安全事故事件或行业内同类工艺装置发生事故时，应及时对操作规程进行审查；工艺技术、设备设施等发生变更或风险分析提出修订要求时，应及时组织对操作规程中的相应内容进行修订。

5. 企业应确保每个操作岗位存放有效的纸质版操作规程和工艺卡片，便于操作人员随时查用。

6. 企业应定期开展操作规程培训，并对操作规程执行情况进行考核。

（二）正常操作

1. 正常运行期间，操作人员应严格执行操作规程和工艺卡片要求。

2. 企业装备的安全仪表系统应正常投用，摘除联锁应严格执行许可程序。

3. 各专业人员、岗位操作人员应按要求对生产装置进行巡检，涉及“两重点一重大”的装置应每小时巡检一次；涉有毒气体岗位进行巡检时，应配备便携式有毒气体检测仪和应急逃生防护用品。

4. 物料加料应严格按照规定的先后顺序和数量进行。涉及易燃易爆物料的加料应有可靠的静电导除设施，涉及毒性物料的加料应有可靠的安全防护措施。

5. 企业应制定并有效执行交接班管理制度，交接内容至少包括异常工况、现场作业、需接续的工作以及其他需特别提醒事项。

（三）装置开停车安全管理

1. 装置停车包括正常停车、临时停车和紧急停车，装置开车包括检修后的开车以及紧急停车后的开车。

2. 企业应制定开停车安全管理制度，明确管理内容、职责、工作程序。

3. 企业应组织专业技术人员在危害辨识和风险评估基础上制定开停车方案，经审批后实施。对临时、紧急停车后恢复开车时的潜在风险应重点分析。

4. 企业应根据不同类型的开停车方案编制相应的安全条件确认表，并组织专业技术人员按照安全条件确认表逐项确认，确保安全措施有效落实。

5. 企业应对变更或维修的设备、管道、仪表及其他辅助设施进行重点检查，确保具备安全使用条件。

6. 企业应严格执行开停车方案，建立重要环节责任人签字确认机制。引进物料时应指定有经验的人员进行流程确认，实时监测物料流量、温度、压力、液位等参数变化情况；严格按方案控制进退物料的顺序和速率，现场应安排专人不间断巡检，监控泄漏等异常现象。

7. 停车检修设备、管线倒空时，应有序排放；设备、管线倒空置换干净后进行能量隔离。

8. 开停车过程中应严格控制现场人员数量，应将无关人员及时清退出场。

（四）异常工况处置

1. 企业应优化报警设置，对装置的工艺报警、可燃有毒气体报警进行分级、分类管理。

2. 操作人员应及时响应、处置报警信息，重要报警要有报警原因分析及处置记录。

3. 企业应根据实际情况和操作经验不断完善各类异常工况处置程序，对员工开展异常工况的处置能力培训和考核，确保有关岗位人员能够及时恰当地处置异常工况。

4. 企业应建立报警管理系统，设定报警管理的关键指标，借助报警管理系统定期统计分析报警率，优化报警设置，减少报警数量。

5. 企业应对异常工况下的应急处理进行授权，确保在出现异常工况时，有关岗位人员能够立即采取措施进行处置；危及人身安全时，及时组织人员紧急撤离。

十、设备完好性管理

（一）建立设备完好性管理制度

企业应建立设备完好性管理制度，明确设备完好性管理的范围、职责和工作程序、标准，规范设备管理和技术改进措施，确保设备全生命周期安全运行。

（二）本质安全设计

企业应要求设计单位做好本质安全设计，根据风险评估结果合理选择设备和管道的材质、设备规格，关键设备应留有足够的安全裕量，为装置长周期运行提供基础保障。

（三）采购、制造、安装质量控制

1. 企业应明确采购和验收标准。选择合格的供应商，对于关键设备或有特殊质量要求的设备，应派代表现场监督制造质量；设备入库验收时，应确保其符合采购计划和设计要求；特殊设备材料入库后储存条件应满足要求。

2. 企业应依据设计标准和制造商提供的安装指南正确安装设备，并进行初始检查、检验和测试，形成报告并保存。设备安装、检查、检验和测试过程及人员资质应符合法律法规要求。

（四）运行维护

1. 企业应建立设备设施操作规程和检维修规程，按照规程要求正确操作、维修设备。

2. 企业应建立设备设施巡回检查管理制度，明确操作、专业技术、管理等人员的定期检查要求，及时发现设备异常状况并进行分析、处理。

3. 企业应明确设备润滑、盘车、定期切换等日常维护要求，对设备进行维护保养。

4. 企业应对设备设施实施台账管理，对所有设备设施进行编号，建立设备和备品备件（安全附件）台账、技术档案。

（五）检验和测试

1. 企业应按照设备设施安全运行的要求，制定设备检验和测试计划，定期对设备设施进行检验和测试。

2. 企业应依据装置运行情况和风险分析结果，加强对高风险设备设施、易失效部位的检验测试，确定检测部位、检测方法和频次，并严格执行。

3. 关键机组和设备应设置在线监测系统，对设备运行状态参数进行实时监控、预警，及时对设备运行异常进行分析、处理。

4. 企业应对腐蚀严重设备和管道设置在线腐蚀监测系统和采用离线检测措施，定期分析监测结果；对重点部位应加大检测检查频次，定期评估防腐效果和核算设备剩余使用寿命。

（六）预防性维护

1. 企业应建立设备预防性维护管理程序，根据管理程序制定预防性维护计划，并按计划实施。

2. 企业应及时对设备设施检验检测和故障数据进行分析、研究，根据结果调整设备设施预防性维护方案。

3. 企业应对检查、测试和设备预防性维护效果定期评估，动态更新设备检查、测试与预防性维护计划，不断提高设备预防性维护水平。

（七）缺陷管理

企业应建立设备设施缺陷的辨识、分析、报告、处理的闭环管理机制并持续改进，包括：

1. 制定缺陷辨识标准，并根据标准对缺陷进行辨识，明确缺陷等级；

2. 依据缺陷等级，建立缺陷响应程序，及时对缺陷进行处理；

3. 建立缺陷修复验收准则，对缺陷修复情况进行评估，确认缺陷已消除。

（八）泄漏管理

1. 企业应制定泄漏管理制度，明确泄漏管理工作目标和计划，责任落实到人，保证资金投入；不断完善泄漏检测、报告、处理、消除的闭环管理流程，建立设备泄漏管理台账。

2. 企业应全面辨识可能发生泄漏的部位，评估泄漏风险，建立静动密封点台账，重点关注毒性物料（硫化氢、光气、氯气等急性毒性类别 1 和类别 2 的气体）、液化烃法兰密封、高温油泵密封、可燃气体的压力管线、装卸等泄漏风险，并明确具体防范措施。

3. 企业应从源头采取防止泄漏的措施，包括：

（1）选用先进的工艺路线降低操作压力、温度等工艺条件，减少泄漏的可能性；

（2）按照标准进行设备、备件选型，采用合适的设备材质和密封型式，减少设备密封、管道连接等易泄漏点；

（3）根据物料特性选用符合要求的优质垫片、金属软管等配件，合理选择动设备的密封配件和密封介质；

（4）制定防腐蚀管理制度，涉及腐蚀性介质的设备设施应采取适当的防腐蚀措施，加强检测。

4. 涉及易燃易爆有毒有害介质的装置（设施），应在现场安装相关气体探测器，重点部位应安装视频监控设备，并定期标定各类泄漏检测报警仪表，确保仪表显示准确、有效。

5. 企业应通过采用泄漏检测和修复（LDAR）技术等措施，不断查找泄漏源，对无组织排放实施控制。

6. 企业应根据物料危险性和潜在泄漏量对设备泄漏风险进行分级管理，对泄漏后可能导致严重后果的设备（如液化烃储罐等），采取技术措施第一时间切断泄漏源，并采取有效的防护措施。

7. 在高风险的泄漏部位，应配备必要的现场应急处置设施和物资。

（九）数据库管理

1. 企业应建立设备设施数据库，与设备全生命周期管理相关的文件、档案、信息、数据应纳入数据库统一管理。数据库还应涉及设备的基础数据、运行参数、检验测试数据、维修数据、失效数据等。

2. 企业应及时对数据库中的各项数据进行分析、研究，并根据分析研究结果指导设备的检验测试、预防性维修、缺陷管理等各项工作。

3. 企业应根据设备全生命周期管理情况，及时更新设备数据库。

十一、安全仪表管理

（一）基本要求

安全仪表（安全自动化）包括安全控制、安全报警和安全联锁，是用仪表和控制实现的过程安全保护措施（保护层），针对特定的危险事件，达到或保持过程安全状态，当在基本过程控制系统实施，其风险降低能力限制在 10 倍以下。如果严格按照 GB/T 21109 进行设计和管理，其风险降低能力可大于 10 倍，这就属于安全仪表系统（SIS）的范畴。

安全仪表通用管理要求包括：

1. 企业应基于危害辨识和风险评估确定安全仪表范围和仪表设备。

2. 安全仪表相关技术资料应准确完整。

3. 企业应制定安全仪表相关管理制度和考核指标体系。

4. 企业应指定专门责任人员负责相关技术和管理活动，相关人员应具备相应的能力。

5. 安全仪表应遵循设备完好性管理一般程序。

6. 应基于相关标准和良好实践，设计、安装、调试、确认、操作、维护安全仪表。

（二）安全仪表系统（SIS）管理

1. 企业应通过风险评估，确定必要的安全仪表功能及其风险降低要求；应根据安全仪表功能性和完整性要求，编制安全要求技术文件。

2. 企业应按照安全要求技术文件设计与实现安全仪表功能，通过仪表设备合理选择、结构约束（冗余容错）、检验测试周期以及诊断技术等手段，确保满足风险降低要求；应合理确定安全仪表功能（或子系统）检验测试周期，需要在线测试时，应设计在线测试手段与相关措施。

3. 企业应制定完善的安装调试与联合确认计划并保证有效实施，详细记录调试（单台仪表调试与回路调试）、确认的经过和结果，并建立管理档案；投运前应依据安全要求技术文件，组织审查和联合确认，确保具备既定的功能和满足完整性要求，具备安全投用条件。

4. 企业应根据良好工程实践以及制造商的建议、维护经验，制定维护计划和规程。设备设施运行期间应保证安全仪表系统能够可靠执行所有安全仪表功能，实现功能安全，并做到以下几点：

（1）依据计划和规程定期检查、测试和维护；

（2）在允许的恢复时限内及时处置设备故障和缺陷，运行期间应使用制定好的补偿措施管控风险；

（3）按照符合安全完整性要求的检验测试周期，对安全仪表功能进行定期全面检验、测试，并详细记录测试经过和结果；

（4）加强安全仪表系统相关设备故障管理（包括设备失效、联锁动作、误动作情况等）和分析处理，逐步建立相关设备失效数据库；

(5) 规范安全仪表系统相关设备选用，建立安全仪表设备准入和评审制度，并根据应用和设备失效情况不断修订完善；

(6) 制定安全仪表变更审批制度并严格执行；

(7) 定期开展安全仪表系统评估，跟踪评估报告中的改进建议，逐项制定措施，确保达到应有的安全性能。

(三) 其他安全仪表管理

1. 企业应制定过程报警管理制度并严格执行，安全报警功能可参照安全仪表功能进行管理和维护。

2. 企业应加强基本过程控制系统的维护和管理，安全控制回路可参照安全仪表功能进行管理和维护，并保证自动控制的投用率。

3. 企业应严格按照相关标准设计和设置有毒有害和可燃气体检测报警系统，并按照标准规范和行业实践定期进行检验、测试。

十二、重大危险源安全管理

1. 企业应建立健全重大危险源管理制度，明确相关人员安全职责，切实落实重大危险源管理责任。

2. 企业应依据 GB 18218 及有关规定对重大危险源进行辨识、评估、分级、建档、监控，并向当地应急管理部门备案。

3. 涉及重大危险源的建设项目，应在设计阶段采用危险与可操作性分析(HAZOP)、故障假设(What-if)、安全检查表等方法开展风险分析，提高本质安全设计；涉及重大危险源的在役生产装置和储存设施，应至少每三年进行一次全面风险分析。

4. 涉及毒性气体、剧毒液体、易燃气体、甲类易燃液体的重大危险源，应采用定量风险评价方法进行安全评估，确定个人和社会风险值；涉及爆炸性危险化学品的生产装置和储存设施，应采用事故后果法确定其影响范围。

5. 企业应完善重大危险源的监测监控设备设施，建立在线监控预警系统，并做到以下几点。

(1) 涉及危险化学品储存的重大危险源应配备温度、压力、液位或流量等信息的不间断采集和监测系统以及可燃和有毒有害气体泄漏检测报警装置，并具备信息远传、安全预警、信息存储等功能；重大危险源的化工生产装置应设置满足安全生产要求的自动化控制系统；重大危险源场所应设置视频监控系统。

(2) 一级、二级重大危险源以及重大危险源中涉及毒性气体、剧毒液体、易燃气体和甲类易燃液体的储存设施应设置紧急切断装置；涉及毒性气体的设施，应设置泄漏气体紧急处置装置。

(3) 涉及毒性气体、液化气体、剧毒液体的一级、二级重大危险源，应设置独立的安全仪表系统。

6. 企业应定期对重大危险源的安全设施和安全监测监控系统进行检测、检验和维护。重大危险源安全监测监控有关数据应接入危险化学品安全生产风险监测预警系统。

7. 在具有火灾爆炸风险的重大危险源罐区内动火应按特级动火作业管理；液化烃充装及在储存具有火灾爆炸性危险化学品的罐区内进行流程切换、储罐脱水等高风险操作，应制定操作程序确认表，对操作安全条件逐项确认，并配备监护人员。

8. 企业应在重大危险源周边明显处设置安全警示标志，将重大危险源可能发生事故的危害后果、紧急情况下的应急处置措施等信息告知相关人员和周边单位。

9. 企业应通过风险分析或情景构建制定重大危险源事故专项应急预案和现场处置方案，定期进行演练。重大危险源专项应急预案至少每半年演练一次，重大危险源的现场处置方案至少每3个月演练一次。

十三、作业许可

1. 企业应建立作业许可管理制度，明确作业许可范围、作业许可管理流程、作业风险管控措施、作业许可类别分级和审批权限、作业实施及相关人员培训与资质要求等内容。

2. 企业应对生产或施工作业区域内作业程序（规程）未涵盖的非常规作业进行许可管理，作业许可范围包括：

（1）GB 30871 中规定的特殊作业；

（2）装置区施工和检维修作业；

（3）设备、管线打开；

（4）企业认为需要通过许可管理的其他作业。

3. 企业作业许可应执行一事一审批；作业环境、条件和作业内容发生变化时，应重新进行作业许可审批；作业许可票证应存档。

4. 作业许可审批前，应开展作业人员能力评估、作业风险分析、作业设备设施完好性及适用性确认、现场作业环境检查、风险预防措施落实情况核查，并明确应急处置措施。

5. 作业许可监护人、作业人应经过相关培训，熟悉作业许可管理制度、作业风险及管控措施、审批步骤和工作要求。

6. 动火作业、受限空间作业、盲板抽堵作业、高处作业、吊装作业、临时用电作业、动土作业、断路作业等特殊作业，应执行 GB 30871 中作业许可相关规定。

7. 企业应定期对作业许可执行情况进行检查，对作业许可管理制度进行审核，及时分析整改发现的问题，持续提升作业许可管理水平。

十四、承包商安全管理

1. 企业应建立承包商安全管理制度，明确管理责任；制定承包商准入标准，严格承包商资格审查；将承包商在本企业发生的事故纳入企业事故管理。

2. 企业应与承包商签订安全协议或合同附件，明确双方的安全责任、义务与要求，对承包商的安全工作统一协调、管理。

3. 企业应对承包商作业人员进行入厂安全教育，经考试合格后方可凭合格证或人员身份证明入厂，保存承包商人员安全教育记录；对承包商项目管理人员（项目负责人、项目安全管理人员、现场技术负责人）进行专项安全培训。企业应采取有效措施防止未经培训的承包商人员进入厂区。

4. 企业应对承包商的施工方案，尤其是其中的风险辨识结果、安全措施和应急预案进行审核。

5. 企业应为承包商提供安全的作业条件。

6. 作业前，企业应进行作业现场安全交底，告知承包商作业现场周边潜在的火灾、爆炸及有毒物质泄漏等的风险及可能的作业风险，以及应急响应措施和要求等。

7. 企业应对承包商作业进行全程安全监管，对特级动火作业、受限空间作业应全程视频监控；应建立对承包商的监督检查记录，保存承包商在本企业作业中的事故事件记录。

8. 企业应与承包商建立沟通机制，定期进行沟通，内容主要包括作业变更信息（环境、作业范围、安全管理要求）、作业存在的问题及整改情况、事故事件等。

9. 企业应鼓励承包商优化施工工艺和方法、提出合理化建议、积极上报隐患和事件。

10. 企业应定期评估承包商安全业绩，及时淘汰业绩不达标的承包商，优化承包商资源。

十五、变更管理

（一）变更管理制度

企业应建立变更管理制度，变更管理制度至少包含需纳入变更管理的范围、变更分类分级原则、管理职责和程序、变更风险辨识及控制、变更实施及验收等内容。

（二）变更分类

1. 企业应根据变更的内容、期限和影响对变更进行分类、分级管理。

2. 按专业可将变更分为总图变更、工艺技术变更、设备设施变更、仪表系统变更、公用工程变更、管理程序和制度变更、企业组织架构变更、生产组织方式变更、重要岗位的人员和职责变更、供应商变更、外部条件变更等。

3. 按变更期限，可将变更区分为永久性变更、临时性变更；按照变更流程，可将变更区分为常规变更和紧急变更；按照变更带来的风险大小，可将变更区分为一般变更和重要变更。

4. 同类替换可不执行变更管理程序。

（三）变更管理程序

1. 变更管理程序包括变更申请、变更风险评估及制定管控措施、变更审批、变更实施和相关方培训（告知）、变更验收、资料归档、变更关闭。

2. 企业可根据变更的期限和风险大小，制定变更的分级标准，明确不同等级变更对应的审批程序。

3. 一般变更由需求单位提出申请，并实施危害辨识和风险评估，主管部门负责审批和验收；重要变更在需求单位实施危害辨识和风险评估的基础上，由主管部门组织相关专家对需求单位的风险评估结果进行审核、审批。

4. 企业应明确临时变更期限的要求，超过时限的临时变更，需要重新申请。临时变更需在预定时间到期前办理变更恢复手续。未经审查和批准，临时变更不应超过原批准范围和期限。

5. 企业应尽可能减少和避免紧急变更。如需紧急变更，现场负责人在采取必要的风险控制措施后，经相关负责人审批后实施。紧急变更实施后，变更负责人应及时组织对变更风险的控制措施进行检查确认。企业应当做好相关记录，并尽快按临时变更流程补办变更手续，一般不应超过 48 小时。

（四）变更申请

1. 企业应对需求单位提出的变更进行必要性评估，确认变更的必要性。

2. 变更需求单位应提交变更申请表，写明申请变更的原因、目的、变更类别、潜在风险及控制措施、预计实施时间、变更内容及实施方案、变更涉及的相关方、变更后预期达到的效果、需更新的文件资料等。

（五）变更风险评估

1. 应采用合适的危害辨识和风险评估方法开展变更风险评估、制定管控措施。

2. 参与变更风险评估的人员应包含变更涉及的所有专业人员，评估人员应具备相应的风险评估能力和工作经验。必要时可邀请外部专家参与风险评估工作。

（六）变更审批

1. 变更申请表及风险评估材料应按照管理制度要求，上报相应部门及负责人审批。

2. 审批人应审查变更流程与管理制度的符合性、变更的风险评估的准确性以及措施的有效性。

3. 应严格依据批准后的变更方案实施变更，对变更方案作出的任何改变应重新执行变更程序。

（七）变更的实施

1. 变更应严格按照变更审批确定的内容和范围实施，实施过程中应严格落实风险控制措施。

2. 应确保变更涉及的所有相关资料以及操作规程都得到适当的审查、修改、更新和归档。

3. 应对变更可能受影响的本企业人员、承包商、供应商、外来人员进行相应的培训和告知，培训内容应包括变更目的、作用、变更内容及操作方法、变更中可能的风险和影响、风险的管控措施、同类事故案例等。

（八）变更的验收、关闭

1. 企业应在变更投用具备验收条件时及时完成验收工作，验收包括对变更与预期效果符合性的评估。

2. 企业应建立变更管理档案，档案至少应包括变更申请审批表、风险评估记录、变更实施的相关资料、变更关闭确认记录、其他与变更相关的文件资料等。

十六、应急准备与响应

（一）应急准备

1. 企业应根据生产经营规模及风险特点，建立应急准备与响应的组织机构和管理制度，明确相关单位和人员的职责、指挥和运行机制。

2. 企业应根据事故危害程度和影响范围，对事故应急响应进行分级，明确各级响应的基本原则。

3. 企业应根据风险评估的结果，辨识可能发生的突发事件和异常情况，结合运行经验和事故教训，按规定要求编制针对性的综合应急预案、专项应急预案、现场处置方案等；基层岗位应在现场处置方案的基础上，针对工作场所、岗位特点，编制简明的应急处置卡，明确报告、处置、救援和避险等事故初期应急处置要求。

4. 企业应与当地应急体系形成联动机制。企业的预案应与地方政府、相关联单位的预案相互衔接，并向当地政府备案。企业应建立发生事故时通知周边企业、单位、社区的信息通道。

5. 企业应根据应急预案的要求配备应急装备和物资，建立应急资源台账，定期进行检查、测试和维护保养，保证状态完好。

6. 企业应做好恶劣天气等外部条件变化的早期预警及应急准备工作。

（二）应急培训与演练

1. 企业应对员工进行应急法规、应急预案、应急技能、事故案例培训，并建立应急培训档案；应急预案涉及承包商时，应对承包商实施培训。

2. 企业应制定本单位的应急预案演练计划，根据本单位的事故风险特点，每年至少组织一次综合应急预案演练或者专项应急预案演练，每半年至少组织一次现场处置方案演练；应急演练结束后应及时对演练效果进行评估，对存在的问题及时整改，并持续完善应急预案。

3. 企业应至少每三年进行一次应急预案的评估，依据评估结果对预案进行修订，发生重大变更或事故后应及时评审修订应急预案。

（三）应急响应

1. 生产装置发生突发事件时，岗位人员应在立即报告的同时，积极开展早期处置工作。

2. 企业应做好应急值守工作，接到岗位报警后，按程序启动应急预案，并及时上报信息、组织处置。

3. 企业应急值守人员应根据预案组织现场应急指挥和处置工作，应急处置人员应及时到达各自岗位，按照应急预案进行处置。

4. 需要外部增援时，应安排专人进行外部衔接，向外部救援人员提供事故信息、技术资料和处置方法。

5. 应急处置过程中应防止发生次生事故，应授权岗位人员在紧急情况下实施装置停车和撤离。

6. 应急处置结束后，企业应组织人员对现场进行检查确认，消除现场存在的不安全因素。

十七、事故事件管理

（一）总体要求

1. 企业应制定事故事件管理制度，管理范围为政府未组织调查的事故和企业发生的安全事件。事故事件管理制度应包括管理职责、管理范围、管理程序、工作流程、分类分级标准、调查要求、措施跟踪等内容。政府负责组织调查处理的事故，企业应认真配合事故调查、积极落实整改措施、配合做好相关工作。

2. 企业应组织对事故事件管理制度进行培训，使员工明确事故事件上报及调查的相关要求。

（二）事故事件的分类与分级

1. 事故事件按专业可分为工艺事故事件、设备事故事件、电气事故事件、仪表事故事件及其他事故事件；按后果类型可分为人身伤害事故事件、泄漏事故事件、火灾事故事件、爆炸事故事件、中毒事故事件。

2. 企业应制定不同类别事故事件的分级标准和相应的管理程序。

（三）事故事件上报

1. 企业生产安全事故应按国家有关规定及时上报政府主管部门，不应迟报、谎报和瞒报。

2. 企业应建立激励约束机制，鼓励员工与相关方及时上报安全事件，避免漏报。

（四）事故事件调查

1. 企业应对事故事件（包括政府委托企业调查的安全事故）及时成立调查组进行调查。调查组应由具备相关专业知识的人员和有调查及分析事故事件经验的人员组成，事件涉及承包商时应包括承包商员工。必要时可邀请外部专家参与调查以保证事故事件调查的客观公正性。

2. 调查组应借助相关工具、方法，在查清事故事件直接原因的基础上，深入剖析事故发生的管理原因及深层次原因，提出事故事件防范的技术措施和管理措施。

3. 调查组应在事故事件管理原因调查的基础上，从安全文化角度剖析事故事件发生的深层次原因，不断改进企业的安全文化。

4. 事故事件调查完成后，调查组应编制事故事件调查报告，企业应及时对事故事件调查报告进行审查、批准。

5. 企业应保留事故事件调查记录，将事故事件调查结果登记备案并在企业内部公布。事故事件调查报告应至少保存 5 年。

（五）整改落实

1. 企业应明确事故事件防范措施落实的责任人、完成时限，并跟踪评估整改效果。

2. 企业应及时公布事故事件调查结果，组织内部相关单位和人员进行分析、交流和培训，认真吸取事故事件经验教训。

3. 企业应重视外部事故事件信息的收集工作，认真吸取同行业、同类企业、同类装置的事故事件教训，防范发生类似事故事件。

4. 企业应建立事故事件数据库，每半年对发生的事故事件进行统计分析，找出发生的规律，制定系统性的防范措施；发现管理体系存在缺陷和不足时，应及时对管理体系进行修正和完善。

十八、本质更安全

1. 企业应制定本质更安全的发展战略，建立本质更安全的管理制度，并通过培训确保企业所有人员了解本质更安全的相关制度。

2. 企业宜定期评估本质安全程度。通过本质安全审核等工作定期对企业的本质安全水平进行评估。

3. 企业应借助技术进步和管理水平的提升，按照最小化、替代、缓和、简化的策略不断提升装置的本质安全化水平。

4. 企业应按最小化原则尽可能降低企业危险物料存在量：

（1）通过工艺优化减少危险有害物料的在线量；

（2）通过提升生产运行管理，降低危险物料的中间库存；

（3）通过优化供应商管理，降低危险原辅材料的库存；

（4）通过加强销售管理，降低产品库存。

5. 企业应按替代原则，采用相对安全的材料或工艺替代比较危险的材料或工艺。

6. 企业应通过工艺技术改进和新催化剂的应用，尽可能缓和生产工艺条件。

7. 企业应按照简化的策略，尽可能简化工艺流程及操作方法，减少人为失误的概率。

8. 企业应通过全流程自动化、机械化，尽量减少现场操作人员。

9. 企业应定期跟踪同类企业、同类装置在本质更安全方面的最佳工程实践，将行业内的最佳工程实践逐步应用。

10. 企业应在生产装置发生重大变更时，充分调研同行业、同类装置的新技术、新工艺、新材料、新设备，实现装置的本质更安全。

十九、安全文化建设

1. 企业应围绕安全价值观、安全文化载体、风险意识、安全生产规章制度、安全执行力、安全行为、团队精神、学习型组织、卓越文化等要素建设安全文化，建立全员共同认可的安全理念。

2. 安全价值观是安全文化建设的核心要素。企业应树立正确的安全价值观，营造无责备的安全文化氛围，为员工建立及时上报和分享身边不安全事件的渠道。

3. 企业应创建包括安全承诺、安全愿景目标、安全战略、安全使命、安全精神、安全标识等内容的安全文化载体。

4. 企业应通过安全教育培训、制度执行、员工行为规范等方式持续提升全员风险意识，增强员工对作业过程和作业环境中可能存在的危害的敏感程度。

5. 企业应通过全员参与方式，持续完善安全生产规章制度，采取针对性措施保证各类规章制度有效执行。

6. 企业应完善异常工况下的决策授权机制，培养员工形成对安全问题及时发现、谨慎决策、快速响应的良好安全习惯。

7. 企业应建立并持续完善安全行为规范及约束机制，建立不安全行为清单，建立员工间相互提醒、相互监督的安全行为规范模式，持续减少直至杜绝不安全行为。

8. 企业应通过构建安全生产双向沟通与交流机制强化安全生产团队建设，培养员工与员工、员工与领导层之间的互信氛围；通过对员工的人文关怀增强其归属感，保持队伍稳定。

9. 企业应构建学习型组织，形成总结成功经验、分析失败教训、持续学习的文化氛围；应及时收集、分析、分享自身或其他企业的经验教训，定期组织对安全生产问题的全员交流研讨，通过开展安全观察与沟通、安全技能培训、危害感知训练等活动，培养企业员工在安全生产方面持续学习、不断提高的能力。

10. 企业应营造优秀的安全文化氛围，努力实现从管事故向管事件转变，从管事件向管隐患转变，从管隐患向管风险转变，追求零伤害、零隐患。

11. 企业应定期通过员工访谈交流、问卷调查等多种形式，及时发现安全生产文化建设中存在的问题并加以改进，通过量化考核评估，持续改进安全文化。

二十、体系审核与持续改进

（一）总体要求

1. 企业应建立并组织实施化工过程安全管理审核程序，包括审核工作的主管部门，审核的目的、范围、频次，审核实施以及审核后的跟踪、验证等内容。

2. 体系审核与持续改进应包含管理要素审核、管理体系评审、绩效考核、外部审计等。

（二）要素审核

1. 企业应明确各管理要素的责任部门，设定各管理要素的衡量指标，形成审核标准。要素主管部门应每半年对各要素的执行情况进行一次审核。

2. 当企业内部或同行业发生安全事故事件后，应及时对管理原因中所涉及的要素进行审核。

（三）体系评审

1. 体系评审应关注企业所建立的安全管理体系的合规性、完整性、有效性、系统性。

2. 企业应至少每年组织一次安全管理体系评审，发现管理体系中存在的不足和缺陷，提出改善安全生产管理体系的建议。

3. 当出现下列情况时，应由企业主要负责人及时组织进行评审：

(1) 组织机构、管理体系发生重大变化；

(2) 发生安全事故和重大安全事件；

(3) 法律、法规及其他外部要求变更。

4. 企业主要负责人应依照体系评审结果和建议，不断推动体系完善和改进。

(四) 绩效考核

1. 企业应制定衡量安全生产的绩效指标和目标，将安全生产绩效指标纳入绩效考核。

2. 企业应明确安全管理各要素的过程性指标和目标并纳入绩效考核。过程性指标包括培训完成率、隐患整改完成率、隐患检查按计划完成率、正确执行的变更率、设备按计划检测率等。

3. 企业的安全生产结果性绩效指标应包括绝对指标和相对指标。绝对指标主要包括伤亡人数、事故起数等；相对指标主要包括死亡率、死亡事故率、损工伤亡率、损失工时率、总可记录事故率等。

(五) 外部审计

1. 企业应定期聘请第三方机构进行安全管理体系的外部审计，可根据上次审核结果或固有危险等级确定审计频次，一般为3年至5年一次；当企业发生严重事故或企业认为需要进行外部审计时应及时开展外部审计。

2. 外部审计主要查找企业在安全生产管理中领导层、管理层存在的不足和问题，以及企业存在的深层次安全问题。

3. 企业应本着实事求是的原则配合外部审计工作，充分暴露企业安全管理中的根源性问题，依照审计结果和建议，借助外部力量推动企业安全管理体系的改善。

第三节　危险化学品登记管理

一、新建的生产企业应当在竣工验收前办理危险化学品登记

进口企业应当在首次进口前办理危险化学品登记。

1. 同一企业生产、进口同一品种危险化学品的，按照生产企业进行一次登记，但应当提交进口危险化学品的有关信息。

进口企业进口不同制造商的同一品种危险化学品的，按照首次进口制造商的危险化学品进行一次登记，但应当提交其他制造商的危险化学品的有关信息。

生产企业、进口企业多次进口同一制造商的同一品种危险化学品的，只进行一次登记。

2. 危险化学品登记应当包括下列内容：

(1) 分类和标签信息，包括危险化学品的危险性类别、象形图、警示词、危险性说明、防范说明等；

(2) 物理、化学性质，包括危险化学品的外观与性状、溶解性、熔点、沸点等物理性质，闪点、爆炸极限、自燃温度、分解温度等化学性质；

(3) 主要用途，包括企业推荐的产品合法用途、禁止或者限制的用途等；

(4) 危险特性，包括危险化学品的物理危险性、环境危害性和毒理特性；

(5) 储存、使用、运输的安全要求，其中，储存的安全要求包括对建筑条件、库房条件、安全条件、环境卫生条件、温度和湿度条件的要求，使用的安全要求包括使用时的操作条件、作业人员防护措施、使用现场危害控制措施等，运输的安全要求包括对运输或者输送方式的要求、危害信息向有关运输人员的传递手段、装卸及运输过程中的安全措施等；

(6) 出现危险情况的应急处置措施，包括危险化学品在生产、使用、储存、运输过程中发生火灾、爆炸、泄漏、中毒、窒息、灼伤等化学品事故时的应急处理方法，应急咨询服务电话等。

二、危险化学品登记程序

危险化学品登记按照下列程序办理：

1. 登记企业通过登记系统提出申请。

2. 登记办公室在 3 个工作日内对登记企业提出的申请进行初步审查，符合条件的，通过登记系统通知登记企业办理登记手续。

3. 登记企业接到登记办公室通知后，按照有关要求在登记系统中如实填写登记内容，并向登记办公室提交有关纸质登记材料。

4. 登记办公室在收到登记企业的登记材料之日起 20 个工作日内，对登记材料和登记内容逐项进行审查，必要时可进行现场核查，符合要求的，将登记材料提交给登记中心；不符合要求的，通过登记系统告知登记企业并说明理由。

5. 登记中心在收到登记办公室提交的登记材料之日起 15 个工作日内，对登记材料和登记内容进行审核，符合要求的，通过登记办公室向登记企业发放危险化学品登记证；不符合要求的，通过登记系统告知登记办公室、登记企业并说明理由。

登记企业修改登记材料和整改问题所需时间，不计算在前款规定的期限内。

三、危险化学品登记证有效期

危险化学品登记证有效期为 3 年。登记证有效期满后，登记企业继续从事危险化学品生产或者进口的，应当在登记证有效期届满前 3 个月提出复核换证申请，并按下列程序办理复核换证：

1. 通过登记系统填写危险化学品复核换证申请表。

2. 登记办公室审查登记企业的复核换证申请，符合条件的，通过登记系统告知登记企业提交规定的登记材料；不符合条件的，通过登记系统告知登记企业并说明理由。

四、登记企业应当对本企业的各类危险化学品进行普查，建立危险化学品管理档案

危险化学品管理档案应当包括危险化学品名称、数量、标识信息、危险性分类和化学品安全技术说明书、化学品安全标签等内容。

五、专职人员 24 小时值守

危险化学品生产企业应当设立由专职人员 24 小时值守的国内固定服务电话，向用户提供危险化学品事故应急咨询服务，为危险化学品事故应急救援提供技术指导和必要的协助。专职值守人员应当熟悉本企业危险化学品的危险特性和应急处置技术，准确回答有关咨询问题。

六、正确使用危险化学品登记证

登记企业不得转让、冒用或者使用伪造的危险化学品登记证。

第四节 危险化学品企业特殊作业安全管理

一、基本概念

1. 特殊作业

危险化学品企业生产经营过程中可能涉及的动火、进入受限空间、盲板抽堵、高处作业、吊装、临时用电、动土、断路等，对作业者本人、他人及周围建(构)筑物、设备设施可能造成危害或损毁的作业。

2. 火灾爆炸危险场所

能够与空气形成爆炸性混合物的气体、蒸气、粉尘等介质环境以及在高温、受热、摩擦、撞击、自燃等情况下可能引发火灾、爆炸的场所。

3. 固定动火区

在非火灾爆炸危险场所划出的专门用于动火的区域。

4. 动火作业

在直接或间接产生明火的工艺设施以外的禁火区内从事可能产生火焰、火花或炽热表面的非常规作业。包括使用电焊、气焊(割)、喷灯、电钻、砂轮、喷砂机等进行的作业。

5. 受限空间

进出受限，通风不良，可能存在易燃易爆、有毒有害物质或缺氧，对进入人员的身体健康和生命安全构成威胁的封闭、半封闭设施及场所。包括反应器、塔、釜、槽、罐、炉膛、锅筒、管道以及地下室、窨井、坑(池)、管沟或其他封闭、半封闭场所。

6. 受限空间作业

进入或探入受限空间进行的作业。

7. 盲板抽堵作业

在设备、管道上安装或拆卸盲板的作业。

8. 高处作业

在距坠落基准面 2 m 及 2 m 以上有可能坠落的高处进行的作业。坠落基准面是指坠落处最低点的水平面。

9. 吊装作业

利用各种吊装机具将设备、工件、器具、材料等吊起，使其发生位置变化的作业。

10. 临时用电

在正式运行的电源上所接的非永久性用电。

11. 动土作业

挖土、打桩、钻探、坑探、地锚入土深度在 0.5 m 以上；使用推土机、压路机等施工机械进行填土或平整场地等可能对地下隐蔽设施产生影响的作业。

12. 断路作业

生产区域内，交通主、支路与车间引道上进行工程施工、吊装、吊运等各种影响正常交通的作业。

二、特殊作业安全管理通用要求

1. 作业前，危险化学品企业应组织作业单位对作业现场和作业过程中可能存在的危险有害因素进行辨识，开展作业危害分析，制定相应的安全风险管控措施。

2. 作业前，危险化学品企业应采取措施对拟作业的设备设施、管线进行处理，确保满足相应作业安全要求：

(1) 对设备、管线内介质有安全要求的特殊作业，应采用倒空、隔绝、清洗、置换等方式进行处理；

(2) 对具有能量的设备设施、环境应采取可靠的能量隔离措施(能量隔离是指将潜在的、可能因失控造成人身伤害、环境损害、设备损坏、财产损失的能量进行有效的控制、隔离和保护，包括机械隔离、工艺隔离、电气隔离、放射源隔离等)；

(3) 对放射源采取相应安全处置措施。

3. 进入作业现场的人员应正确佩戴满足 GB 39800.1 要求的个体防护装备。

4. 作业前，危险化学品企业应对参加作业的人员进行安全措施交底，主要包括：

(1) 作业现场和作业过程中可能存在的危险、有害因素及采取的具体安全措施与应急措施；

(2) 会同作业单位组织作业人员到作业现场，了解和熟悉现场环境，进一步核实安全措施的可靠性，熟悉应急救援器材的位置及分布；

(3) 涉及断路、动土作业时，应对作业现场的地下隐蔽工程进行交底。

5. 作业前，危险化学品企业应组织作业单位对作业现场及作业涉及的设备、设施、工器具等进行检查，并使之符合如下要求：

(1) 作业现场消防通道、行车通道应保持畅通，影响作业安全的杂物应清理干净；

(2) 作业现场的梯子、栏杆、平台、箅子板、盖板等设施应完整、牢固，采用的临时设施应确保安全；

(3) 作业现场可能危及安全的坑、井、沟、孔洞等应采取有效防护措施，并设警示标志；需要检修的设备上的电器电源应可靠断电，在电源开关处加锁并加挂安全警示牌；

(4) 作业使用的个体防护器具、消防器材、通信设备、照明设备等应完好；

(5) 作业时使用的脚手架、起重机械、电气焊(割)用具、手持电动工具等各种工器具符合作业安全要求，超过安全电压的手持式、移动式电动工器具应逐个配置漏电保护器和电源开关；

(6) 设置符合 GB 2894 的安全警示标志；

(7) 按照 GB 30077 要求配备应急设施；

(8) 腐蚀性介质的作业场所应在现场就近(30 m 内)配备人员应急用冲洗水源。

6. 作业前，危险化学品企业应组织办理作业审批手续，并由相关责任人签字审批。同一作业涉及两种或两种以上特殊作业时，应同时执行各自作业要求，办理相应的作业审批手续。

作业时，审批手续应齐全、安全措施应全部落实、作业环境应符合安全要求。

7. 同一作业区域应减少、控制多工种、多层次交叉作业，最大限度避免交叉作业；交叉作业应由危险化学品企业指定专人统一协调管理，作业前要组织开展交叉作业风险辨识，采取可靠的保护措施，并保持作业之间信息畅通，确保作业安全。

8. 当生产装置或作业现场出现异常，可能危及作业人员安全时，作业人员应立即停止作业，迅速撤离，并及时通知相关单位及人员。

9. 特殊作业涉及的特种作业和特种设备作业人员应取得相应资格证书，持证上岗。界定为 GBZ/T 260 中规定的职业禁忌证者不应参与相应作业。

10. 作业期间应设监护人。监护人应由具有生产(作业)实践经验的人员担任，并经专项培训考试合格，佩戴明显标识，持培训合格证上岗。

监护人的通用职责要求：

(1) 作业前检查安全作业票。安全作业票应与作业内容相符并在有效期内；核查安全作业票中各项安全措施已得到落实。

(2) 确认相关作业人员持有效资格证书上岗。

(3) 核查作业人员配备和使用的个体防护装备满足作业要求。

(4) 对作业人员的行为和现场安全作业条件进行检查与监督，负责作业现场的安全协调与联系。

(5) 当作业现场出现异常情况时应中止作业，并采取安全有效措施进行应急处置；当作业人员违章时，应及时制止违章，情节严重时，应收回安全作业票、中止作业。

(6) 作业期间，监护人不应擅自离开作业现场且不应从事与监护无关的事。确需离开作业现场时，应收回安全作业票，中止作业。

11. 作业审批人的职责要求：

(1) 应在作业现场完成审批工作。

(2) 应核查安全作业票审批级别与企业管理制度中规定级别一致情况，各项审批环节符合企业管理要求情况。

(3) 应核查安全作业票中各项风险识别及管控措施落实情况。

12. 作业时使用的移动式可燃、有毒气体检测仪，氧气检测仪应符合 GB 15322.3 和 GB/T 50493 中 5.2 的要求。

13. 作业现场照明系统配置要求：

(1) 作业现场应设置满足作业要求的照明装备。

(2) 受限空间内使用的照明电压不应超过 36 V，并满足安全用电要求；在潮湿容器、狭小容器内作业电压不应超过 12 V；在盛装过易燃易爆气体、液体等介质的容器内作业应使用防爆灯具；在可燃性粉尘爆炸环境作业时应采用符合相应防爆等级要求的灯具。

(3) 作业现场可能危及安全的坑、井、沟、孔洞等周围，夜间应设警示红灯。

(4) 动力和照明线路应分路设置。

14. 作业完毕，应及时恢复作业时拆移的盖板、箅子板、扶手、栏杆、防护罩等安全设施的使用功能，恢复临时封闭的沟渠或地井，并清理作业现场，恢复原状。

15. 作业完毕，应及时进行验收确认。

16. 作业内容变更、作业范围扩大、作业地点转移或超过安全作业票有效期限时，应重新办理安全作业票。

17. 工艺条件、作业条件、作业方式或作业环境改变时，应重新进行作业危害分析，核对风险管控措施，重新办理安全作业票。

18. 安全作业票应规范填写，不得涂改。

三、动火作业安全管理要求

(一) 作业分级

1. 固定动火区外的动火作业分为特级动火、一级动火和二级动火三个级别；遇节假日、公休日、夜间或其他特殊情况，动火作业应升级管理。

2. 特级动火作业

在火灾爆炸危险场所处于运行状态下的生产装置设备、管道、储罐、容器等部位上进行的动火作业（包括带压不置换动火作业）；存有易燃易爆介质的重大危险源罐区防火堤内的动火作业。

3. 一级动火作业

在火灾爆炸危险场所进行的除特级动火作业以外的动火作业，管廊上的动火作业按一级动火作业管理。

4. 二级动火作业

除特级动火作业和一级动火作业以外的动火作业。

生产装置或系统全部停车，装置经清洗、置换、分析合格并采取安全隔离措施后，根据其火灾、爆炸危险性大小，经危险化学品企业生产负责人或安全管理负责人批准，动火作业可按二级动火作业管理。

5. 特级、一级动火安全作业票有效期不应超过 8 小时；二级动火安全作业票有效期不应超过 72 小时。

（二）作业基本要求

1. 动火作业应有专人监护，作业前应清除动火现场及周围的易燃物品，或采取其他有效安全防火措施，并配备消防器材，满足作业现场应急需求。

2. 凡在盛有或盛装过助燃或易燃易爆危险化学品的设备、管道等生产、储存设施及本文件规定的火灾爆炸危险场所中生产设备上的动火作业，应将上述设备设施与生产系统彻底断开或隔离，不应以水封或仅关闭阀门代替盲板作为隔断措施。

3. 拆除管线进行动火作业时，应先查明其内部介质危险特性、工艺条件及其走向，并根据所要拆除管线的情况制定安全防护措施。

4. 动火点周围或其下方如有可燃物、电缆桥架、孔洞、窨井、地沟、水封设施、污水井等，应检查分析并采取清理或封盖等措施；对于动火点周围 15 m 范围内有可能泄漏易燃、可燃物料的设备设施，应采取隔离措施；对于受热分解可产生易燃易爆、有毒有害物质的场所，应进行风险分析并采取清理或封盖等防护措施。

5. 在有可燃物构件和使用可燃物做防腐内衬的设备内部进行动火作业时，应采取防火隔绝措施。

6. 在作业过程中可能释放出易燃易爆、有毒有害物质的设备上或设备内部动火时，动火前应进行风险分析，并采取有效的防范措施，必要时应连续检测气体浓度，发现气体浓度超限报警时，应立即停止作业；在较长的物料管线上动火，动火前应在彻底隔绝区域内分段采样分析。

7. 在生产、使用、储存氧气的设备上进行动火作业时，设备内氧含量不应超过 23.5%（体积分数）。

8. 在油气罐区防火堤内进行动火作业时，不应同时进行切水、取样作业。

9. 动火期间，距动火点 30 m 内不应排放可燃气体；距动火点 15 m 内不应排放可燃液体；在动火点 10 m 范围内、动火点上方及下方不应同时进行可燃溶剂清洗或喷漆作业；在动火点 10 m 范围内不应进行可燃性粉尘清扫作业。

10. 在厂内铁路沿线 25 m 以内动火作业时，如遇装有危险化学品的火车通过或停留时，应立即停止作业。

11. 特级动火作业应采集全过程作业影像，且作业现场使用的摄录设备应为防爆型。

12. 使用电焊机作业时，电焊机与动火点的间距不应超过 10 m，不能满足要求时应将电焊机作为动火点进行管理。

13. 使用气焊、气割动火作业时，乙炔瓶应直立放置，不应卧放使用；氧气瓶与乙炔瓶的间距不应小于 5 m，二者与动火点间距不应小于 10 m，并应采取防晒和防倾倒措施；乙炔瓶应安装防回火装置。

14. 作业完毕后应清理现场，确认无残留火种后方可离开。

15. 遇五级风以上（含五级风）天气，禁止露天动火作业；因生产确需动火，动火作业应升级管理。

16. 涉及可燃性粉尘环境的动火作业应满足 GB 15577 要求。

（三）动火分析及合格判定指标

1. 动火作业前应进行气体分析，要求如下：

（1）气体分析的检测点要有代表性，在较大的设备内动火，应对上、中、下（左、中、右）各部位进行检测分析；

（2）在管道、储罐、塔器等设备外壁上动火，应在动火点 10 m 范围内进行气体分析，同时还应检测设备内气体含量；在设备及管道外环境动火，应在动火点 10 m 范围内进行气体分析；

（3）气体分析取样时间与动火作业开始时间间隔不应超过 30 分钟；

（4）特级、一级动火作业中断时间超过 30 分钟，二级动火作业中断时间超过 60 分钟，应重新进行气体分析；每日动火前均应进行气体分析；特级动火作业期间应连续进行监测。

2. 动火分析合格判定指标为：

（1）当被测气体或蒸气的爆炸下限大于或等于 4％时，其被测浓度应不大于 0.5％（体积分数）；

（2）当被测气体或蒸气的爆炸下限小于 4％时，其被测浓度应不大于 0.2％（体积分数）。

（四）特级动火作业要求

特级动火作业除了按照上述动火作业的要求外，还应符合以下规定：

1. 应预先制定作业方案，落实安全防火防爆及应急措施。

2. 在设备或管道上进行特级动火作业时，设备或管道内应保持微正压。

3. 存在受热分解爆炸、自爆物料的管道和设备设施上不应进行动火作业。

4. 生产装置运行不稳定时，不应进行带压不置换动火作业。

（五）固定动火区管理

1. 固定动火区的设定应由危险化学品企业审批后确定，设置明显标志；应每年至少对固定动火区进行一次风险辨识，周围环境发生变化时，危险化学品企业应及时辨识、重新划定。

2. 固定动火区的设置应满足以下安全条件要求：

（1）不应设置在火灾爆炸危险场所；

（2）应设置在火灾爆炸危险场所全年最小频率风向的下风或侧风方向，并与相邻企业火灾爆炸危险场所满足防火间距要求；

（3）距火灾爆炸危险场所的厂房、库房、罐区、设备、装置、窨井、排水沟、水封设施等不应小于 30 m；

（4）室内固定动火区应以实体防火墙与其他部分隔开，门窗外开，室外道路畅通；

(5) 位于生产装置区的固定动火区应设置带有声光报警功能的固定式可燃气体检测报警器；

(6) 固定动火区内不应存放可燃物及其他杂物，应制定并落实完善的防火安全措施，明确防火责任人。

四、受限空间作业安全管理要求

1. 作业前，应对受限空间进行安全隔离，要求如下：

(1) 与受限空间连通的可能危及安全作业的管道应采用加盲板或拆除一段管道的方式进行隔离；不应采用水封或关闭阀门代替盲板作为隔断措施；

(2) 与受限空间连通的可能危及安全作业的孔、洞应进行严密封堵；

(3) 对作业设备上的电器电源，应采取可靠的断电措施，电源开关处应上锁并加挂警示牌。

2. 作业前，应保持受限空间内空气流通良好，可采取如下措施：

(1) 打开人孔、手孔、料孔、风门、烟门等与大气相通的设施进行自然通风；

(2) 必要时，可采用强制通风或管道送风，管道送风前应对管道内介质和风源进行分析确认；

(3) 在忌氧环境中作业，通风前应对作业环境中与氧性质相抵的物料采取卸放、置换或清洗合格的措施，达到可以通风的安全条件要求。

3. 作业前，应确保受限空间内的气体环境满足作业要求，内容如下：

(1) 作业前 30 分钟内，对受限空间进行气体检测，检测分析合格后方可进入；

(2) 检测点应有代表性，容积较大的受限空间，应对上、中、下(左、中、右)各部位进行检测分析；

(3) 检测人员进入或探入受限空间检测时，应佩戴规定的个体防护装备；

(4) 涂刷具有挥发性溶剂的涂料时，应采取强制通风措施；

(5) 不应向受限空间充纯氧气或富氧空气；

(6) 作业中断时间超过 60 分钟时，应重新进行气体检测分析。

4. 受限空间内气体检测内容及要求如下：

(1) 氧气含量为 19.5%～21%(体积分数)，在富氧环境下不应大于 23.5%(体积分数)；

(2) 有毒物质允许浓度应符合 GBZ 2.1 的规定；

(3) 可燃气体、蒸气浓度要求应符合动火分析合格判定指标的要求。

5. 作业时，作业现场应配置移动式气体检测报警仪，连续检测受限空间内可燃气体、有毒气体及氧气浓度，并 2 小时记录 1 次；气体浓度超限报警时，应立即停止作业、撤离人员、对现场进行处理，重新检测合格后方可恢复作业。

6. 进入受限空间作业人员应正确穿戴相应的个体防护装备。进入下列受限空间作业应采取如下防护措施：

(1) 缺氧或有毒的受限空间经清洗或置换仍达不到受限空间内气体检测内容及要求的，应佩戴满足 GB/T 18664 要求的隔绝式呼吸防护装备，并正确拴带救生绳；

(2) 易燃易爆的受限空间经清洗或置换仍达不到受限空间内气体检测内容及要求的，应穿防静电工作服及工作鞋，使用防爆工器具；

(3) 存在酸碱等腐蚀性介质的受限空间，应穿戴防酸碱防护服、防护鞋、防护手套等防腐蚀装备；

(4) 在受限空间内从事电焊作业时，应穿绝缘鞋；

(5) 有噪声产生的受限空间，应佩戴耳塞或耳罩等防噪声护具；

(6) 有粉尘产生的受限空间，应在满足 GB 15577 要求的条件下，按 GB 39800.1 要求佩戴防尘口罩等防尘护具；

(7) 高温的受限空间，应穿戴高温防护用品，必要时采取通风、隔热等防护措施；

(8) 低温的受限空间，应穿戴低温防护用品，必要时采取供暖措施；

(9) 在受限空间内从事清污作业，应佩戴隔绝式呼吸防护装备，并正确拴带救生绳；

(10) 在受限空间内作业时，应配备相应的通信工具。

7. 当一处受限空间存在动火作业时，该处受限空间内不应安排涂刷油漆、涂料等其他可能产生有毒有害、可燃物质的作业活动。

8. 对监护人的特殊要求

(1) 监护人应在受限空间外进行全程监护，不应在无任何防护措施的情况下探入或进入受限空间；

(2) 在风险较大的受限空间作业时，应增设监护人员，并随时与受限空间内作业人员保持联络；

(3) 监护人应对进入受限空间的人员及其携带的工器具种类、数量进行登记，作业完毕后再次进行清点，防止遗漏在受限空间内。

9. 受限空间作业应满足的其他要求

(1) 受限空间出入口应保持畅通；

(2) 作业人员不应携带与作业无关的物品进入受限空间；作业中不应抛掷材料、工器具等物品；在有毒、缺氧环境下不应摘下防护面具；

(3) 难度大、劳动强度大、时间长、高温的受限空间作业应采取轮换作业方式；

(4) 接入受限空间的电线、电缆、通气管应在进口处进行保护或加强绝缘，应避免与人员出入使用同一出入口；

(5) 作业期间发生异常情况时，未穿戴规定的个体防护装备的人员严禁入内救援；

(6) 停止作业期间，应在受限空间入口处增设警示标志，并采取防止人员误入的措施；

(7) 作业结束后，应将工器具带出受限空间。

10. 受限空间安全作业票有效期不应超过 24 小时。

五、盲板抽堵作业安全管理要求

1. 作业前，危险化学品企业应预先绘制盲板位置图，对盲板进行统一编号，并设专人统一指挥作业。

2. 在不同危险化学品企业共用的管道上进行盲板抽堵作业，作业前应告知上下游相关单位。

3. 作业单位应根据管道内介质的性质、温度、压力和管道法兰密封面的口径等选择相应材料、强度、口径和符合设计、制造要求的盲板及垫片，高压盲板使用前应经超声波探伤；盲板选用应符合 HG/T 21547 或 JB/T 2772 的要求。

4. 作业单位应按位置图进行盲板抽堵作业，并对每个盲板进行标识，标牌编号应与盲板位置图上的盲板编号一致，危险化学品企业应逐一确认并做好记录。

5. 作业前，应降低系统管道压力至常压，保持作业现场通风良好，并设专人监护。

6. 在火灾爆炸危险场所进行盲板抽堵作业时，作业人员应穿防静电工作服、工作鞋，并使用防爆工具；距盲板抽堵作业地点 30 m 内不应有动火作业。

7. 在强腐蚀性介质的管道、设备上进行盲板抽堵作业时，作业人员应采取防止酸碱化学灼伤的措施。

8. 在介质温度较高或较低、可能造成人员烫伤或冻伤的管道、设备上进行盲板抽堵作业时，作业人员应采取防烫、防冻措施。

9. 在有毒介质的管道、设备上进行盲板抽堵作业时，作业人员应按 GB 39800.1 的要求选用防护用具。在涉及硫化氢、氯气、氨气、一氧化碳及氰化物等毒性气体的管道、设备上进行作业时，除满足上述要求外，还应佩戴移动式气体检测仪。

10. 不应在同一管道上同时进行两处或两处以上的盲板抽堵作业。

11. 同一盲板的抽、堵作业，应分别办理盲板抽、堵安全作业票，一张安全作业票只能进行一块盲板的一项作业。

12. 盲板抽堵作业结束，由作业单位和危险化学品企业专人共同确认。

六、高处作业安全管理要求

（一）作业分级

1. 作业高度(h)按照 GB/T 3608 分为四个区段：2 m$\leqslant h \leqslant$5 m；5 m$< h \leqslant$15 m；15 m$< h \leqslant$30 m；$h >$30 m。

2. 直接引起坠落的客观危险因素主要分为 9 种：

(1) 阵风风力五级（风速 8.0 m/s）以上；

(2) 平均气温等于或低于 5℃的作业环境；

(3) 接触冷水温度等于或低于 12℃的作业；

(4) 作业场地有冰、雪、霜、油、水等易滑物；

(5) 作业场所光线不足或能见度差；

(6) 作业活动范围与危险电压带电体距离小于表 2－1 的规定；

表 2－1　作业活动范围与危险电压带电体的距离

危险电压带电体的电压等级/kV	≤10	35	63～110	220	330	500
距离/m	1.7	2.0	2.5	4.0	5.0	6.0

(7) 摆动，立足处不是平面或只有很小的平面，即任一边小于 500 mm 的矩形平面、直径小于 500 mm 的圆形平面或具有类似尺寸的其他形状的平面，致使作业者无法维持正常姿势；

(8) 存在有毒气体或空气中含氧量低于 19.5%（体积分数）的作业环境；

(9) 可能会引起各种灾害事故的作业环境和抢救突然发生的各种灾害事故。

3. 不存在“直接引起坠落的客观危险因素”9 种中列出的任一种客观危险因素的高处作业按表 2－2 规定的 A 类法分级，存在“直接引起坠落的客观危险因素”9 种中列出的一种或一种以上客观危险因素的高处作业按表 2－2 规定的 B 类法分级。

表 2－2　高处作业分级

分类法	高处作业高度/m			
	$2 \leqslant h \leqslant 5$	$5 < h \leqslant 15$	$15 < h \leqslant 30$	$h > 30$
A	Ⅰ	Ⅱ	Ⅲ	Ⅳ
B	Ⅱ	Ⅲ	Ⅳ	Ⅳ

（二）作业要求

1. 高处作业人员应正确佩戴符合 GB 6095 要求的安全带及符合 GB 24543 要求的安全绳，30 m 以上高处作业应配备通信联络工具。

2. 高处作业应设专人监护，作业人员不应在作业处休息。

3. 应根据实际需要配备符合安全要求的作业平台、吊笼、梯子、挡脚板、跳板等；脚手架的搭设、拆除和使用应符合 GB 51210 等有关标准要求。

4. 高处作业人员不应站在不牢固的结构物上进行作业；在彩钢板屋顶、石棉瓦、瓦楞板等轻型材料上作业，应铺设牢固的脚手板并加以固定，脚手板上要有防滑措施；不应在未固定、无防护设施的构件及管道上进行作业或通行。

5. 在邻近排放有毒、有害气体、粉尘的放空管线或烟囱等场所进行作业时，应预先与作业属地生产人员取得联系，并采取有效的安全防护措施，作业人员应配备必要的符合国家相关标准的防护装备（如隔绝式呼吸防护装备、过滤式防毒面具或口罩等）。

6. 雨天和雪天作业时，应采取可靠的防滑、防寒措施；遇有五级风以上（含五级风）、浓雾等恶劣天气，不应进行高处作业、露天攀登与悬空高处作业；暴风雪、台风、暴雨后，应对作业安全设施进行检查，发现问题立即处理。

7. 作业使用的工具、材料、零件等应装入工具袋，上下时手中不应持物，不应投掷工具、材料及其他物品；易滑动、易滚动的工具、材料堆放在脚手架上时，应采取防坠落措施。

8. 在同一坠落方向上，一般不应进行上下交叉作业，如需进行交叉作业，中间应设置安全防护层，坠落高度超过 24 m 的交叉作业，应设双层防护。

9. 因作业需要，须临时拆除或变动作业对象的安全防护设施时，应经作业审批人员同意，并采取相应的防护措施，作业后应及时恢复。

10. 拆除脚手架、防护棚时，应设警戒区并派专人监护，不应上下同时施工。

11. 安全作业票的有效期最长为 7 天。当作业中断，再次作业前，应重新对环境条件和安全措施进行确认。

八、吊装作业安全管理要求

（一）作业分级

吊装作业按照吊物质量 m 不同分为：

1. 一级吊装作业：$m>100$ t。

2. 二级吊装作业：40 t$\leqslant m\leqslant$100 t。

3. 三级吊装作业：$m<40$ t。

（二）作业要求

1. 一、二级吊装作业，应编制吊装作业方案。吊装物体质量虽不足 40 t，但形状复杂、刚度小、长径比大、精密贵重，以及在作业条件特殊的情况下，三级吊装作业也应编制吊装作业方案；吊装作业方案应经审批。

2. 吊装场所如有含危险物料的设备、管道时，应制定详细吊装方案，并对设备、管道采取有效防护措施，必要时停车，放空物料，置换后再进行吊装作业。

3. 不应靠近高架电力线路进行吊装作业；确需在电力线路附近作业时，起重机械的安全距离应大于起重机械的倒塌半径并符合 DL 409 的要求；不能满足时，应停电后再进行作业。

4. 大雪、暴雨、大雾、六级及以上大风时，不应露天作业。

5. 作业前，作业单位应对起重机械、吊具、索具、安全装置等进行检查，确保其处于完好、安全状态，并签字确认。

6. 指挥人员应佩戴明显的标志，并按 GB/T 5082 规定的联络信号进行指挥。

7. 应按规定负荷进行吊装，吊具、索具应经计算选择使用，不应超负荷吊装。

8. 不应利用管道、管架、电杆、机电设备等作吊装锚点；未经土建专业人员审查核算，不应将建筑物、构筑物作为锚点。

9. 起吊前应进行试吊，试吊中检查全部机具、锚点受力情况，发现问题应立即将吊物放回地面，排除故障后重新试吊，确认正常后方可正式吊装。

10. 吊装作业人员应遵守如下规定：

(1) 按指挥人员发出的指挥信号进行操作；任何人发出的紧急停车信号均应立即执行；吊装过程中出现故障，应立即向指挥人员报告；

(2) 吊物接近或达到额定起重吊装能力时，应检查制动器，用低高度、短行程试吊后，再吊起；

(3) 利用两台或多台起重机械吊运同一吊物时应保持同步，各台起重机械所承受的载荷不应超过各自额定起重能力的 80%；

(4) 下放吊物时，不应自由下落(溜)；不应利用极限位置限制器停车；

(5) 不应在起重机械工作时对其进行检修；不应在有载荷的情况下调整起升变幅机构的制动器；

(6) 停工和休息时，不应将吊物、吊笼、吊具和吊索悬在空中；

(7) 以下情况不应起吊：

① 无法看清场地、吊物，指挥信号不明；

② 起重臂吊钩或吊物下面有人、吊物上有人或浮置物；

③ 重物捆绑、紧固、吊挂不牢，吊挂不平衡，索具打结，索具不齐，斜拉重物，棱角吊物与钢丝绳之间无衬垫；

④ 吊物质量不明，与其他吊物相连，埋在地下，与其他物体冻结在一起。

11. 司索人员应遵守如下规定：

(1) 听从指挥人员的指令，并及时报告险情；

(2) 不应用吊钩直接缠绕吊物及将不同种类或不同规格的索具混在一起使用；

(3) 吊物捆绑应牢靠，吊点设置应根据吊物重心位置确定，保证吊装过程中吊物平衡；起升吊物时应检查其连接点是否牢固、可靠；吊运零散件时，应使用专门的吊篮、吊斗等器具，吊篮、吊斗等不应装满；

(4) 吊物就位时，应与吊物保持一定的安全距离，用拉绳或撑杆、钩子辅助其就位；

(5) 吊物就位前，不应解开吊装索具；

(6) “吊装作业人员应遵守的规定”中与司索人员有关的不应起吊的情况，司索人员应做相应处理。

12. 监护人员应确保吊装过程中警戒范围区内没有非作业人员或车辆经过；吊装过程中吊物及起重臂移动区域下方不应有任何人员经过或停留。

13. 用定型起重机械(例如履带吊车、轮胎吊车、桥式吊车等)进行吊装作业时，除遵守本文件外，还应遵守该定型起重机械的操作规程。

14. 作业完毕应做如下工作：

(1) 将起重臂和吊钩收放到规定位置，所有控制手柄均应放到零位，电气控制的起重机械的电源开关应断开；

(2) 对在轨道上作业的吊车，应将吊车停放在指定位置有效锚定；

(3) 吊索、吊具收回，放置到规定位置，并对其进行例行检查。

九、临时用电作业安全管理要求

1. 在运行的火灾爆炸危险性生产装置、罐区和具有火灾爆炸危险场所内不应接临时电源，确需时应对周围环境进行可燃气体检测分析，分析结果应符合“动火分析合格判定指标”的规定。

2. 各类移动电源及外部自备电源，不应接入电网。

3. 在开关上接引、拆除临时用电线路时，其上级开关应断电、加锁，并挂安全警示标牌，接、拆线路作业时，应有监护人在场。

4. 临时用电应设置保护开关，使用前应检查电气装置和保护设施的可靠性。所有的临时用电均应设置接地保护。

5. 临时用电设备和线路应按供电电压等级和容量正确配置、使用，所用的电器元件应符合国家相关产品标准及作业现场环境要求，临时用电电源施工、安装应符合 GB 50194 的有关要求，并有良好的接地。

6. 临时用电还应满足如下要求：

(1) 火灾爆炸危险场所应使用相应防爆等级的电气元件，并采取相应的防爆安全措施。

(2) 临时用电线路及设备应有良好的绝缘，所有的临时用电线路应采用耐压等级不低于 500 V 的绝缘导线。

(3) 临时用电线路经过火灾爆炸危险场所以及有高温、振动、腐蚀，积水及产生机械损伤等区域，不应有接头，并应采取相应的保护措施。

(4) 临时用电架空线应采用绝缘铜芯线，并应架设在专用电杆或支架上，其最大弧垂与地面距离，在作业现场不低于 2.5 m，穿越机动车道不低于 5 m。

(5) 沿墙面或地面敷设电缆线路应符合下列规定：

① 电缆线路敷设路径应有醒目的警告标志；

② 沿地面明敷的电缆线路应沿建筑物墙体根部敷设，穿越道路或其他易受机械损伤的区域，应采取防机械损伤的措施，周围环境应保持干燥；

③ 在电缆敷设路径附近，当有产生明火的作业时，应采取防止火花损伤电缆的措施。

(6) 对需埋地敷设的电缆线路应设有走向标志和安全标志。电缆埋地深度不应小于 0.7 m，穿越道路时应加设防护套管。

(7) 现场临时用电配电盘、箱应有电压标志和危险标志，应有防雨措施，盘、箱、门应能牢靠关闭并上锁管理。

(8) 临时用电设施应安装符合规范要求的漏电保护器，移动工具、手持式电动工具应逐个配置漏电保护器和电源开关。

7. 未经批准，临时用电单位不应向其他单位转供电或增加用电负荷，以及变更用电地点和用途。

8. 临时用电时间一般不超过 15 天，特殊情况不应超过 30 天；用于动火、受限空间作业的临时用电时间应和相应作业时间一致；用电结束后，用电单位应及时通知供电单位拆除临时用电线路。

十、动土作业安全管理要求

1. 作业前，应检查工器具、现场支撑是否牢固、完好，发现问题应及时处理。

2. 作业现场应根据需要设置护栏、盖板和警告标志，夜间应悬挂警示灯。

3. 在动土开挖前，应先做好地面和地下排水，防止地面水渗入作业层面造成塌方。

4. 作业前，作业单位应了解地下隐蔽设施的分布情况，作业临近地下隐蔽设施时，应使用适当工具人工挖掘，避免损坏地下隐蔽设施；如暴露出电缆、管线以及不能辨认的物品时，应立即停止作业，妥善加以保护，报告动土审批单位，经采取保护措施后方可继续作业。

5. 挖掘坑、槽、井、沟等作业，应遵守下列规定：

（1）挖掘土方应自上而下逐层挖掘，不应采用挖底脚的办法挖掘；使用的材料、挖出的泥土应堆在距坑、槽、井、沟边沿至少 1 m 处，堆土高度不应大于 1.5 m；挖出的泥土不应堵塞下水道和窨井；

（2）不应在土壁上挖洞攀登；

（3）不应在坑、槽、井、沟上端边沿站立、行走；

（4）应视土壤性质、湿度和挖掘深度设置安全边坡或固壁支撑；作业过程中应对坑、槽、井、沟边坡或固壁支撑架随时检查，特别是雨雪后和解冻时期，如发现边坡有裂缝、疏松或支撑有折断，走位等异常情况时，应立即停止作业，并采取相应措施；

（5）在坑、槽、井、沟的边缘安放机械、铺设轨道及通行车辆时，应保持适当距离，采取有效的固壁措施，确保安全；

（6）在拆除固壁支撑时，应从下而上进行；更换支撑时，应先装新的，后拆旧的；

（7）不应在坑、槽、井、沟内休息。

6. 机械开挖时，应避开构筑物、管线，在距管道边 1 m 范围内应采用人工开挖；在距直埋管线 2 m 范围内宜采用人工开挖，避免对管线或电缆造成影响。

7. 动土作业人员在沟（槽、坑）下作业应按规定坡度顺序进行，使用机械挖掘时，人员不应进入机械旋转半径内；深度大于 2 m 时，应设置人员上下的梯子等能够保证人员快速进出的设施；两人以上同时挖土时应相距 2 m 以上，防止工具伤人。

8. 动土作业区域周围发现异常时，作业人员应立即撤离作业现场。

9. 在生产装置区、罐区等危险场所动土时，监护人员应与所在区域的生产人员建立联系，当生产装置区、罐区等场所发生突然排放有害物质时，监护人员应立即通知作业人员停止作业，迅速撤离现场。

10. 在生产装置区、罐区等危险场所动土时，遇有埋设的易燃易爆、有毒有害介质管线、窨井等可能引起燃烧、爆炸、中毒、窒息危险，且挖掘深度超过 1.2 m 时，应执行受限空间作业相关规定。

11. 动土作业结束后，应及时回填土石，恢复地面设施。

十一、断路作业安全管理要求

1. 作业前，作业单位应会同危险化学品企业相关部门制定交通组织方案，应能保证消防车和其他重要车辆的通行，并满足应急救援要求。

2. 作业单位应根据需要在断路的路口和相关道路上设置交通警示标志，在作业区域附近设置路栏、道路作业警示灯、导向标等交通警示设施。

3. 在道路上进行定点作业，白天不超过 2 小时，夜间不超过 1 小时即可完工的，在有现场交通指挥人员指挥交通的情况下，只要作业区域设置了相应的交通警示设施，可不设标志牌。

4. 在夜间或雨、雪、雾天进行断路作业时设置的道路作业警示灯，应满足以下要求：

(1) 设置高度应离地面 1.5 m，不低于 1.0 m；

(2) 其设置应能反映作业区域的轮廓；

(3) 应能发出至少自 150 m 以外清晰可见的连续、闪烁或旋转的红光。

5. 作业结束后，作业单位应清理现场，撤除作业区域、路口设置的路栏、道路作业警示灯、导向标等交通警示设施，并与危险化学品企业检查核实，报告有关部门恢复交通。

第三章　危险化学品经营单位安全管理

第一节　危险化学品经营许可

1. 经营危险化学品的企业，应当取得危险化学品经营许可证(以下简称经营许可证)。

未取得经营许可证，任何单位和个人不得经营危险化学品。

2. 不需要取得经营许可证的情形：

从事下列危险化学品经营活动，不需要取得经营许可证：

(1) 依法取得危险化学品安全生产许可证的危险化学品生产企业在其厂区范围内销售本企业生产的危险化学品的；

(2) 依法取得港口经营许可证的港口经营人在港区内从事危险化学品仓储经营的。

3. 经营许可证的颁发管理工作实行企业申请、两级发证、属地监管的原则。

4. 从事危险化学品经营的单位(以下统称申请人)应当依法登记注册为企业，并具备下列基本条件：

(1) 经营和储存场所、设施、建筑物符合《建筑设计防火规范》(GB 50016)、《石油化工企业设计防火规范》(GB 50160)、《汽车加油加气站设计与施工规范》(GB 50156)、《石油库设计规范》(GB 50074)等相关国家标准、行业标准的规定；

(2) 企业主要负责人和安全生产管理人员具备与本企业危险化学品经营活动相适应的安全生产知识和管理能力，经专门的安全生产培训和安全生产监督管理部门考核合格，取得相应安全资格证书；特种作业人员经专门的安全作业培训，取得特种作业操作证书；其他从业人员依照有关规定经安全生产教育和专业技术培训合格；

(3) 有健全的安全生产规章制度和岗位操作规程；

(4) 有符合国家规定的危险化学品事故应急预案，并配备必要的应急救援器材、设备；

(5) 法律、法规和国家标准或者行业标准规定的其他安全生产条件。

安全生产规章制度是指全员安全生产责任制度、危险化学品购销管理制度、危险化学品安全管理制度(包括防火、防爆、防中毒、防泄漏管理等内容)、安全投入保障制度、安全生产奖惩制度、安全生产教育培训制度、隐患排查治理制度、安全风险管理制度、应急管理制度、事故管理制度、职业卫生管理制度等。

5. 申请人经营剧毒化学品的，除符合上述的基本条件外，还应当建立剧毒化学品双人验收、双人保管、双人发货、双把锁、双本账等管理制度。

6. 申请人带有储存设施经营危险化学品的，除符合上述的基本条件外，还应当具备下列条件：

（1）新设立的专门从事危险化学品仓储经营的，其储存设施建立在地方人民政府规划的用于危险化学品储存的专门区域内；

（2）储存设施与相关场所、设施、区域的距离符合有关法律、法规、规章和标准的规定；

（3）依照有关规定进行安全评价，安全评价报告符合《危险化学品经营企业安全评价细则》的要求；

（4）专职安全生产管理人员具备国民教育化工化学类或者安全工程类中等职业教育以上学历，或者化工化学类中级以上专业技术职称，或者危险物品安全类注册安全工程师资格；

（5）符合《危险化学品安全管理条例》《危险化学品重大危险源监督管理暂行规定》《常用危险化学品贮存通则》(GB 15603)的相关规定。

申请人储存易燃、易爆、有毒、易扩散危险化学品的，还应当符合《石油化工可燃气体和有毒气体检测报警设计规范》(GB 50493)的规定。

7. 申请人申请经营许可证，应当向所在地市级或者县级发证机关（以下统称发证机关）提出申请，提交下列文件、资料，并对其真实性负责：

（1）申请经营许可证的文件及申请书；

（2）安全生产规章制度和岗位操作规程的目录清单；

（3）企业主要负责人、安全生产管理人员、特种作业人员的相关资格证书（复制件）和其他从业人员培训合格的证明材料；

（4）经营场所产权证明文件或者租赁证明文件（复制件）；

（5）工商行政管理部门颁发的企业性质营业执照或者企业名称预先核准文件（复制件）；

（6）危险化学品事故应急预案备案登记表（复制件）。

带有储存设施经营危险化学品的，申请人还应当提交下列文件、资料：

（1）储存设施相关证明文件（复制件）；租赁储存设施的，需要提交租赁证明文件（复制件）；储存设施新建、改建、扩建的，需要提交危险化学品建设项目安全设施竣工验收报告；

（2）重大危险源备案证明材料、专职安全生产管理人员的学历证书、技术职称证书或者危险物品安全类注册安全工程师资格证书（复制件）；

（3）安全评价报告。

8. 已经取得经营许可证的企业变更企业名称、主要负责人、注册地址或者危险化学品储存设施及其监控措施的，应当自变更之日起 20 个工作日内，向发证机关提出书面变更申请，并提交下列文件、资料：

（1）经营许可证变更申请书；

（2）变更后的工商营业执照副本（复制件）；

（3）变更后的主要负责人安全资格证书（复制件）；

（4）变更注册地址的相关证明材料；

（5）变更后的危险化学品储存设施及其监控措施的专项安全评价报告。

9. 已经取得经营许可证的企业有新建、改建、扩建危险化学品储存设施建设项目的，应当自建设项目安全设施竣工验收合格之日起 20 个工作日内，向发证机关提出变更申请，并提交危险化学品建设项目安全设施竣工验收报告等相关文件、资料。

10. 已经取得经营许可证的企业，有下列情形之一的，应当重新申请办理经营许可证，并提交相关文件、资料：

（1）不带有储存设施的经营企业变更其经营场所的；

（2）带有储存设施的经营企业变更其储存场所的；

（3）仓储经营的企业异地重建的；

（4）经营方式发生变化的；

（5）许可范围发生变化的。

11. 经营许可证的有效期为 3 年。有效期满后，企业需要继续从事危险化学品经营活动的，应当在经营许可证有效期满 3 个月前，向发证机关提出经营许可证的延期申请，并提交延期申请书及规定的申请文件、资料。

企业提出经营许可证延期申请时，可以同时提出变更申请，并向发证机关提交相关文件、资料。

12. 符合下列条件的企业，申请经营许可证延期时，经发证机关同意，可以不提交有关文件、资料：

（1）严格遵守有关法律、法规和规章；

（2）取得经营许可证后，加强日常安全生产管理，未降低安全生产条件；

（3）未发生死亡事故或者对社会造成较大影响的生产安全事故。

带有储存设施经营危险化学品的企业，除符合前款规定条件的外，还需要取得并提交危险化学品企业安全生产标准化二级达标证书（复制件）。

13. 发证机关作出准予延期决定的，经营许可证有效期顺延 3 年。

14. 任何单位和个人不得伪造、变造经营许可证，或者出租、出借、转让其取得的经营许可证，或者使用伪造、变造的经营许可证。

第二节　危险化学品经营企业安全技术基本要求

一、基本概念

1. 危险化学品仓库

储存危险化学品的专用库房及其附属设施。

2. 危险化学品商店

零售危险化学品民用小包装的专门经营场所，由营业场所或与其毗邻的备货库房组成。

3. 爆炸物

列入《危险化学品目录》及《危险化学品分类信息表》的所有爆炸物。

4. 有毒气体

列入《危险化学品目录》及《危险化学品分类信息表》，危害特性类别包含急性毒性-吸入的气体。

5. 易燃气体

列入《危险化学品目录》及《危险化学品分类信息表》，危害特性类别包含易燃气体，类别 1、类别 2 的气体。

二、危险化学品仓库安全技术基本要求

(一)规划选址

1. 危险化学品仓库应符合本地区城乡规划,选址在远离市区和居民区的常年最小频率风向的上风侧。

2. 危险化学品仓库防火间距应按 GB 50016 的规定执行。危险化学品仓库与铁路安全防护距离,与公路、广播电视设施、石油天然气管道、电力设施距离应符合其法规要求。

3. 爆炸物库房除符合上述要求外,与防护目标应至少保持 1 000 m 的距离。还应按 GB/T 37243 的规定,采用事故后果法计算外部安全防护距离。事故后果法计算时应采用最严重事故情景计算外部安全防护距离。

4. 涉及有毒气体或易燃气体,且其构成危险化学品重大危险源的库房除符合上述要求外,还应按 GB/T 37243 的规定,采用定量风险评价法计算外部安全防护距离。定量风险评价法计算时应采用可能储存的危险化学品最大量计算外部安全防护距离。

(二)建设要求

1. 危险化学品仓库建设应按 GB 50016 平面布置、建筑构造、耐火等级、安全疏散、消防设施、电气、通风等规定执行。

2. 爆炸物库房建设应按 GB 50089 或 GB 50161 平面布置、建筑与结构、消防、电气、通风等规定执行。

3. 危险化学品库房应防潮、平整、坚实、易于清扫。可能释放可燃性气体或蒸气,在空气中能形成粉尘、纤维等爆炸性混合物的危险化学品库房应采用不发生火花的地面。储存腐蚀性危险化学品的库房的地面、踢脚应采取防腐材料。

4. 危险化学品储存禁忌应按 GB 15603 的规定执行。

5. 应建立危险化学品追溯管理信息系统,应具备危险化学品出入库记录,库存危险化学品品种、数量及库内分布等功能,数据保存期限不得少于 1 年,且应异地实时备份。

6. 构成危险化学品重大危险源的危险化学品仓库应符合国家法律法规、标准规范关于危险化学品重大危险源的技术要求。

7. 爆炸物宜按不同品种单独存放。当受条件限制,不同品种爆炸物需同库存放时,应确保爆炸物之间不是禁忌物品且包装完整无损。

8. 有机过氧化物应储存在危险化学品库房特定区域内,避免阳光直射,并应满足不同品种的存储温度、湿度要求。

9. 遇水放出易燃气体的物质和混合物应密闭储存在设有防水、防雨、防潮措施的危险化学品库房中的干燥区域内。

10. 自热物质和混合物的储存温度应满足不同品种的存储温度、湿度要求,并避免阳光直射。

11. 自反应物质和混合物应储存在危险化学品库房特定区域内,避免阳光直射并保持良好通风,且应满足不同品种的存储温度、湿度要求。自反应物质及其混合物只能在原装容器中存放。

(三)安全设施

1. 危险化学品库房内的爆炸危险环境电力装置应按 GB 50058 的规定执行。危险化学品

库房爆炸危险环境内使用的电瓶车、铲车等作业工具应符合防爆要求。

2. 危险化学品仓库防雷、防静电应按 GB 50057、GB 12158 的规定执行。

3. 危险化学品仓库应设置通信、火灾报警装置，有供对外联络的通信设备，并保证处于适用状态。

4. 储存可能散发可燃气体、有毒气体的危险化学品库房应按 GB 50493 的规定配备相应的气体检测报警装置，并与风机联锁。报警信号应传至 24 小时有人值守的场所，并设声光报警器。

5. 储存易燃液体的危险化学品库房应设置防液体流散措施。剧毒物品的危险化学品库房应安装通风设备。

6. 危险化学品仓库应在库区建立全覆盖的视频监控系统。

7. 危险化学品库房、作业场所和安全设施、设备上，应按 GB 2894 的规定设置明显的安全警示标志。不能用水、泡沫等灭火的危险化学品库房应在库房外适当位置设置醒目标识。

8. 危险化学品仓库应按 GB 50016、GB 50140 的规定设置消防设施和消防器材。

9. 危险化学品仓库应按 GB 30077 的规定配备相应的防护装备及应急救援器材、设备、物资，并保障其完好和方便使用。

三、危险化学品商店安全技术基本要求

（一）商店选址

禁止选址在人员密集场所、居住建筑内。

（二）建设要求

1. 危险化学品商店建筑构造、耐火等级、安全疏散、消防设施、电气、通风应按 GB 50016 规定执行。

2. 危险化学品商店的营业场所面积（不含备货库房）应不小于 60 m^2，危险化学品商店内不应设有生活设施。营业场所与备货库房之间，以及危险化学品商店与其他场所之间应进行防火分隔。

3. 备货库房应设置高窗，窗上应安装防护铁栏，窗户应采取避光和防雨措施。

4. 备货库房地面应防潮、平整、坚实、易于清扫。可能释放可燃性气体或蒸气，在空气中能形成粉尘、纤维等爆炸性混合物的备货库房应采用不发生火花的地面。储存腐蚀性危险化学品的备货库房的地面、踢脚应采用防腐材料。

5. 营业场所只允许存放单件质量小于 50 kg 或容积小于 50 L 的民用小包装危险化学品，其存放总质量不得超过 1 t，且营业场所内危险化学品的量与 GB 18218 中所规定的临界量比值之和应不大于 0.3。

6. 备货库房只允许存放单件质量小于 50 kg 或容积小于 50 L 的民用小包装危险化学品，其存放总质量不得超过 2 t，且备货库房内危险化学品的量与 GB 18218 中所规定的临界量比值之和应不大于 0.6。

7. 只允许经营除爆炸物、剧毒化学品（属于剧毒化学品的农药除外）以外的危险化学品。

8. 经营有机过氧化物、遇水放出易燃气体的物质和混合物、自热物质和混合物、自反应物质和混合物的商店应分别具备前述仓库建设中提出的存储要求。

9. 危险化学品不应露天存放。

10. 危险化学品的摆放应布局合理,禁忌物品要求应按 GB 15603 的规定执行。

11. 应建立危险化学品经营档案,档案内容至少应包括危险化学品品种、数量、出入记录等,数据保存期限应不少于 1 年。

(三) 安全设施

1. 备货库房平开门应向疏散方向开启。平开门及窗应设等电位接地线,门外应设人体静电消除器设施。

2. 备货库房内的爆炸危险环境电力装置应按 GB 50058 的规定执行。

3. 备货库房照明设施、电气设备的配电箱及电气开关应设置在库外,并应可靠接地,安装过压、过载、触电、漏电保护设施,采取防雨、防潮保护措施。

4. 备货库房应有防止小动物进入的设施。

5. 危险化学品商店应设置视频监控设备。

6. 危险化学品商店应配备灭火器等消防器材,且其类型和数量应按 GB 50140 的规定执行。

7. 危险化学品商店应按 GB 2894 的规定设置安全警示标志。

第三节　危险化学品贮存安全管理

一、化学危险品贮存的基本要求

1. 化学危险品露天堆放,应符合防火、防爆的安全要求。爆炸物品、一级易燃物品、遇湿燃烧物品、剧毒物品不得露天堆放。

2. 贮存化学危险品的仓库必须配备有专业知识的技术人员,其库房及场所应设专人管理,管理人员必须配备可靠的个人安全防护用品。

3. 贮存的化学危险品应有明显的标志,标志应符合 GB 190 的规定。同一区域贮存两种或两种以上不同级别的危险品时,应按最高等级危险物品的性能标志。

4. 贮存方式,化学危险品贮存方式分为三种:

(1) 隔离贮存:即在同一房间或同一区域内,不同的物料之间分开一定的距离,非禁忌物料间用通道保持空间的贮存方式。

(2) 隔开贮存:即在同一建筑或同一区域内,用隔板或墙,将其与禁忌物料分离开的贮存方式。

(3) 分离贮存:即在不同的建筑物或远离所有建筑的外部区域内的贮存方式。

5. 根据危险品性能分区、分类、分库贮存。

6. 贮存化学危险品的建筑物、区域内严禁吸烟和使用明火。

二、贮存场所的要求

1. 贮存化学危险品的建筑物不得有地下室或其他地下建筑,其耐火等级、层数、占地面积、安全疏散和防火间距,应符合国家有关规定。

2. 贮存地点及建筑结构的设置,除了应符合国家的有关规定外,还应考虑对周围环境和居民的影响。

3. 贮存场所的电气安装

(1) 化学危险品贮存建筑物、场所消防用电设备应能充分满足消防用电的需要，并符合 GB J 16 的有关规定。

(2) 化学危险品贮存区域或建筑物内输配电线路、灯具、火灾事故照明和疏散指示标志，都应符合安全要求。

(3) 贮存易燃、易爆化学危险品的建筑，必须安装避雷设备。

4. 贮存场所通风或温度调节

(1) 贮存化学危险品的建筑必须安装通风设备，并注意设备的防护措施。

(2) 贮存化学危险品的建筑通排风系统应设有导除静电的接地装置。

(3) 通风管应采用非燃烧材料制作。

(4) 通风管道不宜穿过防火墙等防火分隔物，如必须穿过时应用非燃烧材料分隔。

(5) 贮存化学危险品建筑采暖的热媒温度不应过高，热水采暖不应超过 80℃，不得使用蒸汽采暖和机械采暖。

(6) 采暖管道和设备的保温材料，必须采用非燃烧材料。

三、贮存安排及贮存量限制

1. 化学危险品贮存安排取决于化学危险品分类、分项、容器类型、贮存方式和消防的要求。

2. 贮存量及贮存安排见表 3 - 1。

表 3 - 1　贮存量及贮存安排

贮存要求	贮存类别			
	露天贮存	隔离贮存	隔开贮存	分离贮存
平均单位面积贮存量/($t \cdot m^{-2}$)	1.0～1.5	0.5	0.7	0.7
单一贮存区最大贮量/t	2 000～2 400	200～300	200～300	400～600
垛距限制/m	2	0.3～0.5	0.3～0.5	0.3～0.5
通道宽度/m	4～6	1～2	1～2	5
墙距宽度/m	2	0.3～0.5	0.3～0.5	0.3～0.5
与禁忌品距离/m	10	不得同库贮存	不得同库贮存	7～10

3. 遇火、遇热、遇潮能引起燃烧、爆炸或发生化学反应，产生有毒气体的化学危险品不得在露天或在潮湿、积水的建筑物中贮存。

4. 受日光照射能发生化学反应引起燃烧、爆炸、分解、化合或能产生有毒气体的化学危险品应贮存在一级建筑物中。其包装应采取避光措施。

5. 爆炸物品不准和其他类物品同贮，必须单独隔离限量贮存，仓库不准建在城镇，还应与周围建筑、交通干道、输电线路保持一定安全距离。

6. 压缩气体和液化气体必须与爆炸物品、氧化剂、易燃物品、自燃物品、腐蚀性物品隔离贮存。

易燃气体不得与助燃气体、剧毒气体同贮；氧气不得与油脂混合贮存，盛装液化气体的容器属压力容器的，必须有压力表、安全阀、紧急切断装置，并定期检查，不得超装。

7. 易燃液体、遇湿易燃物品、易燃固体不得与氧化剂混合贮存，具有还原性氧化剂应单独存放。

8. 有毒物品应贮存在阴凉、通风、干燥的场所，不能露天存放，不能接近酸类物质。

9. 腐蚀性物品，包装必须严密，不允许泄漏，严禁与液化气体和其他物品共存。

四、化学危险品的养护

1. 化学危险品入库时，应严格检验物品质量、数量、包装情况、有无泄漏。

2. 化学危险品入库后应采取适当的养护措施，在贮存期内，定期检查，发现其品质变化、包装破损、渗漏、稳定剂短缺等，应及时处理。

3. 库房温度、湿度应严格控制、经常检查，发现变化及时调整。

五、化学危险品出入库管理

1. 贮存化学危险品的仓库，必须建立严格的出入库管理制度。

2. 化学危险品出入库前均应按合同进行检查验收、登记。内容包括：a. 数量；b. 包装；c. 危险标志。经核对后方可入库、出库，当物品性质未弄清时不得入库。

3. 进入化学危险品贮存区域的人员、机动车辆和作业车辆，必须采取防火措施。

4. 装卸、搬运化学危险品时应按有关规定进行，做到轻装、轻卸。严禁摔、碰、撞、击、拖拉、倾倒和滚动。

5. 装卸对人身有毒害及腐蚀性的物品时，操作人员应根据危险性，穿戴相应的防护用品。

6. 不得用同一车辆运输互为禁忌的物料。

7. 修补、换装、清扫、装卸易燃、易爆物料时，应使用不产生火花的铜制、合金制或其他工具。

六、消防措施

1. 根据危险品特性和仓库条件，必须配置相应的消防设备、设施和灭火药剂。并配备经过培训的兼职和专职的消防人员。

2. 贮存化学危险品建筑物内应根据仓库条件安装自动监测和火灾报警系统。

3. 贮存化学危险品的建筑物内，如条件允许，应安装灭火喷淋系统（遇水燃烧化学危险品，不可用水扑救的火灾除外），其喷淋强度和供水时间如下：喷淋强度 15 L/(min · m^2)；持续时间 90 分钟。

七、废弃物处理

1. 禁止在化学危险品贮存区域内堆积可燃废弃物品。

2. 泄漏或渗漏危险品的包装容器应迅速移至安全区域。

3. 按化学危险品特性，用化学的或物理的方法处理废弃物品，不得任意抛弃、污染环境。

八、人员培训

1. 仓库工作人员应进行培训，经考核合格后持证上岗。

2. 对化学危险品的装卸人员进行必要的教育，使其按照有关规定进行操作。

3. 仓库的消防人员除了具有一般消防知识之外，还应进行在危险品库工作的专门培训，使其熟悉各区域贮存的化学危险品种类、特性、贮存地点、事故的处理程序及方法。

第四节　加油站作业安全

一、基本概念

1. 作业区:加油作业区、卸油作业区以及加油站内其他爆炸危险区域。

2. 加油作业区:加油站内布置加油机等设备的区域。该区域的边界线为爆炸危险区域边界线加 3 m,对柴油设备为设备外缘加 3 m。

3. 卸油作业区:加油站内布置卸油工艺设备的区域。该区域的边界线为爆炸危险区域边界线加 3 m,对柴油设备为设备外缘加 3 m。

二、基本要求

1. 作业人员应经安全生产教育和培训考试合格后方可上岗。特种作业人员应取得相应资格证书,持证上岗。

2. 作业区人员上岗时应穿防静电工作服、防静电工作鞋。不应在作业区穿脱及拍打衣服、帽子或类似物。

3. 不应在加油站内吸烟。

4. 作业区应按 GB/T 2893.5、GB 2894、GB 13495.1、GB 15630 的规定设置安全标志和安全色。

5. 设有可燃气体声光报警装置的加油作业区内可允许客户使用手机支付,当现场警报器报警时,应立即停止使用手机和停止加油相关作业,并按应急预案进行应急处置。可燃气体检测报警设计应符合 GB/T 50493 的规定。

6. 加油站遇雷暴、龙卷风和台风等恶劣天气时应停止加油、卸油、取样和人工计量等作业。

7. 不应在作业区内抛掷、拖拉、滚动、敲打金属物品及进行易产生火花的作业。

8. 不应在作业区内进行车辆维修和洗车作业。

9. 不应使用汽油和易燃清洗剂做清洁工作。不应使用可能会产生静电或火花的清洁工具。

10. 作业人员应按设备说明书、操作规程和管理规定对设备设施进行正确操作和维护保养,保障设备处于安全状态;加油站油气回收系统应完好有效,并保持正常使用,满足 GB 20952 的规定。

三、卸油作业

(一) 基本要求

1. 应具备密闭卸油的条件。

2. 防雷、防静电接地设施应完好。

3. 油罐车排气管应安装阻火帽。

4. 卸油作业现场应至少配备 2 具手提式干粉灭火器和 2 块灭火毯等应急救援物资。

5. 油罐车宜采用液位差自流方式卸油。

6. 卸油作业区的辅助设施应具有防静电措施;进入卸油区作业的人员,应先通过具有报警功能的人体静电释放装置消除静电。

（二）卸油作业安全要求

1. 加油站人员应在确认油罐车无油品滴漏后，方可引导油罐车进入卸油作业区，油罐车在站内车速不应大于 5 km/h。

2. 油罐车停于卸油停车位，熄火并拉上手刹，车轮处宜放置与最大允许总质量和车轮尺寸相匹配的轮挡，车钥匙宜放置指定位置管控。

3. 卸油人员应将防静电跨接线连接到油罐车专用接地端，并确认接触良好。

4. 卸油作业现场应设置隔离警示标识。

5. 手提式灭火器宜摆放在距卸油口 2～3 m 处。

6. 应在油罐车静置进行静电释放 5 分钟后，方可进行计量、取样和卸油等相关作业。

7. 检查确认油罐计量孔密闭良好，汽油罐通气管上阀门应处于关闭状态，安装呼吸阀的通气管上阀门应处于开启状态。

8. 卸油前，应计量油罐的存油量，确认有足够的剩余容量，并核对罐车单据与油罐中油品的名称、牌号是否一致。

9. 对油罐车进行人工取样时，人员应戴安全帽，应选用铝或铜等不发火花、不易积聚静电的器具；油样可通过卸油口回罐，不应从计量孔倒入。若人员在油罐车罐顶上取样，还应采取防坠落措施，并有人监护。

10. 卸油人员应按工艺流程将卸油软管和汽油油气回收软管与油罐车和埋地油罐紧密连接，保持卸油软管自然弯曲。

11. 经双方检查确认具备开阀卸油条件后，将卸油口对应油罐进油阀门打开（卸汽油时先打开气路阀门），再缓慢开启油罐车卸油阀门。通过采取调节阀门开度等措施控制卸油流速不大于 4.5 m/s。

12. 卸油作业过程中应有专人监护，油罐车驾驶员和押运员不应同时离开作业现场。无人监护时，应停止作业。

13. 卸油作业过程中，不应开启计量孔，不应修理、擦洗油罐车，不应鸣笛；使用器具时要轻拿轻放；与该罐连接且无防水杂措施的加油机应停止加油作业。

14. 卸油时若发生油料溅溢或其他影响卸油安全情况时，应立即停止作业并及时处理。若发生事故，应立即停止作业，并按应急预案进行应急处置。

15. 卸至软管内无油后，应做好以下工作：

（1）关闭软管两端阀门；

（2）拆除软管，将卸油接口的密封盖盖紧并加锁；

（3）收回卸油软管和防静电跨接线，收存软管时不应抛摔，以防接头变形。

16. 卸油结束后，卸油员应全面检查并确认状态正常，方可引导油罐车启动车辆、离站，并清理卸油现场，将应急器材放回原位。

四、加油作业

（一）基本要求

1. 加油机附近应按 GB 50156 的要求配备灭火器和灭火毯。加油机爆炸危险区域内不应放置可燃性物品。

2. 不应在加油作业区外进行加油作业。不应向未采取防止静电积聚措施的绝缘性容器进行散装加注。客户不应操作非自助加油机。

3. 具有自助加油功能的加油站应在营业室内设置紧急切断系统，在事故状态下迅速切断油泵电源，紧急切断系统应为故障安全型；加油站应通过加油机音频提示客户进行加油操作。自助加油机处宜采取静电检测等技术措施，提示客户在靠近油箱口前先消除人体静电。

（二）加油作业安全要求

1. 车辆驶入非自助加油站时，加油员宜主动引导车辆进入加油位置。

2. 加油作业前，加油员应确认车辆停稳、熄火；摩托车驾驶人和乘坐人员应离开座位，并将车辆熄火、放置平稳；加油员与客户确认油品的名称和牌号等信息；应提示客户在靠近油箱口前先释放人体静电。

3. 加油枪应为自封式加油枪，汽油加油流量不应大于 50 L/min。

4. 加油时应避免油料溅出，若发生油料滴漏、溢洒或影响加油作业安全的情况，应立即停止加油，并及时处理。

5. 加完油后，应立即将加油枪复位于加油机。

五、油罐计量

1. 应采用电子液位计进行测量。人工计量时，应使用符合计量和安全要求的计量器具。

2. 油罐静态计量时，与该罐连接的给油设备应停止使用。

3. 卸油后，静置 5 分钟后方可进行人工取样、测水和计量，人宜站在上风方向进行作业。对于汽油罐，若罐内正压，应先打开通气阀进行泄压后再打开量油帽，作业结束后，应及时复位。

4. 采用人工取样、计量、测水和测温时，工具应符合安全要求，工具上提速度不应大于 0.5 m/s，下落速度不应大于 1 m/s。

六、设备使用、维护、检修的安全要求

（一）清洗油罐

1. 清洗油罐应根据 GB 30871 的规定按照受限空间作业进行管理，办理作业许可手续。

2. 清罐作业前，应对特种作业人员操作证进行核对和审查，根据作业分组情况对检测、施工、监护、维修等清罐人员进行安全和清罐操作技术的培训。机械清罐应按其操作规程执行。

3. 监护人应对施工作业进行全过程监护。

4. 向油罐内引入空气、水或蒸汽的管线，其喷嘴等金属部分以及用于排出油品的胶管等应与油罐做等电位连接，并可靠接地，操作过程应防止金属部件碰撞。

5. 作业停工期间，油罐人孔处应上锁并设置“危险、严禁入内”警示标志

6. 进入油罐作业前，应做好工艺处理，与油罐连通的可能危及安全作业的管道应采用插入盲板或拆除一段管道的方式进行隔绝。

7. 人员进入油罐前应进行通风置换，油罐内空气达不到安全要求时，人员不应进入油罐内。

8. 作业现场应配置便携式或移动式气体检测报警仪，连续监测罐内氧气、可燃气体和有毒气体浓度，发现气体浓度超限报警时，应立即停止作业、撤离人员、对现场进行处理，在分析合格后方可恢复作业。如作业中断超 30 分钟，再次进入前应重新进行气体分析。

9. 油罐内监测点应有代表性，应对上、中、下各部位进行监测分析；分析仪器应在校验有效

期内，使用前应保证其处于正常工作状态。

10. 进入油罐的水不应含油，使用的进水管不应采用含油管线，以防油品进入罐内。

11. 在雷雨或风力在五级以上等恶劣天气环境下，不应进行油罐清洗作业。

12. 油罐清洗作业前，应在作业场所的上风向配置适量消防器材。

13. 清出的罐底污杂应存放在油桶或指定容器内并作出危险废弃物的标识，不应随意倾倒。

（二）加油机维修

1. 维修之前应切断电源，并在电源开关处加锁并加挂安全警示牌。

2. 维修时应设警示标志并对维修区域进行隔离，隔离范围不宜小于以加油机为中心、半径为 4.5 m 的区域范围。

3. 若所修的部件需要放油时，应使用金属容器收集。

（三）动火作业

1. 应根据 GB 30871 的规定对动火作业进行管理。

2. 在加油站作业区内进行动火作业前，应办理动火审批手续；动火人员应按动火审批要求作业；设置现场监护人。

3. 动火作业前，与动火设备相连的所有管线均应加堵盲板与系统彻底隔离，并进行清洗、置换，分析合格后方可作业。不应以水封或关闭阀门代替盲板作为隔断措施。

4. 动火作业前应清除动火现场及周围的易燃物品，或采取其他有效安全防火措施，并配备消防器材，满足作业现场应急需求。作业现场应设置警示标志、警戒区，作业现场严禁无关人员进入。

5. 动火设备内的油品等可燃物应彻底清理干净，并按照 GB 30871 的规定进行动火分析，合格后方可进行动火作业。

6. 在爆炸危险区域附近动火施工时，应隔离并注意风向。

7. 动火点周围 15 m 内如有可燃物、窨井、水封井、隔油池、地沟等，应检查分析并采取清理或封盖等措施；动火点周围 30 m 内不应排放可燃气体，15 m 内不应排放可燃液体。

8. 施工中如需启停管线阀门，施工人员应会同值班站长处理，不应擅自操作。

9. 电焊回路线应接在焊件上，不应穿过窨井或其他设备搭火。

10. 使用气焊、气割进行动火作业时，乙炔瓶应直立放置，氧气瓶与乙炔瓶间距应不小于 5 m，两者与作业点间距应不小于 10 m，并设置防晒设施和防倾倒措施。

11. 高处动火（2 m 以上）应采取防止火花飞溅措施，五级风以上（含五级）天气，不应露天动火作业。

（四）防雷、防静电设施和接地装置检测

1. 防雷防静电装置应每半年至少检测 1 次，并建立检测档案。

2. 所有防雷防静电设施应定期检查、维修，并建立设施管理档案。

3. 定期检查加油枪、胶管和加油机之间的连接情况，保持其具有良好的接地性能，并建立检查记录。

（五）用电、发电

1. 基本要求应按 GB/T 13869 的规定执行。

2. 电气检修、临时用电应执行工作票制度，并明确工作票签发人、工作负责人、监护人、工作许可人、操作人员责任；应在办理签发、许可手续后方可作业。

3. 变、配电房间应制定运行规程、巡回检查制度。

4. 在高压设备或大容量低压总盘上倒闸操作及在带电设备附近工作时，应由两人进行。

5. 不应在电气设备、供电线路上带电作业。断电后，应在电源开关处上锁、拆下熔断器或关闭断路器，并挂上“禁止合闸、有人工作”等安全警示标牌；工作未结束，任何人不应拿下标牌或送电。工作完毕并经复查无误后，由工作负责人将检修情况与值班人员做好交接后方可摘牌送电。

6. 发电、用电过程中应有专人巡回检查。

7. 当外线停电时，及时断开配电柜中外电总闸和加油站内设备及照明的电源开关。按发电操作规程启动发电设备。

8. 当外线来电时，注意观察外电指示灯及电压表变化情况，确认电压稳定后，按操作规程恢复常用电源。

第四章　危险化学品使用单位安全管理

第一节　危险化学品安全使用许可

一、总则

1. 企业应当依照本办法的规定取得危险化学品安全使用许可证(以下简称安全使用许可证)。

2. 安全使用许可证的颁发管理工作实行企业申请、市级发证、属地监管的原则。

二、申请安全使用许可证的条件

1. 企业与重要场所、设施、区域的距离和总体布局应当符合下列要求,并确保安全:

(1) 储存危险化学品数量构成重大危险源的储存设施,与《危险化学品安全管理条例》规定的八类场所、设施、区域的距离符合国家有关法律、法规、规章和国家标准或者行业标准的规定;

(2) 总体布局符合《工业企业总平面设计规范》(GB 50187)、《化工企业总图运输设计规范》(GB 50489)、《建筑设计防火规范》(GB 50016)等相关标准的要求;石油化工企业还应当符合《石油化工企业设计防火规范》(GB 50160)的要求;

(3) 新建企业符合国家产业政策、当地县级以上(含县级)人民政府的规划和布局。

2. 企业的厂房、作业场所、储存设施和安全设施、设备、工艺应当符合下列要求:

(1) 新建、改建、扩建使用危险化学品的化工建设项目(以下统称建设项目)由具备国家规定资质的设计单位设计和施工单位建设;其中,涉及国家安全生产监督管理总局公布的重点监管危险化工工艺、重点监管危险化学品的装置,由具备石油化工医药行业相应资质的设计单位设计;

(2) 不得采用国家明令淘汰、禁止使用和危及安全生产的工艺、设备;新开发的使用危险化学品从事化工生产的工艺(以下简称化工工艺),在小试、中试、工业化试验的基础上逐步放大到工业化生产;国内首次使用的化工工艺,经过省级人民政府有关部门组织的安全可靠性论证;

(3) 涉及国家安全生产监督管理总局公布的重点监管危险化工工艺、重点监管危险化学品的装置装设自动化控制系统;涉及国家安全生产监督管理总局公布的重点监管危险化工工艺的大型化工装置装设紧急停车系统;涉及易燃易爆、有毒有害气体化学品的作业场所装设易燃易爆、有毒有害介质泄漏报警等安全设施;

(4) 新建企业的生产区与非生产区分开设置,并符合国家标准或者行业标准规定的距离;

(5) 新建企业的生产装置和储存设施之间及其建(构)筑物之间的距离符合国家标准或者

行业标准的规定。

同一厂区内(生产或者储存区域)的设备、设施及建(构)筑物的布置应当适用同一标准的规定。

3. 企业应当依法设置安全生产管理机构,按照国家规定配备专职安全生产管理人员。配备的专职安全生产管理人员必须能够满足安全生产的需要。

4. 企业主要负责人、分管安全负责人和安全生产管理人员必须具备与其从事生产经营活动相适应的安全知识和管理能力,参加安全资格培训,并经考核合格,取得安全合格证书。

特种作业人员应当依照《特种作业人员安全技术培训考核管理规定》,经专门的安全技术培训并考核合格,取得特种作业操作证书。

其他从业人员应当按照国家有关规定,经安全教育培训合格。

5. 企业应当建立全员安全生产责任制,保证每位从业人员的安全生产责任与职务、岗位相匹配。

6. 企业根据化工工艺、装置、设施等实际情况,至少应当制定、完善下列主要安全生产规章制度:

(1) 安全生产例会等安全生产会议制度;

(2) 安全投入保障制度;

(3) 安全生产奖惩制度;

(4) 安全培训教育制度;

(5) 领导干部轮流现场带班制度;

(6) 特种作业人员管理制度;

(7) 安全检查和隐患排查治理制度;

(8) 重大危险源的评估和安全管理制度;

(9) 变更管理制度;

(10) 应急管理制度;

(11) 生产安全事故或者重大事件管理制度;

(12) 防火、防爆、防中毒、防泄漏管理制度;

(13) 工艺、设备、电气仪表、公用工程安全管理制度;

(14) 动火、进入受限空间、吊装、高处、盲板抽堵、临时用电、动土、断路、设备检维修等作业安全管理制度;

(15) 危险化学品安全管理制度;

(16) 职业健康相关管理制度;

(17) 劳动防护用品使用维护管理制度;

(18) 承包商管理制度;

(19) 安全管理制度及操作规程定期修订制度。

7. 企业应当根据工艺、技术、设备特点和原辅料的危险性等情况编制岗位安全操作规程。

8. 企业应当依法委托具备国家规定资质条件的安全评价机构进行安全评价,并按照安全评价报告的意见对存在的安全生产问题进行整改。

9. 企业应当有相应的职业病危害防护设施,并为从业人员配备符合国家标准或者行业标准的劳动防护用品。

10. 企业应当依据《危险化学品重大危险源辨识》(GB 18218),对本企业的生产、储存和使用装置、设施或者场所进行重大危险源辨识。

对于已经确定为重大危险源的，应当按照《危险化学品重大危险源监督管理暂行规定》进行安全管理。

11. 企业应当符合下列应急管理要求：

(1) 按照国家有关规定编制危险化学品事故应急预案，并报送有关部门备案；

(2) 建立应急救援组织，明确应急救援人员，配备必要的应急救援器材、设备设施，并按照规定定期进行应急预案演练。

储存和使用氯气、氨气等对皮肤有强烈刺激的吸入性有毒有害气体的企业，除符合本条第一款的规定外，还应当配备至少两套以上全封闭防化服；构成重大危险源的，还应当设立气体防护站(组)。

12. 企业除符合上述安全使用条件外，还应当符合有关法律、行政法规和国家标准或者行业标准规定的其他安全使用条件。

三、安全使用许可证申请

1. 企业向发证机关申请安全使用许可证时，应当提交下列文件、资料，并对其内容的真实性负责：

(1) 申请安全使用许可证的文件及申请书；

(2) 新建企业的选址布局符合国家产业政策、当地县级以上人民政府的规划和布局的证明材料复制件；

(3) 安全生产责任制文件，安全生产规章制度、岗位安全操作规程清单；

(4) 设置安全生产管理机构，配备专职安全生产管理人员的文件复制件；

(5) 主要负责人、分管安全负责人、安全生产管理人员安全合格证和特种作业人员操作证复制件；

(6) 危险化学品事故应急救援预案的备案证明文件；

(7) 由供货单位提供的所使用危险化学品的安全技术说明书和安全标签；

(8) 工商营业执照副本或者工商核准文件复制件；

(9) 安全评价报告及其整改结果的报告；

(10) 新建企业的建设项目安全设施竣工验收报告；

(11) 应急救援组织、应急救援人员，以及应急救援器材、设备设施清单。

有危险化学品重大危险源的企业，除应当提交上述规定的文件、资料外，还应当提交重大危险源的备案证明文件。

2. 新建企业安全使用许可证的申请，应当在建设项目安全设施竣工验收通过之日起10个工作日内提出。

四、安全使用许可证的颁发

1. 企业在安全使用许可证有效期内变更主要负责人、企业名称或者注册地址的，应当自工商营业执照变更之日起10个工作日内提出变更申请，并提交下列文件、资料：

(1) 变更申请书；

(2) 变更后的工商营业执照副本复制件；

(3) 变更主要负责人的，还应当提供主要负责人经安全生产监督管理部门考核合格后颁发的安全合格证复制件；

(4) 变更注册地址的，还应当提供相关证明材料。

对已经受理的变更申请，发证机关对企业提交的文件、资料审查无误后，方可办理安全使用许可证变更手续。

企业在安全使用许可证有效期内变更隶属关系的，应当在隶属关系变更之日起 10 日内向发证机关提交证明材料。

2. 企业在安全使用许可证有效期内，有下列情形之一的，按照规定办理变更手续：

(1) 增加使用的危险化学品品种，且达到危险化学品使用量的数量标准规定的；

(2) 涉及危险化学品安全使用许可范围的新建、改建、扩建建设项目的；

(3) 改变工艺技术对企业的安全生产条件产生重大影响的。

有第一项规定情形的企业，应当在增加前提出变更申请。有第二项规定情形的企业，应当在建设项目安全设施竣工验收合格之日起 10 个工作日内向原发证机关提出变更申请，并提交建设项目安全设施竣工验收报告等相关文件、资料。有第一项、第三项规定情形的企业，应当进行专项安全验收评价，并对安全评价报告中提出的问题进行整改；在整改完成后，向原发证机关提出变更申请并提交安全验收评价报告。

3. 安全使用许可证有效期为 3 年。企业安全使用许可证有效期届满后需要继续使用危险化学品从事生产、且达到危险化学品使用量的数量标准规定的，应当在安全使用许可证有效期届满前 3 个月提出延期申请，并提交规定的文件、资料。

4. 企业取得安全使用许可证后，符合下列条件的，其安全使用许可证届满办理延期手续时，经原发证机关同意，可以不提交有关规定的文件、资料，直接办理延期手续：

(1) 严格遵守有关法律、法规和本办法的；

(2) 取得安全使用许可证后，加强日常安全管理，未降低安全使用条件，并达到安全生产标准化等级二级以上的；

(3) 未发生造成人员死亡的生产安全责任事故的。

企业符合本条第二项、第三项规定条件的，应当在延期申请书中予以说明，并出具二级以上安全生产标准化证书复印件。

5. 企业不得伪造、变造安全使用许可证，或者出租、出借、转让其取得的安全使用许可证，或者使用伪造、变造的安全使用许可证。

第二节　危险化学品使用安全管理

一、企业（建设项目）总体安全要求

1. 企业的选址和总体规划应符合当地城乡总体规划和土地利用规划的要求，并综合考虑原料供应、产品销售的上、下游便利条件，新建、改建和扩建项目选址应符合相关要求，并依法落实安全设施“三同时”的要求。

2. 企业新建、改建、扩建项目涉及危险化学品使用的厂房、场所和仓储设施等应由具有相应的行业（专业）设计资质或综合设计资质的单位设计，设计、施工应符合有关规范标准以及工程质量安全要求。

3. 使用危险化学品从事生产，使用和储存量比较大的企业，最好委托具备国家规定资质条件的机构，对企业的安全生产条件进行安全评价，安全评价报告的内容应当包括对安全生产条件存在的问题进行整改的方案，并将安全评价报告及整改方案的落实情况报所在地县级人民政府应急管理部门；其他企业应定期开展安全评价和风险辨识（评估或专家检查），企业应根据安全评价（评估或专家检查）结果改善安全生产条件。

企业应按照《危险化学品重大危险源辨识》（GB 18218）的规定，进行危险化学品重大危险源辨识，并记录辨识过程与结果。构成危险化学品重大危险源的，应当根据《危险化学品重大危险源监督管理暂行规定》的要求，进行重大危险源安全评估，确定重大危险源等级，并采取相应的安全措施，并将重大危险源档案材料报送所在地县级人民政府应急管理部门备案。

4. 危险化学品使用厂房（装置）、仓库、堆场和储罐的布置应符合《建筑设计防火规范》（GB 50016）、《工业企业总平面设计规范》（GB 50187）等相关标准规定，行业标准有相关规定的，应从其规定。

5. 危险化学品使用厂房、仓库的火灾危险性分类、耐火等级、层数、面积和设备布置、防火、防爆以及安全疏散等均应符合《建筑设计防火规范》（GB 50016）等相关规定，行业标准有相关规定的，应从其规定。

6. 危险化学品仓库、堆场应符合《常用化学危险品贮存通则》（GB 15603）的相关规定。易燃易爆、腐蚀性和毒害性危险化学品的储存条件还应符合《易燃易爆性商品储存养护技术条件》（GB 17914）、《腐蚀性商品储存养护技术条件》（GB 17915）、《毒害性商品储存养护技术条件》（GB 17916）等标准的规定。

二、基础安全管理

1. 企业应建立、健全安全生产责任制，加强监督考核，保证安全生产责任制落实。

2. 企业应建立、完善使用危险化学品的安全管理规章制度和安全操作规程，保证危险化学品的安全使用。

3. 企业应按规定设置安全生产管理机构，配备相应的专业技术人员、专职或兼职的安全生产管理人员。

4. 企业应当对从业人员进行安全生产教育和培训。主要负责人、安全生产管理人员应根据行业要求取证上岗，特种作业人员应经考核合格并取证后方可上岗。从业人员应当接受安全培训，熟悉有关安全生产规章制度和安全操作规程，具备必要的安全生产知识，掌握本岗位的安全操作技能，了解事故应急处理措施。未经安全培训合格的从业人员，不得上岗作业。

5. 企业使用被派遣劳动者的，应当将被派遣劳动者纳入本单位从业人员统一培训和管理。

6. 储存剧毒化学品、易制爆危险化学品的企业，应当设置治安保卫机构，配备专职治安保卫人员。

7. 危险化学品使用、储存场所的动火作业、受限空间作业等特殊作业应执行《化学品生产单位特殊作业安全规范》（GB 30871）的相关规定，应建立并实施特殊作业管理制度，对动火、进入受限空间、临时用电、高处作业、吊装、动土、断路、盲板抽堵等特殊作业实施作业许可管理，明确工作程序和控制准则，并对作业过程进行监督。

8. 企业应根据《个体防护装备配备基本要求》（GB/T 29510）和《个体防护装备选用规范》（GB/T 11651）等标准的规定，为危险化学品使用、储存和装卸等岗位作业人员提供必要的个体防护装备。

9. 企业应选择具有相应资质的承包商，应与承包商签订安全协议，明确双方安全管理范围与责任，并对承包商作业进行全程安全监督。

企业应对维修、建设安装等承包商的相关人员进行入厂安全培训教育，经考核合格后发放入厂证。进入作业现场前，企业还应对承包商人员进行现场安全培训教育和安全交底。

10. 两个企业在同一作业区域内进行生产经营活动，可能危及对方生产安全的，应当签订安全生产管理协议，明确各自的安全生产管理职责和应当采取的安全措施，并指定专职安全生产管理人员进行安全检查与协调。

三、工艺安全管理

1. 企业采用的工艺技术和设备应符合产业政策要求，不得采用国家和当地明令淘汰的工艺、装备和禁用的物料。

2. 企业购买涉及危险化学品使用工艺技术包时，应向供应商索取工艺技术信息资料，包括工艺流程图、工艺化学原理以及装置、设备设计的物料最大储存量和工艺参数（温度、压力、流量、液位、组分等）安全操作范围以及偏离正常工况的紧急操作程序等内容。自行研发的工艺技术，企业应组织相关专业技术人员进行安全性论证，并制定工艺流程等工艺技术信息。

3. 企业采购危险化学品储存、使用设备设施时，应从供应商处获取主要设备的资料，包括设备手册（图纸）、维修和操作指南、故障处理等相关的信息。

4. 企业应根据获取的化学品安全技术说明书（SDS）和安全标签、工艺技术信息、设备设施资料等，编制技术手册、操作规程、操作法、培训教材等文件。

5. 企业应建立变更管理制度，强化对永久性或暂时性的变更进行有计划的控制，确定变更的类型、等级、实施步骤等。变更后的工艺安全信息应及时进行更新。

四、危险化学品采购

1. 企业应依法向具有相应危险化学品生产或经营资质的企业购买危险化学品；购买剧毒化学品、易制爆危险化学品、易制毒危险化学品的，应按公安机关有关许可要求严格执行。

2. 企业采购危险化学品时，应当向供货方索要与采购的危险化学品相符的化学品安全技术说明书和安全标签。化学品安全技术说明书和安全标签所载明的内容应当符合《化学品安全技术说明书编写指南》（GB/T 17519）和《化学品安全标签编写规定》（GB 15258）的规定。

五、危险化学品装卸（运输）

1. 危险化学品应在专用的卸车场所卸车，卸车场所及其设备设施的布置应符合《建筑设计防火规范》（GB 50016）的规定。

2. 企业应制定危险化学品装卸安全管理制度、操作规程和专项应急预案（或现场处置方案）。

3. 危险化学品的装卸作业应当遵守安全作业标准、规程和制度，并在监护人员现场指挥和全程监护下进行。

4. 易燃易爆危险化学品槽车进入装卸场所时，应安装阻火器；装卸场所应设置静电接地装置；装卸鹤管应采取静电消除措施，严禁使用不导电塑料软管装卸易燃易爆危险化学品。

5. 装卸管道上应设置便于操作的切断阀。

6. 甲、乙类危险化学品运输车辆不得在仓库、堆场内装卸。进入甲、乙类易燃易爆物品库房、堆场的机动车辆应符合防爆要求。各种机动车辆装卸物品后，不准在库区、库房、货场内停放或修理。

7. 卸车时应轻拿轻放，禁止使用铲车、翻斗车等装卸、搬运易燃易爆危险化学品。

8. 易燃易爆和毒性危险化学品管道不应穿越与其无关的建（构）筑物、生产装置、辅助设施及仓储设施等。

9. 跨越道路上空架设的危险化学品管道距离路面的最小净高不得小于 5 m。在道路上方的危险化学品管道不应安装阀门、法兰、螺纹接头及带有填料的补偿器等可能泄漏的管道附件。

10. 危险化学品输送管道的选材应符合相关标准的规定。易产生静电的易燃易爆危险化学品不应采用非金属管道输送。当局部确需采用软管输送易燃液体时，应用导电软管或内附金属丝、网的橡胶管，且在相接时注意静电的导通性。液化烃、液氯、液氨不得采用软管输送。

11. 易燃性气体、液体、固体和液化烃管道应按规定设置静电跨接和防静电接地措施。

六、危险化学品储存

危险化学品应当储存在专用仓库、储存柜、堆场、储罐内，不得与废弃物品同室（同一防火分区）储存。

（一）危险化学品仓库（中间仓库）

1. 甲类仓库应为单层建筑。甲、乙类危险化学品仓库不得设在地下室。有爆炸危险的危险化学品仓库（中间仓库）或仓库内有爆炸危险的部位宜采取防爆措施，设置泄压设施。

2. 危险化学品仓库（中间仓库）的耐火等级、面积、防火分区及其与周边建（构）筑物、明火或散发火花地点、道路、电力线等的防火间距应满足《建筑设计防火规范》（GB 50016）的要求。

3. 危险化学品仓库应按《建筑设计防火规范》（GB 50016）的规定设置安全出口。疏散门应采用向疏散方向开启的平开门，丙、丁、戊类仓库首层靠墙的外侧可采用推拉门或卷帘门。

4. 厂房内设置中间仓库时，中间仓库的危险化学品存放总量不得超过 2 t，且库房内危险化学品的量与《危险化学品重大危险源辨识》（GB 18218）规定的临界量比值之和应不大于 0.6。

5. 甲、乙类中间仓库应靠外墙布置。甲、乙、丙类中间仓库应采用防火墙和耐火极限不低于 1.50 小时的不燃性楼板与其他部位分隔；丁、戊类中间仓库应采用耐火极限不低于 2.00 小时的防火隔墙和 1.00 小时的楼板与其他部位分隔。

6. 员工宿舍严禁设置在仓库内。办公室、休息室严禁设置在甲、乙类仓库（中间仓库）内，也不应贴邻；办公室、休息室设置在丙、丁类仓库（中间仓库）内时，应采用耐火极限不低于 2.50 小时的防火隔墙和 1.00 小时的楼板与其他部位分隔，并设置独立的安全出口，隔墙上开设相互连通的门时，应采用乙级防火门。

7. 易燃易爆危险化学品仓库（中间仓库）应通风良好，排风系统应设置导除静电的接地装置，排风管应采用金属管道，不得穿越人员密集作业场所、防火墙，并应直接通向室外安全地点，不应暗设。

8. 危险化学品仓库（中间仓库）应按相关标准的规定设置可燃有毒气体检测报警装置、防雷防静电装置、防爆电气设施、消防设施和冲淋器、洗眼器等。

9. 甲、乙类易燃易爆危险化学品仓库入口处外侧应设置人体静电导除装置。

10. 危险化学品液体仓库（中间仓库）应设置防止液体流散的设施。储存遇湿会发生燃烧爆炸的危险化学品时，应采取防止水浸渍措施。储存甲、乙类危险化学品和对太阳光敏感的危险化学品时，仓库的门、窗、通风孔等应采取遮光措施。

11. 危险化学品应按规范分区分类储存，不得超量、超品种储存，相互禁忌物质不得混存混放。同一库房内隔离储存的危险化学品应设置明显的标志，危险化学品包装上应粘贴或者拴挂与包装内物品相符的化学品安全标签。库房内严禁分(换)装、拆分、开箱(袋)、开桶(瓶)和调配等作业。

12. 危险化学品仓库(中间仓库)内物品堆放的垛距、灯距、墙距、柱距、顶距等应满足要求(主通道≥180 cm、支通道≥80 cm、垛距≥10 cm、灯距≥50 cm、墙距≥30 cm、柱距≥10 cm、顶距≥50 cm)；仓库内需要设置货架堆放物品时，货架应采用非燃烧材料制作，不应遮挡消火栓、自动喷淋系统以及排烟口，并保证疏散通道畅通。

13. 易产生静电的易燃易爆危险化学品不得使用不符合要求的塑料容器储存。

14. 剧毒化学品、易制爆危险化学品仓库(中间仓库)应采用双人双锁管理，并安装机械防盗锁和视频监控装置。

15. 危险化学品仓库(中间仓库)内应设置温湿度计并每日记录，库房内温湿度应保持在规定范围之内。

16. 危险化学品仓库(中间仓库)应按要求设置危险化学品安全标志标识、危险化学品安全周知卡、装卸操作规程等。

17. 危险化学品仓库(中间仓库)应按要求设置配备灭火器、消防沙、灭火毯等应急器材以及防毒面具、防护服等个体防护装备。

(二) 危险化学品储存柜

1. 企业危险化学品使用量较少，且无条件设置危险化学品仓库、中间仓库和储罐时，可在生产作业场所或普通仓库内设置危险化学品储存专用柜。

2. 危险化学品储存柜应放置在相对固定、独立的场地，周边无明火、散发火花地点和表面炽热设备，地面应平整。

3. 危险化学品储存柜的制作材料应采用坚固耐用的不燃材质。处于腐蚀性环境或存放酸、碱等腐蚀性危险化学品的储存柜还应采取防腐措施。易燃易爆危险化学品储存柜柜体应静电接地良好，周边电气设施符合防爆要求。

4. 储存柜内的危险化学品应采用密封容器盛装。存放易燃易爆、毒害性危险化学品储存柜应配设排气孔，排气孔应处于开启状态且外侧不得被遮挡影响通气。

5. 危化品储存柜内不得储存自燃物品(如黄磷等)、爆炸品(如硝酸铵等)和遇湿会发生燃烧爆炸的物品(如金属钠、保险粉等)。相互禁忌的危险化学品不得混存混放。对灭火器使用有特殊要求的危险化学品应设置专柜储存。

6. 储存剧毒化学品、易制毒危险化学品、易制爆危险化学品的应采用双人双锁管理，并安装机械防盗锁和视频监控装置。

7. 禁止在储存柜内进行分(换)装、拆分、开箱(袋)、开桶(瓶)和调配等作业。

8. 储存柜内存放的危险化学品包装上应贴有易于识别的标签。危险化学品储存柜外侧或者附近应张贴安全标志标识、安全周知卡，并在附近设置灭火毯、吸油毯等应急器材以及防毒面具、防护服等个体防护装备。灭火器、洗眼器和喷淋器的设置可与所在场所一体化考虑或根据储存物品的理化性质按要求单独设置。

(三) 危险化学品堆场

1. 危险化学品堆场与周边建(构)筑物、明火或散发火花地点、道路、电力线等的防火间距应满足《建筑设计防火规范》(GB 50016)等标准规范的要求。

2. 桶装、瓶装甲类液体和液化烃、液氯、液氨等气体钢瓶不应露天存放。遇湿会发生化学反应和对太阳光敏感的危险化学品不应露天、半露天存放。

3. 堆场内液体危险化学品存放场所应设置防止液体流散的设施。

4. 堆场内应按规范分区分类储存危险化学品，不得超量、超品种储存，相互禁忌物质不得混存混放。

5. 易产生静电的易燃易爆危险化学品不得使用不符合要求的塑料容器储存。

6. 堆场内隔离储存的危险化学品应设置明显的标志，危险化学品包装上应粘贴或者拴挂与包装内物品相符的化学品安全标签。

7. 堆场应按相关规定设置可燃有毒气体检测报警装置、消防设施和洗眼器、冲淋器。易燃易爆物品堆场入口处应按要求设置人体静电导除装置。

8. 堆场应按要求设置安全标志标识、安全周知卡和装卸操作规程等，并按要求配备必要的灭火器、消防沙、灭火毯、吸油毡等应急器材以及防毒面具、防护服等个体防护装备。

(四) 危险化学品储罐区[车间储罐(组)]

1. 危险化学品储罐(车间储罐)之间及其与周边建(构)筑物、场地、设备设施、道路等的防火间距应满足《建筑设计防火规范》(GB 50016)等相关标准的规定。

2. 甲、乙、丙类液体的地上式、半地上式储罐(组)应规范设置防火堤，但闪点大于 120℃的液体储罐(区)，当采取了防止液体流散的设施时，可不设置防火堤。储罐组内存储不同品种的可燃液体时，还应按规定设置隔堤。防火堤、隔堤的高度应符合标准规定。

3. 液化天然气(LNG)、液化石油气(LPG)储罐(组)应按标准规定设置封闭的不燃烧体实体防护墙。液氧储罐周边 5 m 范围内不应有可燃物和沥青路面。

4. 易燃易爆物料泵不得安装在防火堤内，且与储罐及周边建(构)筑物、设备设施等的防火间距应符合标准规定。

5. 进出储罐区的管线、电缆应从防火堤顶部跨越或从地面以下穿过。当必须穿过防火堤时，应采用不燃材料严密封堵。电缆应根据不同的敷设方式采用不同的外护层类型。

6. 危险化学品储罐(车间储罐)的材质和加工质量应符合相关标准规定。易产生静电的易燃易爆危险化学品不得使用塑料储罐储存。罐体设计强度应能满足荷载要求，并留有裕量。

7. 危险化学品储罐(车间储罐)应根据标准规定设置储罐高低液位报警，采用超高液位自动联锁关闭储罐进料阀门和超低液位自动联锁停止物料输送措施。重点监管危险化学品储罐还应按要求设置压力表、液位计、温度计，并应装有带压力、液位、温度远传记录和报警功能的安全装置。使用多个化学品储罐尾气联通回收系统的，应经安全论证合格后方可投用。

8. 地下储罐采用单层罐时应设置防渗罐池，并做好防上浮、防腐蚀措施。

9. 液化天然气(LNG)、液化石油气(LPG)、液氧、液氮等低温液体储槽外筒体出现大面积结露或结霜时，应立即停用，可靠切断储槽与外部连接的管道后进行查漏。低温液体气化器出口应设有温度过低报警联锁装置。水浴式气化器的水位应不低于规定线。

10. 压力容器、压力管道及安全附件应满足相关规范要求，并经检验合格，特种设备应取得特种设备使用登记证书。

11. 甲、乙类易燃易爆危险化学品储罐区[车间储罐(组)]每一储罐组的防火堤应在不同方位上设置不少于 2 处越堤人行踏步或坡道。隔堤、隔墙应设置人行踏步或坡道。甲、乙类危险化学品储罐防火堤入口处外侧应设置人体静电导除装置；罐底上罐爬梯和泵区宜设置人体静电导除装置。

12. 危险化学品储罐区[车间储罐(组)]可燃有毒气体检测报警装置、防雷防静电装置、防爆电气设施、消防设施和冲淋器、洗眼器等的设置均应符合相关标准的规定。

13. 危险化学品储罐区[车间储罐(组)]应按要求设置安全标志标识、安全周知卡和安全操作规程,并按规定设置灭火器、消防沙等必要的应急器材和防护服等个体防护装备。

七、危险化学品使用作业

1. 甲、乙类作业场所不应设置在地下或半地下。有爆炸危险的作业厂房或厂房内有爆炸危险的部位应采取防爆措施,设置泄压设施。

2. 作业厂房的耐火等级、面积、防火分区及其与周边建(构)筑物、场所和设备设施的防火间距应满足《建筑设计防火规范》(GB 50016)的要求。

3. 员工宿舍严禁设置在作业厂房内。办公室、休息室严禁设置在甲、乙类厂房内,确需贴邻布置时,应采用耐火极限不低于3.00小时的防爆墙与厂房分隔,并设置独立的安全出口。办公室、休息室设置在丙类厂房内时,应采用耐火极限不低于2.50小时的防火隔墙和1.00小时的楼板与其他部位分隔,并设置独立的安全出口,隔墙上需开设相互连通的门时,应采用乙级防火门。

4. 有爆炸危险的甲、乙类厂房的总控制室应独立设置,分控制室宜独立设置,当贴邻外墙设置时,应采用耐火极限不低于3.00小时的防火隔墙与其他部位分隔。

5. 同一建筑物内生产加工区域与储存区域之间应采用防火隔墙或防火门进行分隔。

6. 作业场所应保持整洁有序,不得占用疏散通道,门窗不得设置影响逃生和灭火救援的障碍物。

7. 作业厂房应按《建筑设计防火规范》(GB 50016)的规定设置安全出口。疏散门应采用向疏散方向开启的平开门,不应采用推拉门、卷帘门、吊门、转门和折叠门。丙、丁、戊类作业车间内,人数不超过60人且每樘门平均疏散人数不超过30人的房间的疏散门,其开启方向不限。

8. 作业场所内不得设置与生产无关的生活设施等。严禁在作业场所内进行烧饭烧水等活动。

9. 作业场所临时存放的危险化学品应划定专门存放场地并规范存放,存放量不得超过当天(班)使用量。

10. 作业场所应根据物料使用和存放特性,完善防火、防爆、防静电、防腐、防毒、防渗漏等措施。

11. 设备、设施的选材、选型应符合相关标准的规定,并满足工艺安全性要求。易产生静电的易燃易爆危险化学品不得使用无导静电性能的塑料容器、管道和油抽等设备设施(包括塑料衬里设备设施)。压力容器、压力管道及其安全附件应定期检测检验合格。

12. 作业场所应有良好的自然通风和照明条件。封闭、狭小作业场所应设置机械通风。

13. 甲、乙类危险化学品分(换)装时应使用不产生火花的铜制、合金制或其他工具。

14. 甲、乙、丙类危险化学品液体使用厂房的管、沟不应与相邻厂房的管、沟相通,下水道应设置隔油设施。散发较空气重的可燃气体(蒸气)的甲类厂房应采用不发火花的地面,厂房内不宜设置地沟,确需设置时,其盖板应严密,地沟应采取防止可燃气体(蒸气)在地沟积聚的有效措施,且应在与相邻厂房连通处采用防火材料密封。

15. 作业面长度超过25 m的平台应有双向逃生楼梯,作业台(检验台)等不应设置在设备间隔区内。

16. 作业场所可燃有毒气体检测报警装置、防雷防静电装置、防爆电气设施、消防设施和冲淋器、洗眼器等的设置均应符合相关标准的规定。

17. 作业场所应按要求设置安全标志标识、安全周知卡和安全操作规程，并按规定设置灭火器、消防沙等必要的应急器材和防护服等个体防护装备。

八、危险化学品废弃处置

1. 产生废弃危险化学品的企业，应当建立废弃危险化学品安全管理制度，对废弃危险化学品的产生环节、种类、数量、性质等进行分析，采取安全风险防控措施，制定安全处置方案。

2. 危险化学品使用装置和设施在处置和拆除前，应当委托有资质的单位组织实施，并编制处置方案。处置方案应包括危险性识别、风险评估、制定风险防控措施，采取隔离、封闭、惰性气体保护、化学中和、检测监控等有效措施，确保处置和拆除过程安全。

3. 企业应当委托具备资质和安全生产条件的单位进行废弃危险化学品的处置。

4. 企业应当加强废弃危险化学品的贮存安全管理，严格遵守国家对危险废物包装、贮存设施的选址、设计、运行、安全防护、监测和关闭等法律法规和有关标准的要求。

5. 危险废物应储存在专用的危险废物储存设施内。在常温、常压下不水解、不挥发的固体危险废物可在贮存设施内分别堆放，其他危险废物必须装入容器内贮存。危险废物的容器和包装物以及收集、贮存、运输、处置危险废物的设施、场所，必须设置危险废物识别标志。

6. 废弃危险化学品运输应当遵守国家有关危险货物运输管理的规定，采取有效风险防控措施，确保废弃危险化学品运输安全。

九、应急管理

1. 企业应严格按《生产安全事故应急条例》落实相关应急措施。工业园区、开发区等产业聚集区域内的企业，可以联合建立应急救援队伍。乡镇工业园、小微企业园、村镇工业集聚点内的企业可依托附近的应急救援力量，签订应急救援协议。

2. 企业应当制定本单位危险化学品事故专项应急预案（或现场处置方案），配备应急救援人员和必要的应急救援器材、设备，并定期组织应急预案演练。

3. 企业应当对从业人员进行应急教育和培训，保证从业人员具备必要的应急知识，掌握事故应急处置技能。

4. 发生危险化学品事故，事故单位主要负责人应当立即按照本单位危险化学品应急预案组织救援，并向当地应急管理部门和其他相关主管部门报告。

5. 涉及重点监管危险化学品采取的应急处置措施应符合原国家安全监管总局办公厅《关于印发首批重点监管的危险化学品安全措施和应急处置原则的通知》和原国家安全监管总局《关于公布第二批重点监管危险化学品名录的通知》相关重点监管危险化学品的应急处置原则。

第三节　重点行业和领域安全管理要求

一、液氨制冷企业

1. 液氨制冷机房、液氨储罐之间及其与周边建(构)筑物、场地、装置和设备设施的间距应符合《建筑设计防火规范》(GB 50016)、《氨制冷企业安全规范》(AQ 7015)和《冷库设计规范》(GB 50072)的相关规定。

2. 新建、改建、扩建氨制冷装置的热氨融霜应采用自动控制融霜。热氨融霜供气管道应设置融霜压力控制和紧急切断装置,紧急切断装置应采用自动控制,并在人员密集区域需融霜的制冷装置(如快速冻结装置)30 m 以外便于操作的位置或快速冻结装置附近的安全出口门外,设置人工切断按钮。

3. 人员较多的生产场所禁止采用氨直接蒸发制冷空调系统;快速冻结装置应设置在单独作业间内,且作业间内作业人数不得超过 9 人。

4. 氨制冷机房及其控制室与加工间、冷库或仓库库房贴邻建造时,应采用不开门窗洞口的防火墙分隔,且氨制冷机房及其控制室的屋面板耐火等级不应低于 1.00 小时。氨制冷机房与其控制室贴邻建造时,应采用防火隔墙隔开,设置独立的安全出口。氨制冷机房与其控制室之间的隔墙上的观察窗应为甲级固定防火窗;当确需设置连通门时,应采用开向制冷机房的甲级防火门。氨制冷机房与变配电室贴邻建造时,应采用防火墙隔开,该墙上只允许穿过与配电室有关的管道和沟道,穿过部位应采用不燃材料严密封堵。氨制冷机房及其控制室和变配电室安全出口的门应采用向疏散方向开启的平开门。变配电室门口应设置挡板,门、窗、自然通风的孔洞应用金属网和建筑材料封闭。

5. 氨制冷机房防火分区不应少于 2 个安全出口,且安全出口最近边缘之间的水平距离应不小于 5 m。当氨制冷机房每个防火分区的面积不大于 150 m^2 时,可只设置 1 个安全出口。

6. 氨管道不得通过有人员办公、休息、居住的建筑物以及人员密集场所。

7. 氨制冷机房、安装有氨制冷快速冻结装置的作业间应设置防爆型事故排风机和氨气浓度检测报警装置。氨气浓度检测传感器应按规定安装在氨制冷机组、氨泵、贮氨器以及快速冻结装置进、出料口处的上方。

8. 氨制冷机组设在室外时,贮氨器应有通风良好的遮阳设施。

9. 构成重大危险源的制冷系统应在制冷机房和安装有快速冻结装置的加工车间等场所设置视频监控报警系统。

10. 压力容器、压力管道及其安全附件、安全保护装置应完整、齐全、有效,并应定期检验、检测合格方可使用。特种设备还应取得特种设备使用登记证。

11. 氨制冷装置应采用专门钢制阀门,不应使用灰铸铁阀门。已建成投产的氨制冷装置若采用球墨铸铁阀门,应符合压力管道安全技术规范的规定。

12. 贮氨器液位高度不应超过其径向高度的 80%;低压循环储液桶、氨液分离器、排液桶的液位高度不应超过容器容积的 2/3,且不应超过高液位报警线;中间冷却器的液位应保持在设计高度,液位超过设计高度时,应及时进行排液处理。

13. 氨制冷系统阀门的泄压管出口应高于周围 50 m 范围内最高建筑物(冷库除外)的屋脊

5 m,并采取防止雷击、防止雨水和杂物落入泄压管的措施。

14. 氨制冷机房内不得存放冷冻油及其他易燃易爆物品。氨压缩机加冷冻油过程中严禁水分、污物进入系统,冷冻油的型号、质量和灌注量应满足压缩机生产厂家的要求。

15. 厂区内显著位置应设置风向标,风向标应设置在便于人员观看的位置。

16. 氨制冷机房、卸氨处和其他涉氨场所均应按要求设置洗眼器、冲淋器等设施。

17. 企业应至少配备两套正压式空气呼吸器、长管式防毒面具、重型防护服等防护器具和一定数量的橡胶手套、胶靴、化学安全防护眼镜以及快速堵漏工具等。制冷机房应配备适量保质期内的酸性饮料或食醋、2%硼酸溶液、生理盐水等应急抢救物品。

18. 液氨制冷机房及和其他涉氨场所应按要求设置安全标志标识、安全周知卡和安全操作规程,并按规定设置灭火器、堵漏工具等必要的应急器材和防护服等个体防护装备。

二、液氨制氢(制氮)场所

1. 液氨制氢(制氮)装置、储氨间[液氨储罐(区)]之间及其与周边建(构)筑物、场地、装置和设备设施的间距应符合《建筑设计防火规范》(GB 50016)等标准的规定。液氨钢瓶应放置在距工作场地至少 5 m 以外的地方。

2. 液氨制氢(制氮)装置的控制室宜独立设置,当贴邻设置时,应采用防火隔墙进行分隔。液氨制氢(制氮)装置专用变配电室采用无门、窗、洞口的防火墙与车间分隔时,可一面贴邻,并应符合《爆炸危险环境电力装置设计规范》(GB 50058)等标准的规定。

3. 液氨制氢(制氮)场所应按《建筑设计防火规范》(GB 50016)的规定设置安全出口。疏散门应采用向疏散方向开启的平开门。

4. 液氨制氢(制氮)装置的氢气在冶金行业退火炉中用于脱碳退火处理时,退火炉内的工作压力应保持微正压。

5. 氨管道不得通过有人员办公、休息、居住的建筑物以及人员密集场所。

6. 液氨储罐等压力容器和设备应设置安全阀、压力表、液位计、温度计,并安装带压力、液位、温度远传记录和报警功能的安全装置。液氨储罐应设置紧急切断装置。

7. 液氨储罐周围应设置围堰,并在围堰的不同方位上设置不少于 2 处越堤人行踏步或坡道。储罐应设置防晒设施和水喷淋保护系统。

8. 液氨钢瓶应设置防晒设施,并有良好的通风条件。液氨钢瓶内气体不能用尽,应留有余压。

9. 液氨制氢(制氮)装置、液氨储罐及管道应按要求设安全阀、止回阀等安全设施;液氨制氢(制氮)装置区的压力容器、压力管道及其安全附件定期检验合格。特种设备还应取得特种设备使用登记证。

10. 液氨储罐的装卸应采用金属万向管道充装系统,禁止使用软管接卸。

11. 液氨制氢(制氮)装置温度、压力应与进氨管道实现调节联锁,装置生产的气体与使用设备的连接管道、氢气放空管道上应设置阻火器;放空管应引至室外,管口高出屋面 2 m,并设防雷接地、防雨水进入措施。氮气不得直接在封闭或半封闭的厂房内排放,应接放空管并引至室外,管口不能朝有人通过的地方。

12. 涉氢、氨的设备、储罐应采取可靠的静电接地措施。氢、氨及混合气管道还应按标准规定进行静电跨接。

13. 液氨制氢(制氮)场所、液氨储罐可燃有毒气体检测报警装置、防雷防静电装置、防爆电气设施和冲淋器、洗眼器等的设置均应符合相关标准的规定，液氨制氢(制氮)场所还应按规定安装氢气检测报警装置。

14. 液氨制氢(制氮)场所和储氨间[液氨储罐(区)]及周边显著位置应设置风向标，风向标应设置在便于人员观看的位置。

15. 液氨制氢(制氮)场所至少应配备两套正压式空气呼吸器、长管式防毒面具、重型防护服和一定数量的橡胶手套、胶靴、化学安全防护眼镜等防护器具以及快速堵漏工具，并配备适量保质期内的酸性饮料或食醋、2%硼酸溶液、生理盐水等应急抢救物品。

16. 液氨制氢(制氮)场所和储氨间[液氨储罐(区)]应按要求设置安全标志标识、安全周知卡和安全操作规程，并按规定设置灭火器、堵漏工具等必要的应急器材和防护服等个体防护装备。

三、喷涂作业场所

1. 不得使用淘汰的化学品(如含苯涂料和稀释剂等)和淘汰的工艺(如火焰法除旧漆等)进行喷涂作业。因特殊工艺要求不得不选用时，应向当地主管部门申请报告并得到批准，报告内容包括安全评价和防护措施。

2. 喷漆室、调漆室、烘干室和油漆(溶剂)仓库(中间仓库)内严禁设置人员办公室、休息室。

3. 油漆喷涂作业场所的厂房一般采用单层建筑或独立厂房。如布置在多层建筑物内，宜布置在建筑物上层。如布置在多跨厂房内，宜布置在外边跨或同跨的顶端。喷涂作业场所、烘房与周边作业区的隔墙不得使用非阻燃材料，与相邻车间之间的隔墙应为不燃烧体的实体墙，隔墙上的门亦应是不燃烧体。

4. 油漆喷涂作业场所作为单独一个防火分区时，应设不少于2个安全出口，设置常闭式防火门并应向外开，且保持畅通。喷涂作业场所的门应向外开，其内部的通道宽度应不小于1.2 m。疏散通道不得被占用。

5. 喷涂作业场所、油漆(溶剂)仓库(中间仓库)内不得进行调漆和油漆(溶剂)分(换)装等作业。

6. 进入烘干室的涂漆工件不得有余漆滴落。

7. 自然干燥的涂漆工件应放在通风良好的场所。如放在室内，应设专用室存放；如放在室外，周围5 m范围内不得有明火或火花。

8. 喷涂作业中不得使用无导静电性能的塑料容器、管道和油抽等设备设施。

9. 喷漆室应设有机械通风和漆雾净化装置。

10. 油漆喷涂作业场所通风系统的进风口和排风口应设置防护网，排风口应直通至室外不可能有火花掉落的地方。排出有爆炸危险气体和蒸气混合物的局部排风系统，应布置在系统的负压段上。

11. 喷涂作业场所可燃有毒气体检测报警装置、防雷防静电装置、防爆电气设施、排风设施、消防设施和冲淋器、洗眼器等的设置均应符合相关标准的规定。

12. 油漆(溶剂)仓库(中间仓库)应有良好的隔热、降温、通风措施，并在门口设置人体静电导除装置及防止液体流散的设施，库内设置温湿度计。

13. 喷涂作业场所应按要求设置安全标志标识、安全周知卡和安全操作规程，并按规定设置灭火器等必要的应急器材和防毒面具等个体防护装备。

四、气体类危险化学品的使用

1. 危险化学品一般气体站(如氧气、氮气、氩气、混合气体等包括分子筛制氮系统),供氢站(集装格),LNG(CNG)储罐(管束)等,应严格执行《建筑设计防火规范》(GB 50016)、《氢气使用安全技术规程》(GB 4962)、《深度冷冻法生产氧气及相关气体安全技术规程》(GB 16912)、《氧气站设计规范》(GB 50030)、《气瓶搬运、装卸、储存和使用安全规定》(GB/T 34525)等标准的规定。

2. 危险化学品气瓶应储存在专用仓库或场地内,通风良好,设置遮阳设施。

3. 气瓶应在规定的检验有效期内使用,气瓶的安全附件应齐全。外表面有裂纹、严重腐蚀、明显变形及其他严重损伤缺陷的气瓶,不得入库储存和使用。

4. 不同性质的气瓶应隔离储存,相互禁忌的气体钢瓶应隔开或分离储存。气瓶与爆炸物品、氧化剂、易燃物品、自燃物品、腐蚀性物质等均应隔离储存。易燃气体与助燃气体、剧毒气体不得同储;氧气不得与油脂混合物混合储存。

5. 气瓶储存时应摆放整齐,并留有搬运通道。实瓶和空瓶应隔离贮存,并设置明显标志。

6. 气瓶在储存、使用时均应立放,采取固定措施,防止气瓶倾倒。

7. 气瓶卸车和搬运严禁采用抛甩、滚翻、拖滑等野蛮方式。禁止使用铲车、翻斗车等卸车、搬运气瓶。

8. 开启或关闭瓶阀时,应用手或专用扳手,不应使用锤子、管钳和长柄螺纹扳手。

9. 气瓶使用时不应靠近热源放置,气瓶安放地点周围 10 m 范围内不应进行有明火或可能产生火花的作业。气瓶在夏季使用时,不得在烈日下暴晒。

10. 使用氧气或其他强氧化性气体的气瓶时,瓶体、瓶阀不应沾染油脂或其他可燃物,操作人员的工作服、手套和装卸工具、机具上均不应沾染油脂。

11. 使用氧气、乙炔进行焊接、切割作业时,氧气瓶与乙炔瓶之间间距不应小于 5 m,二者与动火作业地点不应小于 10 m。氧气、乙炔软管的颜色应不同。

12. 天然气(煤气)加热炉燃烧器操作部位应设置可燃气体泄漏报警和联锁切断装置,燃烧系统应设置防突然熄火或点火失败的安全装置。

13. 因生产需要在室内(现场)使用氢气瓶时,其数量不得超过 5 瓶,且氢气瓶与盛有易燃易爆、可燃物质及氧化性气体的容器和气瓶的间距不应小于 8 m,与明火或普通电气设备的间距不应小于 10 m,与空调装置、空压机和非防爆通风设备等通风设备吸风口的间距不应小于 20 m,与其他可燃气体储存地点的间距不应小于 20 m。室内现场应通风良好,保证空气中氢气含量不超过 1%(体积),采用机械通风的建筑物,其进风口应设在建筑下方,排风口应设在上方。

14. 瓶内气体不应用尽,应适当留有余压。

15. 易燃易爆、有毒气体气瓶间和使用场所应设置可燃有毒气体检测报警装置。通风条件不佳的氧气和惰性气体库房应根据实际情况安装氧气浓度检测报警装置。

16. 气体使用场所、气瓶间的防雷防静电装置、防爆电气设施、消防设施和冲淋器、洗眼器等的设置均应符合相关标准的规定。

17. 气体使用场所、气瓶间至少按规定设置一定数量的灭火器,根据使用气体的特性配备必要的个体防护装备,并按要求设置安全标志标识、安全周知卡和安全操作规程。

五、腐蚀性危险化学品的使用

1. 腐蚀性危险化学品储罐材质应符合相关标准、规范的要求。罐体设计强度应能满足荷载要求，并留有裕量。

2. 腐蚀性危险化学品储罐区内地面和防火堤堤身内侧均应做防腐蚀处理；腐蚀性危险化学品仓库（中间仓库）的地面和踢脚线应做防腐蚀处理。

3. 相互禁忌的腐蚀性化学品不得混存混放。如：酸性危险化学品和碱性危险化学品应分隔储存。

4. 腐蚀性危险化学品使用场所的地面应采取防渗措施。

5. 腐蚀性危险化学品使用、储存场所至少按规定设置一定数量的灭火器，根据使用化学品的腐蚀特性配备防护服、化学安全防护眼镜等必要的个体防护装备，并按要求设置安全标志标识、安全周知卡和安全操作规程。

六、环氧乙烷的使用（如灭菌用）

1. 环氧乙烷使用场所、气瓶间[储罐（区）]之间及其与周边建（构）筑物、场所、装置之间的间距应符合《建筑设计防火规范》（GB 50016）的规定。

2. 环氧乙烷气瓶应储存于阴凉、通风的易燃气体专用库房内，远离火种、热源，应有通风良好的遮阳措施。环氧乙烷气瓶应与酸类、碱类、醇类、食用化学品分开存放，不得混存混放。

3. 环氧乙烷储罐的装卸应采用上装上卸方式，装卸管道应为不锈钢金属波纹软管，不得采用带橡胶密封圈的快速连接接头。

4. 环氧乙烷储罐应设置水冷却喷淋装置和喷淋水收集设施。喷淋水的供应量应充足。

5. 环氧乙烷储罐等压力容器和设备应设置安全阀、压力表、液位计、温度计，并应装有带压力、液位、温度远传记录和报警功能的安全装置，设置紧急切断装置。

6. 环氧乙烷储罐的密封垫片应采用聚四氟乙烯材料，禁止使用石棉、橡胶材料；储罐外保冷材料应采用不燃材料，外皮不得使用铝皮。

7. 环氧乙烷输送泵应有防止空转和无输出运转的措施，并应设置泵内液体超温报警和自动停车的联锁装置；在环氧乙烷泵的动密封附近，应设喷水防护设施。

8. 环氧乙烷的安全阀入口应连续充氮，安全阀的排空管应有充氮接管。较高浓度环氧乙烷设备的安全阀前应设爆破片，爆破片入口管道应设氮封，且安全阀的出口管道应充氮；环氧乙烷的安全阀及其他泄放设施直排大气的应采取安全措施。

9. 环氧乙烷储存、使用场所应按相关标准的规定设置有毒气体检测报警装置、防雷防静电装置、防爆电气设施，消防设施和洗眼器、冲淋器等。场地自然通风条件不符合要求时，应使用防爆型的通风系统。

10. 环氧乙烷使用场所和气瓶间应按要求设置安全标志标识、安全周知卡和安全操作规程，并按规定设置灭火器、堵漏工具等必要的应急器材和防毒面具、防护服等个体防护装备。

七、氯气的使用

1. 50 kg 装氯气瓶装卸时，应用橡胶板衬垫，用手推车搬运时，应加以固定；100 kg、500 kg、1 000 kg装气瓶应采用起重机械装卸，不应使用叉车装卸。吊装时，禁止使用电磁起重机，不得用链绳捆扎或将瓶阀作为吊运着力点。

2. 氯气瓶应储存在专用库房内，不应露天存放，不应使用易燃、可燃材料搭设的棚架存放。500 kg、1 000 kg 装的实瓶应横向卧放，防止滚动，存放高度不应超过两层。实瓶和空瓶应隔离贮存，并设置明显标志。实瓶存放期不应超过 3 个月。

3. 地上液氯储罐区地面应低于周围地面 0.3～0.5 m，或周边设置 0.3～0.5 m 的围堰。

4. 液氯储罐 20 m 范围内不应堆放易燃、可燃物品。液氯气瓶附近不得放置有油类、棉纱等易燃物和与氯气发生反应的物品。

5. 50 kg、100 kg 装的气瓶使用时，应直立放置，并采取防倾倒措施；500 kg、1 000 kg 装的气瓶使用时，应卧式放置，并牢靠定位。不应将气瓶设置在楼梯、人行道口和通风系统吸气口等场所。

6. 开启气瓶阀门时，应使用专用扳手，不应使用活动扳手、管钳等工具。不应使用气瓶阀直接用于调节压力和流量。瓶内气体不应用尽，应适当留有余压。

7. 不应使用蒸汽、明火直接加热气瓶，可采用 40℃以下的温水加热。

8. 气瓶与氯气使用设备之间应设置截止阀、止逆阀和足够容积的缓冲罐，防止物料倒灌。液氯储罐的输入和输出管道应分别设置两个截止阀门。

9. 禁止液氯＞1 000 kg 的容器直接液氯气化。盘管式或套管式气化器的液氯气化温度不得低于 71℃；采用特种气化器（蒸汽加热）时，温度不得大于 121℃，气化压力应与进料调节阀联锁，气化温度应与蒸汽调节阀联锁。

10. 液氯罐、气化器、缓冲罐等以及氯气使用设备、设施的选材、选型应符合相关标准的规定，并满足工艺安全性要求。

11. 液氯气化器、储罐等压力容器和设备应设置安全阀、压力表、液位计、温度计，并应装有带压力、液位、温度远传记录和报警功能的安全装置。氯气输入、输出管线应设置紧急切断设施。

12. 液氯泄漏时禁止直接向罐体喷水，抢修人员在穿戴好个人防护用品并保证安全的前提下，应立即转动气瓶，使泄漏部位朝上，位于氯的气相空间。

13. 氯气使用场所、氯瓶间[液氯储罐（区）]设置的可燃有毒气体检测报警装置、防雷防静电装置、防爆电气设施、消防设施和冲淋器、洗眼器等均应符合相关标准的规定。

14. 氯气使用场所、氯瓶间[液氯储罐（区）]应按要求设置安全标志标识、安全周知卡和安全操作规程，并按规定配备灭火器、堵漏工具等必要的应急器材，装备 2 套以上重型防护服、化学安全防护眼镜、防静电工作服、防化学品手套等个体防护装备。

第五章　安全风险分级管控和隐患排查治理双重预防机制

第一节　双重预防机制建设

一、双重预防机制建设原则

（一）机制融合一体化

企业双重预防机制建设应与现行安全管理体系相融合，形成一体化安全管理体系，构建企业主体责任落实的长效机制，避免“一阵风”和“两张皮”现象，确保风险分级管控和隐患排查治理常态化。

（二）风险管理显性化

根据风险管控措施制定隐患排查任务并跟踪隐患排查治理情况，及时预警异常状况，确保风险处于受控状态，隐患及时治理。采用风险告知、安全承诺等可视化手段及信息化工具，实现生产现场安全风险隐患动态管理的直观展现。

（三）机制建设规范化

企业按照双重预防机制建设有工作推进机制、有风险分级管控和隐患排查治理、有智能化信息平台、有激励约束制度的要求，自主开展双重预防机制建设工作，确保机制建设的规范性。

（四）系统建设多元化

按照“政府引导，企业自主”的原则，企业可根据安全管理实际自主建设双重预防信息化平台，在满足个性化需求的基础上，应符合危险化学品企业双重预防机制数据交换规范要求，实现政府各级部门与企业之间数据互联互通、信息实时共享。

二、双重预防机制建设程序

双重预防机制建设程序主要包括成立组织机构、编制工作方案、开展人员培训、完善管理制度、划分风险分析单元、辨识评估风险、制定管控措施、实施分级管控、明确隐患排查任务、开展隐患排查、隐患治理验收、持续改进提升等。双重预防机制建设工作程序见图 5－1。

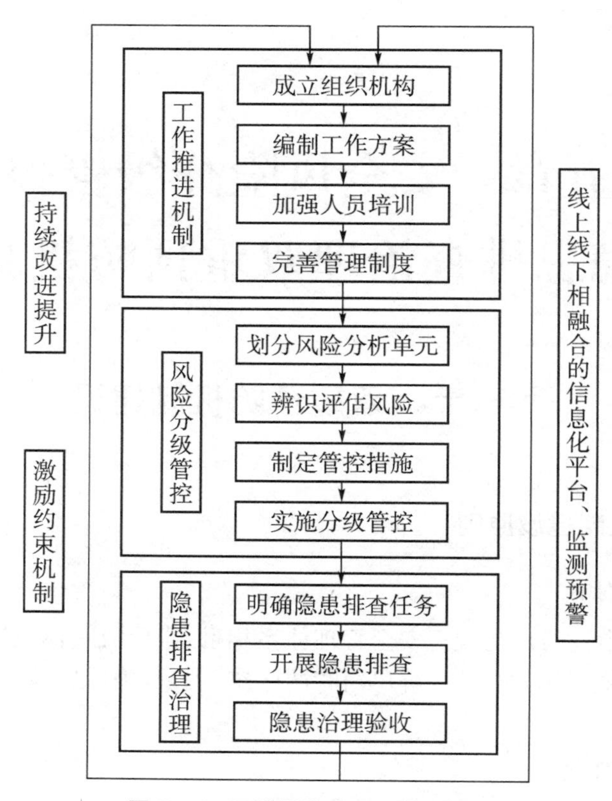

图 5-1　双重预防建设工作程序图

三、双重预防机制建设与运行

（一）工作推进机制

工作推进机制主要包括成立组织机构、编制工作方案、加强人员培训以及完善管理制度四部分。

1. 成立组织机构

企业应在现有安全生产组织机构的基础上，结合自身情况专门或合署成立双重预防机制建设领导小组，负责制定完善本企业双重预防机制建设相关工作制度和工作方案。

双重预防机制建设领导小组的组成人员应至少包括企业主要负责人、分管负责人、各部门负责人以及各重要岗位人员，主要负责人担任组长，明确各成员职责，全面负责推进双重预防机制建设和运行工作。企业也可以聘请安全专家或注册安全工程师协助开展双重预防机制建设工作。

2. 编制工作方案

企业应制定双重预防机制建设工作方案，明确工作目标、实施步骤、工作要求、保障措施等内容。

工作目标应符合“5 有”要求，即有科学完善的工作推进机制，有责任明确的风险分级管控，有全面覆盖的隐患排查治理，有线上线下相融合的信息化平台，有奖惩分明的激励约束制度，在“5 有”的基础上进一步实现“5 优”。实施步骤要按照双重预防机制建设流程细化分解。工作要求要根据工作内容明确责任分工及进度安排等。保障措施要强调人力、物力、财力等方面投入，确保企业所属各部门、各单位应制定本部门、本单位的工作计划，做到责任层层分解、过程全员参与，确保双重预防机制建设各项工作落到实处。

3. 加强人员培训

企业应将双重预防机制建设纳入安全教育培训计划，明确培训内容、参加人员、培训学时、责任部门、考核方式、相关奖惩等，细化保障措施。

企业应组织全体员工对双重预防机制建设所需的相关知识开展分层次、有针对性的专题培训，重点培训双重预防机制建设的思路、风险分析清单编制流程、信息化平台操作使用等内容，使全体员工掌握双重预防机制建设的目标、内容、要求和方法等，具备与岗位职责相适应的双重预防机制建设能力。

4. 完善管理制度

企业应结合自身实际情况，将双重预防机制建设与现行安全管理体系有效融合，制修订安全生产责任制、风险管理、隐患排查治理、安全教育培训、奖惩管理等管理制度，实现一体化管理。

安全生产责任制是安全生产工作的基本制度，是落实我国的“安全第一，预防为主，综合治理”安全生产方针，遵循安全生产法规建立的各级领导、职能部门、工程技术人员、岗位操作人员在劳动生产过程中对安全生产层层负责的制度。安全生产责任制是企业岗位责任制的一个组成部分，是企业中最基本的一项安全制度，也是企业安全生产、劳动保护管理制度的核心。

风险分级管控制度、隐患排查治理制度是建立在安全生产责任制基础上的安全管理制度。

风险分级管控制度应明确风险辨识管控工作目标、责任人员及其责任范围、工作程序、分级标准、资金投入、建档监控、考核标准等。考核标准应将各部门、各岗位风险分级管控落实情况纳入安全绩效奖惩。

隐患排查治理制度应明确隐患排查治理工作目标、责任人员及其责任范围、工作程序、分级标准、资金投入、建档监控、考核标准等。考核标准应将各部门、各岗位隐患排查治理落实情况纳入安全绩效奖惩。

（二）风险分级管控

风险分级管控主要包括划分风险分析单元、辨识评估风险、制定管控措施、实施分级管控四部分。

1. 划分风险分析单元

按照“功能独立、大小适中、易于管理”的原则，选取生产装置、储存设施或场所作为风险分析对象。按照《危险化学品重大危险源辨识》(GB 18218)辨识确定的重大危险源应作为独立的风险分析对象进行风险分析。

2. 辨识评估风险

企业应组织各相关部门、专业、岗位，应用 SCL、JHA、HAZOP 等风险分析方法对风险分析单元进行风险辨识，评估可能导致的事故后果。

企业应根据风险辨识结果，选择可能造成爆炸、火灾、中毒、窒息等最严重后果的事件作为重点管控的风险事件。企业可根据安全管理实际补充其他风险事件。

企业应建立风险清单，主要内容包括风险分析对象、责任部门、责任人、分析单元、风险事件等。

3. 制定管控措施

针对风险事件，企业应从工程技术、维护保养、人员操作、应急措施等方面识别评估现有管控措施的有效性。控制措施应与实际相符，具有针对性和可操作性，并能有效落实。根据运行情况，应不断更新管控措施，及时纠正偏差。

工程技术类管控措施：主要针对关键设备部件、安全附件、工艺控制、安全仪表等方面；

维护保养类管控措施：主要保障动设备和静设备正常运行；

人员操作类管控措施：主要包括人员资质、操作记录、交接班等内容；

应急措施类管控措施：主要包括应急设施、个体防护、消防设施、应急预案等内容。

4. 实施分级管控

企业根据风险事件可能造成的后果严重程度，结合各岗位安全生产责任制，明确对应的企业、部门、车间、班组和岗位人员分级管控的范围和责任，将责任分解到各层级岗位，确保安全风险管控措施有效实施。上一级负责管控的风险，下一级必须同时负责管控，并逐级落实具体措施。

（三）隐患排查治理

隐患排查治理主要包括明确隐患排查任务、开展隐患排查、隐患治理验收四部分。

1. 明确隐患排查任务

企业应根据《安全生产法》《危险化学品安全管理条例》等法律法规要求，结合企业实际，对应风险管控措施确定隐患排查内容，明确隐患排查的岗位或排查人员和排查周期，并将确定的内容列入风险分析清单中。

2. 开展隐患排查

企业应根据隐患排查任务要求，结合公司实际情况，运用信息化手段采取相应的排查方式开展隐患排查，做到定期排查与日常排查相结合，专业排查与综合排查相结合，一般排查与重点排查相结合。

排查方式主要包括日常排查、综合性排查、专业性排查、季节性排查、重点时段及节假日前排查、事故类比排查、复产复工前排查和外聘专家诊断式排查等。

3. 隐患治理验收

针对排查发现的隐患，能立即整改的隐患必须立即整改，无法立即整改的隐患，制定隐患治理计划，切实做到整改措施、责任、资金、时限和预案"五到位"，确保按时整改，整改后要对隐患治理效果组织验收，完成隐患闭环管理。对于重大隐患，按照相关规定报送应急管理部门。

（四）信息化平台

企业应建设线上线下融合的双重预防信息化平台，包含管理端和移动端。管理端具备动态监控风险管控措施落实、隐患排查任务推送、隐患排查治理情况跟踪监督、机制运行效果评估、异常状态自动预警及考核奖惩等功能；移动端具备隐患排查任务和预警信息接收、现场隐患排查情况实时上报、隐患治理全程跟踪等功能。

企业通过信息化平台管理端进行隐患任务分配，明确具体岗位责任人、排查周期等，岗位责任人通过移动端接收隐患排查任务，并按照要求进行隐患排查，通过现场扫描二维码、随手拍或者人员定位等方式现场上报发现的隐患并完成隐患治理的全流程管理。管理端接收移动端隐患排查任务完成情况、隐患整改闭环情况进行跟踪监督、统计分析和积分考核，对异常状态进行自动预警并将预警信息发送到移动端。

企业应根据危险化学品企业双重预防机制数据交换规范要求，确定双重预防信息化平台建设部署方式。已经建立信息化系统的企业，可对现有系统进行提升改造，实现数据标准统一；尚未建设信息化系统的企业，可自建或部署功能成熟的双重预防信息平台，最终实现与双重预防信息平台政府端数据互联互通。

（五）激励约束机制

企业应建立健全内部激励约束机制和绩效考核制度。将岗位双重预防绩效与员工工资薪酬（奖金）挂钩，明确积分制度、考核标准、频次、方式方法等。

企业应落实激励约束制度，定期兑现，建立奖惩记录台账，常态长效，不断调动和提高全员参与双重预防机制建设的积极性、主动性和创造性。

（六）持续改进提升

持续改进提升主要包括动态评估、更新完善、持续运行三部分。

1. 动态评估

企业应至少每年一次对双重预防机制运行效果进行评估，重点评估风险管控措施适宜性、隐患排查任务可操作性等内容，以确保其持续适宜性、充分性和有效性。

当发生下列情形时，应及时开展评估：

（1）新的或变更的法律法规或其他要求；

（2）操作条件变化或工艺改变；

（3）技术改造项目；

（4）有对事件、事故或其他信息的新认识；

（5）组织机构发生大的调整。

2. 更新完善

根据评估结果，剖析制度漏洞和管理缺陷，更新风险清单，补充完善风险控制措施，重新配置隐患排查任务，修订管理制度。同时应主动识别各岗位人员风险辨识和隐患排查治理相关培训需求，并纳入企业培训计划，组织相关培训。企业应不断增强从业人员的安全意识和能力，使其熟悉、掌握风险辨识和隐患排查的方法，消除各类隐患，有效控制岗位风险，减少和杜绝生产安全事故发生，保证安全生产。

3. 持续运行

企业应对双重预防机制运行过程中发现的问题及时纠正，持续改进，并通过内部激励约束机制和绩效考核制度，调动和提高全员参与双重预防机制的积极主动性，不断提升安全管理绩效。

第二节　安全风险辨识分级管控

一、明确责任、建立制度

1. 企业是安全风险辨识管控的责任主体，应当将安全风险辨识管控纳入企业主要负责人（含法定代表人、实际控制人）安全生产职责和全员安全生产责任制内容，建立健全安全风险管理制度，加强安全风险辨识管控。

企业主要负责人对本单位安全风险辨识管控全面负责，组织落实安全风险辨识管控和报告工作。

2. 企业应当制定安全风险辨识管控制度,确定符合本单位安全生产实际的辨识方法和程序,明确分级管控职责分工及其责任制考核奖惩办法。

企业开展安全风险辨识,每年不少于一次。

二、全面开展安全风险辨识

1. 企业要组织专家和全体员工,采取安全绩效奖惩等有效措施,全方位、全过程辨识施工工艺、设备设施、作业环境、人员行为和管理体系等方面存在的安全风险,做到系统、全面、无遗漏,并持续更新完善。

2. 重点风险辨识的六个方面:

企业应当组织管理、技术、岗位操作等相关人员,对施工工艺、设备设施、作业环境、人员行为和管理体系等方面存在的安全风险进行全面、系统辨识。

企业应当对以下方面重点进行风险辨识:

(1) 施工工艺;

(2) 主要设备设施及其安全防护;

(3) 涉及易燃易爆、有毒有害危险因素的作业场所;

(4) 有限(受限)空间以及有限(受限)空间作业;

(5) 爆破、吊装、危险场所动火作业、临时用电等危险作业;

(6) 其他容易发生生产安全事故的风险点。

三、科学评定安全风险等级

1. 企业要对辨识出的安全风险进行分类梳理,确定安全风险等级。

安全风险等级从高到低划分为重大风险、较大风险、一般风险和低风险,分别用红、橙、黄、蓝四种颜色标示。

其中,重大安全风险应填写清单、汇总造册,按照职责范围报告属地负有安全生产监督管理职责的部门。

2. 建立企业安全风险数据库,绘制企业"红、橙、黄、蓝"四色安全风险分布图。

四、有效管控安全风险

(一) 企业要从组织、制度、技术、应急等方面对安全风险进行有效管控

对存在较大以上安全风险的作业场所、设备设施、危险岗位,要通过隔离危险源、采取技术手段、实施个体防护、设置监控设施等措施,达到回避、降低和监测风险的目的。

(二) 实施分级管控

要对安全风险分级、分层、分类、分专业进行管理,逐一落实公司、车间、班组和岗位的管控责任,尤其要强化对存在重大安全风险的生产经营系统、生产区域、岗位的重点管控。

企业要高度关注工艺状况和危险源变化后的风险状况,动态评估、调整风险等级和管控措施,确保安全风险始终处于受控范围内。

(三) 建立安全风险管控清单

企业应当建立安全风险管控清单并持续更新。安全风险管控清单应当列明安全风险名称、所处位置(场所、部位、环节)、可能导致的事故类型及其后果、主要管控措施、管控责任部门和责

任人。

（四）明确发包或者出租方安全风险辨识管控职责

企业将项目、场所、设备发包或者出租的，依法签订的安全生产管理协议中应当明确双方安全风险辨识管控职责。

两个以上企业在同一作业区域内进行作业活动，可能危及对方生产安全的，依法签订的安全生产管理协议中应当明确各自的安全风险辨识管控职责和管控措施。

五、实施安全风险公告警示

1. 企业要建立完善安全风险公告制度，确保管理层和每名员工都掌握安全风险的基本情况及防范、应急措施。

设置安全风险公告栏，制作岗位安全风险告知卡，标明主要安全风险、可能引发事故隐患类别、事故后果、管控措施、应急措施及报告方式等内容。

对存在重大安全风险的工作场所和岗位，要设置明显警示标志，并强化危险源监测和预警。

2. 公示较大以上安全风险。企业应当通过公示栏公示较大以上安全风险的名称、所处位置、可能导致的事故类型及其后果、管控责任部门和监督举报电话等基本情况。

企业应当在重大安全风险区域醒目位置设置安全风险警示牌，标明重大安全风险名称、可能导致的事故类型及其后果、主要管控措施、应急措施、报告方式、管控责任部门和责任人等内容。

六、开展安全风险辨识管控知识教育培训

企业应当将安全风险辨识管控纳入年度安全生产教育培训计划并组织实施，定期开展安全风险辨识管控知识教育和技能培训，提高全员安全风险辨识管控意识和管控能力，保证从业人员了解本岗位安全风险基本情况，熟悉安全风险管控措施，掌握事故应急处置要点。

七、建立安全风险档案

企业应当建立安全风险档案。安全风险档案包括安全风险管理制度、管控清单、分布图、变更情况、报告确认材料等内容。其中，较大以上安全风险资料应当单独立卷，内容包括安全风险名称、等级、所处位置、管控措施和变更情况等。

第三节　安全风险隐患排查治理

一、基本要求

1. 企业是安全风险隐患排查治理的主体，要逐级落实安全风险隐患排查治理责任，对安全风险全面管控，对事故隐患治理实行闭环管理，保证安全生产。

2. 企业应建立健全安全风险隐患排查治理工作机制，建立安全风险隐患排查治理制度并严格执行，全体员工应按照安全生产责任制要求参与安全风险隐患排查治理工作。

3. 企业应充分利用安全检查表（SCL）、工作危害分析（JHA）、故障类型和影响分析（FMEA）、危险和可操作性分析（HAZOP）等安全风险分析方法，或多种方法的组合，分析生产

过程中存在的安全风险；选用风险评估矩阵（RAM）、作业条件危险性分析（LEC）等方法进行风险评估，有效实施安全风险分级管控。

4. 企业应对涉及“两重点一重大”的生产、储存装置定期开展 HAZOP 分析。

5. 精细化工企业应按要求开展反应安全风险评估。

二、安全风险隐患排查方式及频次

（一）安全风险隐患排查方式

1. 企业应根据安全生产法律法规和安全风险管控情况，按照化工过程安全管理的要求，结合生产工艺特点，针对可能发生安全事故的风险点，全面开展安全风险隐患排查工作，做到安全风险隐患排查全覆盖，责任到人。

2. 安全风险隐患排查形式包括日常排查、综合性排查、专业性排查、季节性排查、重点时段及节假日前排查、事故类比排查、复产复工前排查和外聘专家诊断式排查等。

（1）日常排查是指基层单位班组、岗位员工的交接班检查和班中巡回检查，以及基层单位（厂）管理人员和各专业技术人员的日常性检查；日常排查要加强对关键装置、重点部位、关键环节、重大危险源的检查和巡查；

（2）综合性排查是指以安全生产责任制、各项专业管理制度、安全生产管理制度和化工过程安全管理各要素落实情况为重点开展的全面检查；

（3）专业性排查是指工艺、设备、电气、仪表、储运、消防和公用工程等专业对生产各系统进行的检查；

（4）季节性排查是指根据各季节特点开展的专项检查，主要包括：春季以防雷、防静电、防解冻泄漏、防解冻坍塌为重点；夏季以防雷暴、防设备容器超温超压、防台风、防洪、防暑降温为重点；秋季以防雷暴、防火、防静电、防凝保温为重点；冬季以防火、防爆、防雪、防冻防凝、防滑、防静电为重点；

（5）重点时段及节假日前排查是指在重大活动、重点时段和节假日前，对装置生产是否存在异常状况和事故隐患、备用设备状态、备品备件、生产及应急物资储备、保运力量安排、安全保卫、应急、消防等方面进行的检查，特别是要对节假日期间领导干部带班值班、机电仪保运及紧急抢修力量安排、备件及各类物资储备和应急工作进行重点检查；

（6）事故类比排查是指对企业内或同类企业发生安全事故后举一反三的安全检查；

（7）复产复工前排查是指节假日、设备大检修、生产原因等停产较长时间，在重新恢复生产前，需要进行人员培训，对生产工艺、设备设施等进行综合性隐患排查；

（8）外聘专家排查是指聘请外部专家对企业进行的安全检查。

（二）安全风险隐患排查频次

1. 开展安全风险隐患排查的频次应满足：

（1）装置操作人员现场巡检间隔不得大于 2 小时，涉及“两重点一重大”的生产、储存装置和部位的操作人员现场巡检间隔不得大于 1 小时；

（2）基层车间（装置）直接管理人员（工艺、设备技术人员）、电气、仪表人员每天至少两次对装置现场进行相关专业检查；

（3）基层车间应结合班组安全活动，至少每周组织一次安全风险隐患排查；基层单位（厂）应结合岗位责任制检查，至少每月组织一次安全风险隐患排查；

(4) 企业应根据季节性特征及本单位的生产实际，每季度开展一次有针对性的季节性安全风险隐患排查；重大活动、重点时段及节假日前必须进行安全风险隐患排查；

(5) 企业至少每半年组织一次，基层单位至少每季度组织一次综合性排查和专业排查，两者可结合进行；

(6) 当同类企业发生安全事故时，应举一反三，及时进行事故类比安全风险隐患专项排查。

2. 当发生以下情形之一时，应根据情况及时组织进行相关专业性排查：

(1) 公布实施有关新法律法规、标准规范或原有适用法律法规、标准规范重新修订的；

(2) 组织机构和人员发生重大调整的；

(3) 装置工艺、设备、电气、仪表、公用工程或操作参数发生重大改变的；

(4) 外部安全生产环境发生重大变化的；

(5) 发生安全事故或对安全事故、事件有新认识的；

(6) 气候条件发生大的变化或预报可能发生重大自然灾害前。

3. 企业对涉及"两重点一重大"的生产、储存装置运用 HAZOP 方法进行安全风险辨识分析，一般每 3 年开展一次；对涉及"两重点一重大"和首次工业化设计的建设项目，应在基础设计阶段开展 HAZOP 分析工作；对其他生产、储存装置的安全风险辨识分析，针对装置不同的复杂程度，可采用本小节"基本要求"中的第 3 点所述的方法，每 5 年进行一次。

三、安全风险隐患排查内容

企业应结合自身安全风险及管控水平，按照化工过程安全管理的要求，参照各专业安全风险隐患排查表，编制符合自身实际的安全风险隐患排查表，开展安全风险隐患排查工作。

排查内容包括但不限于以下方面：安全领导能力、安全生产责任制、岗位安全教育和操作技能培训、安全生产信息管理、安全风险管理、设计管理、试生产管理、装置运行安全管理、设备设施完好性、作业许可管理、承包商管理、变更管理、应急管理、安全事故事件管理。

(一) 安全领导能力

1. 企业安全生产目标、计划制定及落实情况。

2. 企业主要负责人安全生产责任制的履职情况，包括：

(1) 建立、健全本单位安全生产责任制；

(2) 组织制定本单位安全生产规章制度和操作规程；

(3) 组织制定并实施本单位安全生产教育和培训计划；

(4) 保证本单位安全生产投入的有效实施；

(5) 督促、检查本单位的安全生产工作，及时消除事故隐患；

(6) 组织制定并实施本单位的安全事故应急预案；

(7) 及时、如实报告安全事故。

3. 企业主要负责人安全培训考核情况，分管生产、安全负责人专业、学历满足情况。

4. 企业主要负责人组织学习、贯彻落实国家安全生产法律法规，定期主持召开安全生产专题会议，研究重大问题，并督促落实情况。

5. 企业主要负责人和各级管理人员在岗在位、带(值)班、参加安全活动、组织开展安全风险研判与承诺公告情况。

6. 安全生产管理体系建立、运行及考核情况；"三违"(违章指挥、违章作业、违反劳动纪律)的检查处置情况。

7. 安全管理机构的设置及安全管理人员的配备、能力保障情况。

8. 安全投入保障情况，安全生产费用提取和使用情况；员工工伤保险费用缴纳及安全生产责任险投保情况。

9. 异常工况处理授权决策机制建立情况。

10. 企业聘用员工学历、能力满足安全生产要求情况。

（二）安全生产责任制

1. 企业依法依规制定完善全员安全生产责任制情况；根据企业岗位的性质、特点和具体工作内容，明确各层级所有岗位从业人员的安全生产责任，体现安全生产“人人有责”的情况。

2. 全员安全生产责任制的培训、落实、考核等情况。

3. 安全生产责任制与现行法律法规的符合性情况。

（三）岗位安全教育和操作技能培训

1. 企业建立安全教育培训制度的情况。

2. 企业安全管理人员参加安全培训及考核情况。

3. 企业安全教育培训制度的执行情况，主要包括：

（1）安全教育培训体系的建立，安全教育培训需求的调查，安全教育培训计划及培训档案的建立；

（2）安全教育培训计划的落实，教育培训方式及效果评估；

（3）从业人员安全教育培训考核上岗，特种作业人员持证上岗；

（4）人员、工艺技术、设备设施等发生改变时，及时对操作人员进行再培训；

（5）采用新工艺、新技术、新材料或使用新设备前，对从业人员进行专门的安全生产教育和培训；

（6）对承包商等相关方人员的入厂安全教育培训。

（四）安全生产信息管理

1. 安全生产信息管理制度的建立情况。

2. 按照《化工企业工艺安全管理实施导则》（AQ/T 3034）的要求收集安全生产信息情况，包括化学品危险性信息、工艺技术信息、设备设施信息、行业经验和事故教训、有关法律法规标准以及政府规范性文件要求等其他相关信息。

3. 在生产运行、安全风险分析、事故调查和编制生产管理制度、操作规程、员工安全教育培训手册、应急预案等工作中运用安全生产信息的情况。

4. 危险化学品安全技术说明书和安全标签的编制及获取情况。

5. 岗位人员对本岗位涉及的安全生产信息的了解掌握情况。

6. 法律法规标准及最新安全生产信息的获取、识别及应用情况。

（五）安全风险管理

1. 安全风险管理制度的建立情况。

2. 全方位、全过程辨识生产工艺、设备设施、作业活动、作业环境、人员行为、管理体系等方面存在的安全风险情况，主要包括：

（1）对涉及“两重点一重大”生产、储存装置定期运用 HAZOP 方法开展安全风险辨识；

（2）对设备设施、作业活动、作业环境进行安全风险辨识；

（3）管理机构、人员构成、生产装置等发生重大变化或发生安全事故时，及时进行安全风险辨识；

(4) 对控制安全风险的工程、技术、管理措施及其失效可能引起的后果进行风险辨识;

(5) 对厂区内人员密集场所进行安全风险排查;

(6) 对存在安全风险外溢的可能性进行分析及预警。

3. 安全风险分级管控情况,主要包括:

(1) 企业可接受安全风险标准的制定;

(2) 对辨识出的安全风险进行分级和制定管控措施的落实;

(3) 对辨识分析发现的不可接受安全风险,制定管控方案,制定并落实消除、减小或控制安全风险的措施,明确风险防控责任岗位和人员,将风险控制在可接受范围。

4. 对安全风险管控措施的有效性实施监控及失效后及时处置情况。

5. 全员参与安全风险辨识与培训情况。

(六) 设计管理

1. 建设项目选址合理性情况;与周围敏感场所的外部安全防护距离满足性情况,包括在工厂选址、设备布局时,开展定量安全风险评估情况。

2. 开展正规设计或安全设计诊断情况;涉及“两重点一重大”的建设项目设计单位资质符合性情况。

3. 落实国家明令淘汰、禁止使用的危及生产安全的工艺、设备要求情况。

4. 总图布局、竖向设计、重要设施的平面布置、朝向、安全距离等合规性情况。

5. 涉及“两重点一重大”装置自动化控制系统的配置情况。

6. 项目安全设施“三同时”符合性情况。

7. 涉及精细化工的建设项目,在编制可行性研究报告或项目建议书前,按规定开展反应安全风险评估情况;国内首次采用的化工工艺,省级有关部门组织专家组进行安全论证情况。

8. 重大设计变更的管理情况。

(七) 试生产管理

1. 试生产组织机构的建立情况;建设项目各相关方的安全管理范围与职责界定情况。

2. 试生产前期工作的准备情况,主要包括:

(1) 总体试生产方案、操作规程、应急预案等相关资料的编制、审查、批准、发布实施;

(2) 试车物资及应急装备的准备;

(3) 人员准备及培训;

(4) “三查四定”工作的开展。

3. 试生产工作的实施情况,主要包括:

(1) 系统冲洗、吹扫、气密等工作的开展及验收;

(2) 单机试车及联动试车工作的开展及验收;

(3) 投料前安全条件检查确认。

(八) 装置运行安全管理

1. 操作规程与工艺卡片管理制度制定及执行情况,主要包括:

(1) 操作规程与工艺卡片的编制及管理;

(2) 操作规程内容与《化工企业工艺安全管理实施导则》(AQ/T 3034)要求的符合性;

(3) 操作规程的适应性和有效性的定期确认与审核修订;

(4) 操作规程的发布及操作人员的方便查阅；

(5) 操作规程的定期培训和考核；

(6) 工艺技术、设备设施发生重大变更后对操作规程及时修订。

2. 装置运行监测预警及处置情况，主要包括：

(1) 自动化控制系统设置及对重要工艺参数进行实时监控预警；

(2) 可燃及有毒气体检测报警设施设置并投用；

(3) 采用在线安全监控、自动检测或人工分析等手段，有效判断发生异常工况的根源，及时安全处置。

3. 开停车安全管理情况，主要包括：

(1) 开停车前安全条件的检查确认；

(2) 开停车前开展安全风险辨识分析、开停车方案的制定、安全措施的编制及落实；

(3) 开车过程中重要步骤的签字确认，包括装置冲洗、吹扫、气密试验时安全措施的制定，引进蒸汽、氮气、易燃易爆、腐蚀性等危险介质前的流程确认，引进物料时对流量、温度、压力、液位等参数变化情况的监测与流程再确认，进退料顺序和速率的管理，可能出现泄漏等异常现象部位的监控；

(4) 停车过程中，设备和管线低点处的安全排放操作及吹扫处理后与其他系统切断、确认工作的执行。

4. 工艺纪律、交接班制度的执行与管理情况。

5. 工艺技术变更管理情况。

6. 重大危险源安全控制设施设置及投用情况，主要包括：

(1) 重大危险源应配备温度、压力、液位、流量等信息的不间断采集和监测系统以及可燃气体和有毒有害气体泄漏检测报警装置，并具备信息远传、记录、安全预警、信息存储等功能；

(2) 重大危险源的化工生产装置应装备满足安全生产要求的自动化控制系统；

(3) 一级或者二级重大危险源，设置紧急停车系统；

(4) 对重大危险源中的毒性气体、剧毒液体和易燃气体等重点设施，设置紧急切断装置；

(5) 对涉及毒性气体、液化气体、剧毒液体的一级或者二级重大危险源，应具有独立安全仪表系统；

(6) 对毒性气体的设施，设置泄漏物紧急处置装置；

(7) 重大危险源中储存剧毒物质的场所或者设施，设置视频监控系统；

(8) 处置监测监控报警数据时，监控系统能够自动将超限报警和处置过程信息进行记录并实现留痕。

7. 重点监管的危险化工工艺安全控制措施的设置及投用情况。

8. 剧毒、高毒危险化学品的密闭取样系统设置及投用情况。

9. 储运设施的管理情况，主要包括：

(1) 危险化学品装卸管理制度的制订及执行；

(2) 储运系统设施的安全设计、安全控制、应急措施的落实；

(3) 储罐尤其是浮顶储罐安全运行；

(4) 危险化学品仓库及储存管理。

10. 光气、液氯、液氨、液化烃、氯乙烯、硝酸铵等有毒、易燃易爆危险化学品与硝化工艺的特殊管控措施落实情况。

11. 空分系统的运行管理情况。

（九）设备设施完好性

1. 设备设施管理制度的建立情况。

2. 设备设施管理制度的执行情况，主要包括：

（1）设备设施管理台账的建立，备品备件管理，设备操作和维护规程编制，设备维保人员的技能培训；

（2）电气设备设施安全操作、维护、检修工作的开展，电源系统安全可靠性分析和安全风险评估工作的开展，防爆电气设备、线路检查和维护管理；

（3）仪表自动化控制系统安全管理制度的执行，新（改、扩）建装置和大修装置的仪表自动化控制系统投用前及长期停用后的再次启用前的检查确认、日常维护保养，安全联锁保护系统停运、变更的专业会签和审批。

3. 设备日常管理情况，主要包括：

（1）设备操作规程的编制及执行；

（2）大机组和重点动设备运行参数的自动监测及运行状况的评估；

（3）关键储罐、大型容器的防腐蚀、防泄漏相关工作；

（4）安全附件的维护保养；

（5）日常巡回检查；

（6）异常设备设施的及时处置；

（7）备用机泵的管理。

4. 设备预防性维修工作开展情况，主要包括：

（1）关键设备的在线监测；

（2）关键设备、连续监（检）测检查仪表的定期监（检）测检查；

（3）静设备密封件、动设备易损件的定期监（检）测；

（4）压力容器、压力管道附件的定期检查（测）；

（5）对可能出现泄漏的部位、物料种类和泄漏量的统计分析情况，生产装置动静密封点的定期监（检）测及处置；

（6）对易腐蚀的管道、设备开展防腐蚀检测，监控壁厚减薄情况，及时发现并更新更换存在事故隐患的设备。

5. 安全仪表系统安全完整性等级评估工作开展情况，主要包括：

（1）安全仪表功能（SIF）及其相应的功能安全要求或安全完整性等级（SIL）评估；

（2）安全仪表系统的设计、安装、使用、管理和维护；

（3）检测报警仪器的定期标定。

（十）作业许可管理

1. 危险作业许可制度的建立情况。

2. 实施危险作业前，安全风险分析的开展、安全条件的确认、作业人员对作业安全风险的了解和安全风险控制措施的掌握、预防和控制安全风险措施的落实情况。

3. 危险作业许可票证的审查确认及签发，特殊作业管理与《化学品生产单位特殊作业安全规范》(GB 30871)要求的符合性；检维修、施工、吊装等作业现场安全措施落实情况。

4. 现场监护人员对作业范围内的安全风险辨识、应急处置能力的掌握情况。

5. 作业过程中，管理人员现场监督检查情况。

（十一）承包商管理

1. 承包商管理制度的建立情况。

2. 承包商管理制度的执行情况，主要包括：

(1) 对承包商的准入、绩效评价和退出的管理；

(2) 承包商入厂前的教育培训、作业开始前的安全交底；

(3) 对承包商的施工方案和应急预案的审查；

(4) 与承包商签订安全管理协议，明确双方安全管理范围与责任；

(5) 对承包商作业进行全程安全监督。

（十二）变更管理

1. 变更管理制度的建立情况。

2. 变更管理制度的执行情况，主要包括：

(1) 变更申请、审批、实施、验收各环节的执行，变更前安全风险分析；

(2) 变更带来的对生产要求的变化、安全生产信息的更新及对相关人员的培训；

(3) 变更管理档案的建立。

（十三）应急管理

1. 企业应急管理情况，主要包括：

(1) 应急管理体系的建立；

(2) 应急预案编制符合《生产经营单位生产安全事故应急预案编制导则》(GB/T 29639)的要求，与周边企业和地方政府的应急预案衔接。

2. 企业应急管理机构及人员配置，应急救援队伍建设，预案及相关制度的执行情况。

3. 应急救援装备、物资、器材、设施配备和维护情况；消防系统运行维护情况。

4. 应急预案的培训和演练，事故状态下的应急响应情况。

5. 应急人员的能力建设情况。

（十四）安全事故事件管理

1. 安全事故事件管理制度的建立情况。

2. 安全事故事件管理制度执行情况，主要包括：

(1) 开展安全事件调查、原因分析；

(2) 整改和预防措施落实；

(3) 员工与相关方上报安全事件的激励机制建立；

(4) 安全事故事件分享、档案建立及管理。

3. 吸取本企业和其他同类企业安全事故及事件教训情况。

4. 将承包商在本企业发生的安全事故纳入本企业安全事故管理情况。

四、安全风险隐患闭环管理

（一）安全风险隐患管控与治理

1. 对排查发现的安全风险隐患，应当立即组织整改，并如实记录安全风险隐患排查治理情况，建立安全风险隐患排查治理台账，及时向员工通报。

2. 对排查发现的重大事故隐患，应及时向本企业主要负责人报告；主要负责人不及时处理的，可以向主管的负有安全生产监督管理职责的部门报告。

3. 对于不能立即完成整改的隐患，应进行安全风险分析，并应从工程控制、安全管理、个体防护、应急处置及培训教育等方面采取有效的管控措施，防止安全事故的发生。

4. 利用信息化手段实现风险隐患排查闭环管理的全程留痕，形成排查治理全过程记录信息数据库。

（二）安全风险隐患上报

1. 企业应依法向属地应急管理部门或相关部门上报安全风险隐患管控与整改情况、存在的重大事故隐患及事故隐患排查治理长效机制的建立情况。

2. 重大事故隐患的报告内容至少包括：

(1) 现状及其产生原因；

(2) 危害程度分析；

(3) 治理方案及治理前保证安全的管控措施。

第四节　危险化学品生产建设项目安全风险辨识

一、项目安全准入风险辨识

1. 产业政策风险

国家和地方各级人民政府制定的化工产业发展政策，是在充分考虑化工产业结构特点、市场和资源优势、技术装备先进性、产业链关联性等基础上确定的项目安全准入的基本要求。项目不符合产业结构调整指导目录，不符合各地及化工园区产业政策、发展规划和安全准入条件等要求，将面临不合法、不合规的风险。

2. 工艺技术风险

在安全准入环节，对主要的工艺技术和关键设备选择和准入不严，使用淘汰落后或引入不成熟可靠、自动化和连续化水平不高的工艺技术和关键设备，将影响建设项目可持续安全运行和本质安全化提升。

3. 周边影响风险

项目选址核准过程中，若对自然条件、周边敏感目标、与周边企业之间相互影响准入不严，易形成重大事故隐患。

4. 人员储备风险

若项目所在地产业技术人员储备和专业人才来源无法满足项目要求，项目建成后将面临专业人才短缺的问题，甚至无法正常运转。

5. 应急救援风险

危险化学品种类多，性质差异大，对应急处置设施、装备、人员有较高要求，若项目所在地应急救援能力不足，一旦发生事故，易导致事故态势扩大。

二、新建危险化学品生产建设项目风险辨识

1. 建设项目的固有危险

固有危险来自建设项目采用的危险化学品和工艺过程操作。危险化学品因其物理化学特性，可能具有毒害、腐蚀、爆炸、燃烧、助燃等危险性。工艺过程操作的危险性是指物料在工艺加工或生产过程中因温度、压力、液位等操作条件失去有效控制，或设备保护失效，有可能导致过程失控、物料泄漏、设备故障等意外事件，进而引发火灾、爆炸或中毒事故。

2. 工艺技术的选用风险

在新建项目前期设计阶段的立项论证、可行性研究、工艺概念设计及工艺包设计中，应当初步确定选用的工艺技术，这决定了建设项目的本质安全水平。如果选用的首次开发工艺技术没有完备的小试、中试、工业化试验基础支撑，不能证明其技术的安全可靠性，就可能存在潜在的事故风险。

3. 厂址选择与周边设施的相互影响风险

建设项目如果发生火灾、爆炸或有毒物泄漏可能会对周边公共设施和人员产生安全影响。同时，如果周围设施发生事故也会对建设项目安全造成影响。另外，当地自然条件存在的不利影响和外部安全防护距离是否满足要求，这些都是新建项目非常重要的安全条件。

4. 建设项目总图布置不合理的风险

建设项目的平面和竖向布置不合理将导致项目先天不足，不仅影响装置稳定运行，也可能成为重大安全事故隐患。

5. 项目外部依托条件不足的风险

建设项目依托外部提供的公用工程条件，如电源、水源、压缩空气、仪表风、蒸汽、燃料气等，如果没有稳定可靠的保障将直接影响到项目建成后的安全平稳运行。如果周边交通运输不便利，消防站、医院等应急救援条件不完善或距离太远，不利于防止事故升级和避免灾难性事故。

6. 合法合规性风险

如果不了解或没有严格执行国家及当地政府对新建项目的法律、法规、标准及相关程序和审批要求，有可能出现违法、违规问题，使建设项目不能顺利开展。

7. 选择合作单位的风险

如果项目建设前期选择的合作单位，如编制可研报告的咨询单位、安全评价单位以及反应安全风险评估单位等，不具备国家或行业的资质条件，或者完全没有类似的工程业绩，则提交的文件可能存在不符合法规、标准或严重设计缺陷问题，甚至无法获得审批通过。

三、改建、扩建危险化学品生产建设项目风险辨识

1. 与新建项目存在相同的风险

在改扩建项目中同样存在上述新建项目的主要风险，应进行全面分析评估。

2. 与现有装置相互影响的风险

改扩建项目可能涉及多套现有装置或毗邻现有装置。改扩建的工艺系统与现有装置上下游之间的设计压力、设计温度、设计能力是否匹配，改扩建装置的施工安装、投料开车与现有装置的生产运行及设备、管道连通时的相互影响，若设计或处置不当，都有可能导致安全事故。另外，改扩建项目可能对现有装置或设施及人员集中的控制室、办公楼等增加安全风险。

3. 依托现有装置的风险

改扩建项目如果依托现有储存设施，当现有储存设施难以满足新增危险化学品储量和品种要求时，可能导致储量不足、禁忌物混存、超量储存等风险。如果依托现有装置的公用工程条件，如电源、水源、压缩空气、仪表风、蒸汽、燃料气等，当现有装置余量不足或不能完全满足改扩建项目开、停车等各种工况条件时，有可能因为公用工程条件故障引发事故。如果依托现有装置的安全与应急系统，如安全泄放的火炬系统、消防系统、消防救援设施等，当现有系统或设施的能力不能同时满足改扩建项目的需要时，有可能存在事故升级危险。

4. 利旧设备或利旧系统的风险

利用旧设备、旧系统及旧建筑物存在能否满足重新使用要求的问题。如果已经使用过的设备或系统存在由于腐蚀或各种原因造成的缺陷而没有被发现或被修复，可能成为改扩建项目投产运行后的潜在事故隐患。如果改变原有建筑物使用功能，可能产生新的火灾、爆炸以及人员安全疏散等风险。利旧建筑物承载能力如不能满足新增荷载要求，可能导致建筑物结构受损或坍塌。

5. 合法合规性风险

现有装置一般都是按照当时的标准规范设计的，在此基础上进行改扩建的建设项目，由于受到现有场地和设备设施条件的限制，可能会出现不符合现行标准规范的问题。

6. 电气元器件兼容性风险

电子元器件更新迭代周期短，改建和扩建过程中新使用的电气元器件，如仪表卡件、接口等与原系列不兼容，将导致工艺控制风险。

四、项目安全设施设计审查风险辨识

1. 与项目前期阶段存在同样的风险

在新建、改建、扩建项目的安全设施设计过程中，存在着与安全条件审查阶段相同的主要风险。

2. 选择设计单位的风险

如果项目分包设计，或设计单位与安全设施设计专篇编制单位为不同单位，各单位之间相互交接不畅，将导致相关工艺设计、安全设计不匹配。建设单位选择的基础工程设计（或称为初步设计）和施工图设计（或称为详细工程设计）的设计单位，不符合国家或行业资质条件，或者完全没有类似的工程设计业绩，提供的设计文件可能会存在合法合规问题。如果参加项目设计的人员资质不符合要求，也会直接影响到设计文件的安全质量。

3. 前期安全审查意见落实不到位的风险

对安全条件审查阶段开展的安全评价、工艺技术可靠性论证和反应安全风险评估等报告和审查意见落实不到位，在初步设计中对未采纳的建议措施也没有进行论证说明，会导致安全设施设计不完整或者存在缺陷。

4. 安全设施设计与详细工程设计脱节的风险

如果安全设施设计与详细工程设计单位为不同单位，可能存在详细工程设计单位对安全设施专篇及审查意见不理解或落实不到位的风险，导致安全设施设计与详细工程设计脱节。

5. 设计质量存在重大缺陷的风险

如果设计单位没有建立和实施安全设计管理体系和程序，在人员资质管理、设计文件校审、设计安全审查和严格执行强制性标准条款等方面存在问题，有可能使设计文件存在安全设计质量缺陷，甚至是重大失误。

6. 缺乏设计变更控制的风险

通过了政府部门审查备案的设计文件，如安全条件审查、安全设施设计专篇审查，以及经过HAZOP分析等安全审查的文件，在后期的设计过程中或在采购施工过程中，如果发生了设计变更，但没有对变更进行必要的危险分析评估，对变更可能带来的新风险缺乏认识和控制管理，可能造成潜在的事故隐患。

五、项目安全设施建设风险辨识

1. 施工、监理单位选择风险

项目建设任务主要由施工单位承担，如果选择的施工单位不具备相应资质，可能会在施工方案编制、施工组织、安全措施制定和落实等方面出现隐患。选择的工程监理单位不具备相应资质，或者监理人员降低对设计、材质、施工质量的监督管理，将造成安全设施施工质量存在严重缺陷。

2. 施工安全条件准备风险

项目施工开始前未开展相关安全条件准备或未按照要求进行审批、报备，将严重影响安全设施施工质量，并有可能导致安全生产事故发生。

3. 设备、材料质量风险

设备和材料质量不符合国家法规和规范要求，或者未按要求开展相关设备、材料的检验检测，及时发现设备、材料缺陷，严重影响安全设施质量，将潜在的事故风险和安全隐患引入生产运营阶段，有可能引起项目建设或生产运行阶段的安全生产事故。

4. 施工质量风险

施工过程中偷工减料或降低材料标准、不符合设计文件或标准规范要求、未按照相关要求进行技术指标控制、未对施工过程或成品进行检验验收、未进行相关调试测试、未建立相关过程记录等，会直接影响安全设施的安全使用和使用年限，施工质量把控不严将会为生产运营埋下严重安全隐患。

六、项目试生产安全风险辨识

在完成项目现场施工后，企业应进行装置首次开车前的准备，开展项目试生产工作。本阶段的安全风险主要包括：

1. 人员的风险

参与试生产的人员在学历和专业方面是否符合法定的条件，是否都得到了充分的培训，主要负责人、专职安全管理人员、特种作业人员、特种设备作业人员是否经过培训考核取得相应的合格证书；参与试生产的人员是否包括具有开车经验的技术、管理、操作等人员。

2. 管理的风险

试生产方案是否符合设计和实际生产要求，试生产规章制度及操作规程内容是否完整，是否经过审查和批准；是否有效开展开车前安全审查，在投料开车前审查发现的问题是否整改到位。

3. 作业的风险

在试生产过程中，各类操作、维护、作业和变更过程是否严格执行安全生产管理制度、操作规程；对特殊作业是否严格按照《危险化学品企业特殊作业安全规范》(GB 30871)要求进行风险分析、落实管控措施。

4. 物资准备与应急响应的风险

是否按计划配备试生产所需的物资、个体防护用品；是否编制了应急预案并组织进行了学习和演练。

七、项目安全设施竣工验收风险辨识

在试生产工作结束后，企业应做好正常运行安全管理、开展项目安全设施竣工验收工作。

本阶段的安全风险主要包括：

1. 项目合规性问题

消防设施、防雷防静电装置、防爆电气验收与检测检验合格记录，特种设备登记使用许可，特种作业人员、特种设备作业人员、专职安全管理人员培训与取证记录，重大危险源备案证明，化学品登记和应急预案备案，为从业人员缴纳工伤保险费的证明等法规标准规定的事项完成情况。

2. 竣工验收过程中发现的问题

试生产总结报告、竣工验收评价报告中提出的问题的整改落实情况。

第五节　化工企业安全风险分区分级

一、基本概念

1. 风险

风险特指安全风险，即发生危险事件或有害暴露的可能性，与随之引发的人身伤害、健康损害或财产损失的严重性的组合。

2. 风险点

风险伴随的设施、部位和场所，以及在设施、部位和场所实施的伴随风险的作业活动，或以上两者的组合。

3. 区域

企业内生产装置、储存设施、作业场所和公用工程或车间、工段等所处的相对独立、界限清晰的范围。

4. 区域固有风险

区域固有风险为区域的基本风险水平，由火灾危险性类别、化学品急性毒性危害类别、危险

工艺和重点监管危险化学品、工艺压力、工艺温度、重大危险源等级、区域及企业人数和周边环境等指标综合计算表征。

5. 区域控制风险

在考虑区域内风险点落实相应控制措施的情况下，实施风险评估确定的区域风险水平。

6. 区域风险

区域风险是区域内风险点存在风险的集合，通过区域固有风险和区域控制风险所构成的风险矩阵计算表征。

7. 区域风险等级

区域风险等级从高到低划分为重大风险、较大风险、一般风险和低风险，分别用红、橙、黄、蓝四种颜色标示。

二、风险分区分级的评估程序

风险分区分级的评估程序主要包括：

1. 将企业划分为若干区域。
2. 评估每个分区区域固有风险等级。
3. 评估每个分区区域控制风险等级。
4. 评估确定区域风险等级。
5. 校正确认区域风险等级。

企业每年至少开展 1 次安全风险分区分级评估工作。在生产工艺、设备设施、作业环境、人员和管理体系等发生变化和企业发生事故时，应当重新开展安全风险分区分级评估工作。

三、区域划分原则

1. 区域划分应覆盖企业内所有的区域场所。

2. 区域划分应有利于风险评估，遵循范围清晰、功能独立、易于管理的原则，具有明显的特征界限。

3. 宜按照生产装置、储存设施、作业场所和公用工程，或者按照车间、工段等划分区域。

4. 以下情况必须独立分区：

(1) 独立建构筑物，如厂房、仓库、民用建筑等；

(2) 危险化学品的生产、加工及使用等的装置及设施，当装置及设施之间有切断阀时，以切断阀作为分隔界划分为独立的区域；

(3) 用于储存危险化学品的储罐区以罐区防火堤为界限划分为独立的区域。

四、区域固有风险确定

企业根据区域内事故发生的可能性 L 值和事故后果的严重性 S 值，计算风险 R 值，确定区域固有风险等级。可能性 L 值取值准则见表 5 - 1，S 值取值准则见表 5 - 2，区域固有风险等级确定见表 5 - 3。

表 5-1　区域内发生事故的可能性(L)取值准则

序号	项目	取值标准				L_n	L
		1	2	3	4		
1	区域内火灾危险性类别	丙类(不含丙类)以下	丙类	乙类	甲类	L_1	
2	化学品急性毒性危害类别	类别 4、类别 5	类别 3	类别 2	类别 1	L_2	
3	危险工艺和重点监管危险化学品	(1)不涉及重点监管危险化学品且不涉及危险工艺和金属有机物合成反应(包括格氏反应); (2) 精细化工反应工艺安全风险已经反应安全风险评估; (3) 国内首次采用的化工工艺已经安全可靠性论证; (4) 除上述外的其他工艺	涉及重点监管危险化学品但不涉及危险工艺和金属有机物合成反应(包括格氏反应)	不涉及重点监管危险化学品但涉及危险工艺和金属有机物合成反应(包括格氏反应)	(1) 涉及重点监管危险化学品且涉及危险工艺或金属有机物合成反应(包括格氏反应); (2) 精细化工反应工艺安全风险未经反应安全风险评估; (3) 国内首次采用的化工工艺未经安全可靠性论证	L_3	
4	工艺压力(p)	$p \leqslant 0.1$ MPa	0.1 MPa $< p <$ 1.6 MPa	1.6 MPa $\leqslant p <$ 10.0 MPa	$p \geqslant 10.0$ MPa	L_4	
5	工艺温度(t)	$t \leqslant 20$℃	20℃ $< t <$ 150℃	150℃ $\leqslant t <$ 450℃	$t \geqslant 450$℃	L_5	
6	重大生产安全事故隐患	—	—	—	存在《化工和危险化学品生产经营单位重大生产安全事故隐患判定标准(试行)》中规定的重大生产安全事故隐患	L_6	

注 1:企业涉及的化学品急性毒性危害类别参照《化学品分类和标签规范 第 18 部分:急性毒性》(GB 30000.18)和《危险化学品目录(2015 版)实施指南(试行)》。

注 2:工艺压力和工艺温度项取值仅限于化工工艺,涉及原料处理、化学反应、产品精制等化工工艺过程。

注 3:区域内涉及多个取值时,L_n($n=1,2,3,4,5$) 取最大值。无此项目时,L_n 不取值。

注 4:按照实际取值项目数计算 L 值,$L=(L_1+L_2+\cdots+L_n)/n$。L 级差为 1,当 L 大于 1 且小于等于 2 时,L 取 2,以此类推。

表 5-2　区域内发生事故的严重性(S)取值准则

序号	项目	取值标准				S_n	S
		1	2	3	4		
1	评估区域与周边相邻的不符合防火间距要求的其他区域(包括周边企业)现场人数之和	0～2 人	3～9 人	10～29 人	30 人及以上	S_1	
2	评估区域与周边相邻其他区域(包括周边企业)现场人数的最大值	0～2 人	3～9 人	10～29 人	30 人及以上	S_2	
3	所在企业任一装置设施类区域最大现场人数	0～2 人	3～9 人	10～29 人	30 人及以上	S_3	
4	评估区域重大危险源等级	非重大危险源	三、四级	二级	一级	S_4	
5	企业边界外 500 m 范围内	无或有 1 个低密度人员场所	有居住类高密度场所或公众聚集类高密度场所	有 1 个高敏感场所、重要防护目标或特殊高密度场所	有 2 个及以上高敏感场所、重要防护目标或特殊高密度场所	S_5	

注 1：第 1、2、3 项取值仅适用于装置设施类区域，不适用于办公区域。

注 2：装置设施类区域人数，是指在区域内从事操作、巡检的最多人数合计。

注 3：低密度人员场所(人数<30 人)：单个或少量暴露人员。

注 4：居住类高密度场所(30 人≤人数<100 人)：居民区、宾馆、度假村等。公众聚集类高密度场所(30 人≤人数<100 人)：办公场所、商场、饭店、娱乐场所等。

注 5：高敏感场所：学校、医院、幼儿园、养老院、监狱等。重要防护目标：军事禁区、军事管理区、文物保护单位等。特殊高密度场所(人数≥100 人)：大型体育场、交通枢纽、露天市场、居住区、宾馆、度假村、办公场所、商场、饭店、娱乐场所等。

注 6：每个项目有多个取值时，$S_n(n=1,2,3,\cdots,5)$ 取最大值。无此项目时，S_n 不取值。

注 7：S 取大值，即 $S=\max(S_1,S_2,\cdots,S_5)$。

表 5-3　区域固有风险矩阵(R)确定准则

风险矩阵(R)		事故后果的严重性(S)			
		1	2	3	4
事故发生的可能性(L)	1	Ⅳ	Ⅳ	Ⅳ	Ⅲ
	2	Ⅳ	Ⅲ	Ⅲ	Ⅱ
	3	Ⅳ	Ⅲ	Ⅱ	Ⅰ
	4	Ⅲ	Ⅱ	Ⅰ	Ⅰ

注：区域固有风险低风险等级用Ⅳ表示、一般风险等级用Ⅲ表示、较大风险等级用Ⅱ表示、重大风险等级用Ⅰ表示。

五、区域控制风险确定

(一) 风险点确定

将区域按设备设施和作业活动划分为若干个设备设施风险点和作业活动风险点，形成风险点清单。

1. 设备设施风险点

按照“一设备一风险点”的原则对区域内设备设施风险点进行确认，并填写《设备设施风险点清单》，清单涵盖设备名称、类别、所在区域、责任部门等内容。

2. 作业活动风险点

作业活动风险点应覆盖企业日常操作、异常情况处理、开停车、变更活动和特殊作业等作业活动。按照“一作业一风险点”的原则对区域内作业活动风险点进行确认，并填写《作业活动风险点清单》，清单涵盖作业活动名称、作业活动内容、岗位/地点、实施单位、活动频率等内容。

（二）风险点分析评估

1. 风险点分析评估方法包括危险与可操作性研究（HAZOP）、预先危险性分析法（PHA）、故障类型及影响分析法（FMEA）、风险矩阵法（L・S）、作业条件危险性分析（LEC）、道化学（DOW）、蒙德法（ICI）、危险度评价法、火灾爆炸数学模型计算等。

2. 企业根据区域风险点选取适用的风险分析评估方法。必要时，可选用几种分析评估方法对同一评估对象进行评估，互相补充、分析综合、相互验证，以提高分析评估结果的准确性。

3. 企业应将不同风险分析评估方法的结果，由高到低分为4级：

A级：重大风险；

B级：较大风险；

C级：一般风险；

D级：低风险。

（三）区域控制风险等级

区域控制风险选取区域内风险点等级最高的，确定为区域控制风险等级。

六、区域风险等级确定

（一）区域风险等级判定准则（表5－4）

表5－4　区域风险等级判定准则

区域固有风险	区域控制风险			
	D	C	B	A
Ⅳ	ⅣD	ⅣC	ⅣB	ⅣA
Ⅲ	ⅢD	ⅢC	ⅢB	ⅢA
Ⅱ	ⅡD	ⅡC	ⅡB	ⅡA
Ⅰ	ⅠD	ⅠC	ⅠB	ⅠA

（二）区域风险等级用*R*表示

当：*R*＝{ⅣD}，区域风险等级判定为低风险；

R＝{ⅢD，ⅢC，ⅣC}，区域风险等级判定为一般风险；

R＝{ⅡD，ⅡC，ⅢB，ⅣB}，区域风险等级判定为较大风险；

R＝{ⅠD，ⅠC，ⅠB，ⅡB，ⅠA，ⅡA，ⅢA，ⅣA}，区域风险等级判定为重大风险。

七、区域安全风险级别校正

在区域风险分级评估的基础上，对存在以下情形的，进行区域风险等级校正（最高为红色重大风险等级）。

1. 任一区域发生没有人员伤亡的火灾、爆炸、有毒气体泄漏事故的，自事故发生之日起，该区域提高1个风险等级。

2. 任一区域发生一般生产安全事故的，自事故发生之日起，该区域提高2个风险等级。

3. 任一区域发生较大及以上生产安全事故的，自事故发生之日起，直接认定该区域为红色重大风险等级。

4. 任一区域存在列为省级以上隐患挂牌督办且未完成整改的，该区域提高2个风险等级，任一区域存在市级隐患挂牌督办且未完成整改的，该区域提高1个风险等级。

5. 涉及下列情形之一的风险，应当提高1个风险等级：

(1) 构成危险化学品一级、二级重大危险源的场所和设施；

(2) 涉及重点监管化工工艺的装置；

(3) 涉及爆炸品的场所和设施；

(4) 化工装置、危险化学品设施“带病”运行，如超期运行、设备存在缺陷等。

第六节　化工（危险化学品）企业常见事故隐患

一、人的不安全行为

（一）劳动纪律

1. 酒后上岗、班中饮酒。

2. 串岗、脱岗、睡岗，在岗期间从事与岗位工作无关的事。

3. 未经批准私自顶岗、换岗。

4. 上班迟到、早退，未按规定履行请假手续。

5. 未按规定着装和佩戴安全帽进入生产、施工现场。穿易产生静电的服装或穿带铁钉的鞋进入易燃、易爆装置或罐区。

6. 在禁烟区域内吸烟。

7. 主要负责人长期脱岗不履职。

（二）工艺纪律

8. 未按规定要求进行巡回检查，发现的隐患和问题未及时报告和处理。

9. 未按规定要求填写操作记录和交接班记录，交接班人员未签名。

10. 对出现的工艺报警未及时处置和记录。

11. 未按操作规程进行操作；不清楚或不熟悉工艺控制指标和操作规程。

12. 改进工艺或操作程序，未进行安全评估。

13. 使用压缩空气进行易燃易爆物料的加料、压料操作。

14. 常压贮槽带压使用；带压开启反应釜、容器盖子。

15. 在可燃气体爆炸极限内进行工艺操作。

16. 采用氮封或输送物料时，氮气管道未设置止回阀，存在高压串低压的风险。

17. 离心机分离可燃有机溶剂时，未采取氮气保护措施。

18. 操作中遇到突发异常情况时不及时报告，擅自变更操作。

19. 外来人员代替本岗位人员操作。

20. 现场盲板未编号和挂牌。

21. 取样完毕未及时关闭取样阀。

22. 危险化学品装卸、罐区脱水(切水、切碱等)时操作人员离开现场。

23. 未经许可擅自修改 DCS 系统、安全仪表系统中相关工艺指标、报警和联锁参数。

24. 启动皮带输送机前，没有检查确认、没有启动警告铃。

(三) 其他纪律

25. 在易燃易爆区域用汽油、易挥发溶剂擦洗设备、衣物、工具及地面等。

26. 在易燃易爆区域用黑色金属等易产生火花的工具敲打、撞击和作业。

27. 在易燃易爆区域使用非防爆通讯、照明器材、非防爆工具等。

28. 擅自停用可燃、有毒、火灾声光报警系统和安全联锁系统。

29. 擅自关闭或调整视频监控设施或关闭各类报警声音。

30. 堵塞消防通道及随意挪用或损坏消防设施。

31. 未按规定检查维护应急防护设施、器材。

32. 不能正确熟练使用应急防护装备、器材。

33. 不佩戴专用防护用品(具)从事有毒、有害、腐蚀等介质和窒息环境下的危险作业。

34. 不按规定静电接地进行危险化学品车(船)装卸作业。

35. 转动设备未停机、带电设备未停电进行检维修。

36. 车辆进入生产区域未安装阻火器或车辆进入生产区域超速行驶。

37. 管理人员违章指挥、强令冒险作业。

38. 未为从业人员配备适用有效的个体防护用品。

39. 现场未设置或者缺少禁止、警告、指令、提示等安全标志。

40. 无故不参加安全培训、班组安全活动。

41. 未按规定要求参加或组织开展安全检查。

42. 设备、工艺变更后，没有及时修订制度、规程。

43. 未按国家标准分区分类储存危险化学品，超量、超品种储存危险化学品，相互禁配物质混放混存。

44. 危险化学品灌装时超过核定装载量。

45. 危险化学品装卸作业前，车轮未固定，车钥匙未交岗位人员保管。

46. 液化石油气、液氨或液氯等的实瓶露天堆放。

47. 危险化学品仓库物品存放时，顶距、灯距、墙距、柱距、垛距“五距”不符合要求。

48. 员工“三级”安全教育低于 72 学时。

49. 员工“三级”安全教育、承包商员工入厂安全教育考试卷未批改或批改不认真，随意给分。

50. 未按规定参加“三级”安全教育培训或未经岗位技能培训考核合格。

（四）特殊作业

51. 未按规定办理动火、进入受限空间等特殊作业许可证。

52. 动火、进入受限空间作业等特殊作业前未开展风险识别。

53. 特殊作业安全作业证有缺漏项，超过规定有效期，签批人不符合要求，签批时间未填写到分钟，提前审批作业许可证。

54. 动火、进入受限空间作业部位与生产系统采用关闭阀门实施隔离、隔绝，未采取加装盲板或断开一段管道的隔离措施。

55. 未进行动火安全分析或分析结果不合格进行作业。

56. 进入受限空间作业前，未分析可燃气体浓度、氧含量、有毒气体浓度。

57. 动火和进入受限空间中断作业超过 1 小时后未重新进行安全分析。

58. 采样分析部位与动火作业部位不一致，采样检测点没有代表性。

59. 受限空间未设置安全警示或采取硬隔离措施。

60. 同一作业涉及动火、进入受限空间、盲板抽堵、高处作业、吊装、临时用电、动土、断路中的两种或两种以上时，未按规定同时办理相应的作业审批手续。

61. 动火、进入受限空间作业安全措施未确认落实或安全措施由同一人确认签字。

62. 动火、进入受限空间作业现场未设专人监护。

63. 一级、特级动火作业未做到“一票一录像”。

64. 动火人未持有效特种作业资格证。

65. 降级办理或签批动火安全作业证。

66. 动火作业未做到“一点(处)一证一人”，未经许可，擅自变更作业范围。

67. 动火、进入受限空间等特殊作业未进行完工验收签字。

68. 动火、进入受限空间等特殊作业安全作业证上填写的作业人员与现场实际作业人员不一致。

69. 氧气、乙炔气瓶无防震圈、瓶帽等安全附件，乙炔气瓶未安装回火器。氧气、乙炔气管道老化、皲裂。

70. 受限空间照明电压大于 36 V，在潮湿容器、狭小容器内作业电压大于 12 V。

71. 在受限空间内进行清扫和检修时，没有紧急逃生设施或措施。

72. 釜内检修时，没有切断电源并拴挂“有人检修、禁止合闸”的警示牌。

73. 高处作业未系安全带，安全带未做到“高挂低用”。

74. 使用未经验收合格的脚手架，脚手板未绑扎牢固。

75. 高处作业抛掷材料、工具及其他杂物。

76. 擅自拆改脚手架、钢格板、护栏、盖板、防护网等防护设施。

77. 使用未安装漏电保护器装置的电气设备、电动工具。

78. 火灾爆炸危险场所未使用相应防爆等级的电源及电气元件。

79. 使用不合格的绝缘工具和专用防护器具进行电气操作和作业。

80. 现场临时用电配电盘、箱没有电压标识和危险标识，没有防雨措施，盘、箱、门不能牢靠关闭或未上锁。

81. 超过安全电压的手持式、移动式电动工器具未逐个配置漏电保护器和电源开关，做到“一机一闸一保护”。

82. 起重机械吊钩缺少防钢丝绳脱落装置。

83. 起重吊装作业存在违反“十不吊”的行为。

84. 利用管道、管架、电杆、机电设备等作吊装锚点。

85. 吊装现场未设置安全警戒标志或拉设警戒绳，没有专人监护。

86. 施工、检修工机具存在缺陷或隐患，未粘贴检查合格证。

二、物的不安全状态

（一）工艺专业

87. 温度、压力、液位等超控制指标运行。

88. 设定的工艺指标、报警值、联锁值等不符合工艺控制要求。

89. 内浮顶罐低液位报警或联锁设定值低于浮盘支撑的高度，存在浮盘落底的风险。

90. 重大危险源未配备温度、压力、液位、流量、组分等信息的不间断采集和监测系统，不具备信息远传、连续记录、事故预警、信息存储等功能。信息储存时间少于1个月。

91. 反应设备、储罐等未按规定要求设置温度、压力、液位现场指示。

92. 紧急切断设施的旁路没有采取管控措施，紧急切断设施未投用或使用旁路。

93. 同一可燃液体储罐未配备两种不同类别的液位检测仪表。

94. 涉及重点监管危险化工工艺的装置未实现自动化控制，系统未实现紧急停车功能，装备的自动化控制系统、紧急停车系统未投入正常使用。

95. 不同的工艺尾气或物料排入同一尾气收集或处理系统，未进行风险分析。

96. 使用多个化学品储罐尾气联通回收系统的，未经安全论证合格。

97. 使用淘汰落后安全技术工艺、设备目录列出的工艺、设备。

98. 装置可能引起火灾、爆炸等严重事故的部位未设置超温、超压等检测仪表、声光报警、泄压设施和安全联锁装置等设施。

99. 在非正常条件下，可能超压的设备或管道未设置可靠的安全泄压措施或安全泄压设施不完好。

100. 较高浓度环氧乙烷设备的安全阀前未设爆破片。爆破片入口管道未设氮封，且安全阀的出口管道未充氮。

101. 氨的安全阀排放气未经安全处理直接放空。

102. 火炬系统的能力不能满足装置事故状态下的安全泄放，未设置长明灯，没有可靠的点火系统及燃料气源，未设置可靠的防回火设施，火炬气的分液、排凝不符合要求。

103. 操作室没有工艺卡片或工艺卡片未定期修订。

104. 安全联锁不完好或未正常投用。

105. 摘除联锁没有审批手续，摘除期间未采取安全措施。

106. 因物料爆聚、分解造成超温、超压，可能引起火灾、爆炸的反应设备未设报警信号和泄压排放设施，以及自动或手动遥控的紧急切断进料设施。

107. 有氮气保护设施的储罐，氮封系统不完好或未投用，没有事故泄压设备。

108. 丙烯、丙烷、混合C4、抽余C4及液化石油气的球形储罐、全压力式液化烃储罐未设置防泄漏注水措施，注水压力、注水方式不符合要求。

109. 液体、低热值可燃气体、含氧气或卤族元素及其化合物的可燃气体、毒性为极度和高度危害的可燃气体、惰性气体、酸性气体及其他腐蚀性气体未设独立的排放系统或处理排放系统。

110. 液化烃、液氨等储罐的储存系数超过0.9。

111. 生产或储存不稳定的烯烃、二烯烃等物质时未采取防止生产过氧化物、自聚物的措施。

112. 用易产生静电的塑料管道输送易燃易爆有机溶剂及物料。

113. 操作规程、应急预案等未发放到岗位。

（二）设备专业

114. 安全阀、爆破片等安全附件未正常投用，安全阀、爆破片等手阀未常开并铅封。

115. 压力容器和压力管道的安全附件（含压力表、温度计、液面计、安全阀、爆破片）不齐全、完好、未按期校验、未在有效期内。

116. 压力容器、压力管道的本体、基础、紧固件、外观、静电接地等不完好。

117. 泄爆泄压装置、设施的出口朝向人员易到达的位置。涉及可燃或有毒介质的安全阀、爆破片出口设在室内。

118. 可燃气体直接向大气排放的排气筒、放空管的高度不符合规范要求。

119. 可燃气体、可燃液体设备的安全阀出口未连接至适宜的设施或系统。

120. 可燃气体压缩机、液化烃、可燃液体泵使用皮带传动。

121. 转动设备的转动部位没有可靠的安全防护装置。

122. 在设备和管线的排放口、采样口等排放部位，未采取加装盲板、丝堵、管帽、双阀等措施。

123. 机泵润滑不符合“五定”“三级过滤”要求，油视镜有渗油现象，油位线不清楚、油杯缺油。

124. 生产装置、储存设施存在跑冒滴漏现象。

125. 未按国家标准规定设置泄漏物料收集装置和对泄漏物料进行妥善处置。

126. 重点防火、防爆作业区的入口处，未设置人体导除静电装置。

127. 罐区、生产装置、建筑物等防雷、防静电接地不符合要求，防雷、防静电接地未进行定期检测。

128. 用电设备和电气线路的周围没有留有足够的安全通道和工作空间，或堆放易燃、易爆和腐蚀性物品。

129. 火灾爆炸危险区域内电缆未采取阻燃措施，电缆沟防窜油气、防腐蚀、防水措施不落实。

130. 液化烃、液氨、液氯等易燃易爆、有毒有害液化气体的充装未使用万向节管道充装系统。

131. 可燃材料仓库配电箱及开关设置在仓库内。

132. 两端阀门关闭且因外界影响可能造成介质压力升高的液化烃、甲B、乙A类液体管道未采取泄压安全措施。

133. 储罐的进出管道未采用柔性连接。罐区防火堤有孔洞。

134. 防爆电气设备设施固定螺栓未全部上齐。

135. 有可燃液体设备的多层建筑物或构筑物的楼板未采取防止可燃液体泄漏至下层的措施。

136. 散发比空气重的甲类气体、有爆炸危险性粉尘或可燃纤维的封闭厂房未采用不发生火花的地面。

137. 散发有爆炸危险性粉尘或可燃纤维的场所未采取防止粉尘、纤维扩散、飞扬和积聚的措施。

138. 甲、乙、丙类液体仓库未设置防止液体流散的设施，遇湿会发生燃烧爆炸的物品仓库未采取防止水浸渍的措施。

139. 操作室、控制室、厂房、仓库等建筑物安全疏散门未朝外开启。

140. 设备、管道高温表面没有采取防护措施。

141. 管道物料及流向、标识不清。

142. 设备、容器等未有效固定，直接浮放在地面上。

143. 带式输送机未设置紧急拉绳停机设施。

144. 电气线路的电缆或钢管在穿过墙或楼板处的孔洞，未采用非燃烧性材料封堵。

145. 盛装甲、乙类液体的容器放在室外时未设防晒降温设施。

146. 操作、巡检等平台、护栏、楼梯等有缺损或腐蚀严重。

147. 化工生产装置未按国家标准要求设置双重电源供电。

148. 爆炸危险场所未按国家标准安装使用防爆电气设备。

149. 电气设备未落实防漏电触电的安全措施，接地线敷设不规范。

150. 配电室未落实防小动物进入的措施。

（三）**仪表专业**

151. 涉及可燃和有毒气体泄漏场所未按国家标准安装泄漏检测报警仪。

152. 未编制可燃、有毒气体检测器检测点分布图。

153. 可燃、有毒气体报警仪未按规定周期进行校准和检定。

154. 可燃、有毒气体检测报警仪一级、二级报警值设定错误。

155. 可燃和有毒气体检测报警仪不具有就地声光报警功能。

156. 固定式可燃和有毒气体检测报警仪检测报警信号没有发送至有操作人员常驻的控制室、现场操作室。

157. 可燃气体和有毒气体报警系统未设置 UPS 电源。

158. 爆炸危险场所的仪表、仪表线路的防爆等级不满足区域防爆要求。

159. 机柜间防小动物、防静电、防尘及电缆进出口防水措施不落实。

160. 联锁系统设备、开关、端子排的标识不齐全、准确、清晰。

161. 紧急停车按钮没有防误碰防护措施。

162. 可燃气体检测报警器、有毒气体报警器传感器探头不完好；声光报警不正常，故障报警不完好。

163. 安全仪表系统的现场检测元件、执行元件没有联锁标志警示牌。

164. 仪表系统维护、防冻、防凝、防水措施不落实，仪表不完好。

165. 放射性仪表现场未设置明显的警示标志。

166. 涉及毒性气体、液化气体、剧毒液体的一级、二级重大危险源的危险化学品罐区未配备独立的安全仪表系统，未投入正常使用。

167. 紧急切断阀为非故障-安全型。

168. 构成一级、二级重大危险源的危险化学品罐区未实现紧急切断功能或紧急切断设施未处于投用状态。

169. 自动化控制、安全仪表系统未设置不间断电源。

170. 气柜未设置上、下限位报警装置及进出管道自动联锁切断装置。

171. 全压力式液氨储罐未设置液位计、压力表和安全阀；低温液氨储罐未设置温度指示仪。

172. 站内无缓冲罐时，在距汽车装卸车鹤位 10 m 以外的装卸管道上未设置便于操作的紧急切断阀。

173. 现场压力表、温度表、液位计等未标注上下限。玻璃管液位计没有防护措施。

（四）设计专业

174. 地区架空电力线路与生产区距离不符合国家标准要求。

175. 涉及光气、氯气、硫化氢气体管道穿越除厂区（包括化工园区、工业园区）外的公共区域。

176. 甲、乙类火灾危险性装置内设有办公室、操作室、固定操作岗位或休息室。

177. 甲、乙类仓库与办公室、休息室贴邻，或库内设有办公室、休息室等。

178. 火灾危险性类别不同的储罐设在同一罐组，常压储罐与压力储罐布置在同一罐组。

179. 控制室或机柜间面向具有火灾、爆炸危险性装置一侧不满足国家标准关于防火防爆的要求。

180. 涉及“两重点一重大”的生产装置、储存设施外部安全防护距离不符合国家标准要求。

181. 企业生产及储存设施总平面布置防火间距不满足规范要求。

182. 企业设施与相邻工厂或设施的防火间距不满足规范要求。

183. 气柜没有布置在人员集中场所、明火或散发火花地点的全年最小频率风向的上风侧。

184. 生产、经营、储存、使用危险物品的车间、仓库等与员工宿舍在同一座建筑物内，与员工宿舍的安全距离不符合要求。

185. 未经正规设计或履行变更程序随意增加设备、设施、建（构）筑物。

186. 未按规范要求对承重钢结构采取耐火保护措施。

187. 布置在爆炸危险区的在线分析仪表间设备为非防爆型时，在线分析仪表间未采取正压通风。

188. 罐组的专用泵区未布置在防火堤外。

三、管理缺陷

（一）合法合规性

189. 危险化学品生产企业未取得安全生产许可证。安全生产许可证超过有效期内，许可范围与企业现状不一致。

190. 未取得危险化学品登记证，登记内容与企业现状不一致。

191. 未按规定组织危险化学品建设项目安全设施竣工验收。

192. 未按规定每 3 年由符合国家规定资质的评价单位进行安全评价。

193. 危险化学品重大危险源未按规定评估、建档、备案。

194. 未按照国家规定提取和使用安全生产费用。

195. 应急救援预案未报应急管理部门备案。

196. 易制毒化学品未取得合法资质或备案证明。

197. 主要负责人、安全管理人员未经依法培训合格。

198. 未按规定设置安全生产管理机构，专职安全生产管理人员数量不符合要求。

199. 未配备注册安全工程师、安全总监从事安全生产管理工作。

200. 新建、改建、扩建生产、储存危险化学品的建设项目（含长输管道）未通过安全审查进行建设。

201. 在用或新增压力容器未在规定的期限内取得使用证。

202. 危险化学品安全作业等特种作业人员未持证上岗。

203. 锅炉、压力容器操作人员、厂（场）内机动车辆驾驶人员、电工、电气焊等作业人员未取得特种作业操作资格证。

204. 装运危险化学品车辆的驾驶证、危险品准运证、危险品押运证失效。

205. 未按规定编制危险化学品安全技术说明书，未在包装上粘贴、悬挂与化学品相符的安全标签。

206. 未按导则要求编制生产安全事故应急预案。

208. 工艺、设备等变更未进行风险评估和履行变更程序。

208. 化工企业主要负责人不具有 3 年以上化工行业从业经历并不具备大学专科以上学历。

（二）制度、规程

209. 未制定操作规程和工艺指标。

210. 操作规程的编制及内容不符合《化工企业工艺安全管理实施导则》的要求。

211. 装置开停工未编制开停工方案。

212. 试生产方案未组织专家审查，试生产前未组织安全生产条件检查确认。

213. 未建立设备检维修、巡回检查、防腐保温、设备润滑等设备管理制度。

214. 未制定仪表自动化控制系统、安全仪表系统安全管理制度。

215. 未建立与岗位匹配的全员安全生产责任制，主要负责人的安全生产责任制不符合法定职责要求。

216. 未制定实施隐患排查治理制度。

217. 未制定实施动火、进入受限空间等特殊作业管理制度。

218. 未制定实施危险化学品重大危险源安全管理制度。

219. 未制定实施变更管理制度。

220. 未制定实施事故（未遂事故）管理制度。

221. 未制定实施承包商安全管理制度。

222. 剧毒化学品、易制爆化学品未建立“双人验收、双人保管、双人发货、双把锁、双本账”等“五双”制度。

223. 未建立实施领导干部带班值班制度。

224. 制度、规程不切实际，没有可操作性。

（三）风险评估与隐患治理

225. 未定期对作业活动和设备设施进行危险、有害因素识别和风险评估，未建立风险清单和实行风险分级管理。

226. 主要负责人未每天实行风险研判和承诺公告。

227. 未按规定要求开展危险与可操作性分析（HAZOP），HAZOP 分析提出的对策建议未落实整改。

228. 安全仪表系统未进行安全完整性等级评估，评估提出的建议措施未落实整改。

229. 精细化工企业未按规范性文件要求开展反应安全风险评估。

230. 新开发的危险化学品生产工艺未经小试、中试、工业化试验直接进行工业化生产；国内首次使用的化工工艺未按规定进行安全可靠性论证。

231. 工艺技术来源不可靠，没有合规的技术转让合同或安全可靠性论证。

232. 隐患整改未落实“五定”要求，未做到闭环管理。

（四）计划与台账

233. 未制定实施年度安全生产教育培训计划。

234. 未制定实施年度应急预案演练计划。

235. 未制定实施年度设备检维修计划。

236. 未制定实施年度压力容器、压力管道检验计划。

237. 未建立安全生产教育和培训档案。

238. 未建立班组安全活动记录。

239. 未建立压力容器、压力管道台账和技术档案。

240. 未建立安全附件台账、爆破片更换记录。

241. 未建立仪表自动化控制系统、安全仪表系统有关安全联锁管理台账。

242. 危险化学品仓库未建立出入库登记台账，账物不符。

243. 未与承包商签订安全生产管理协议。

244. 未建立承包商安全管理档案和年度评价记录。

第七节　重大事故隐患判定

一、化工（危险化学品）企业重大事故隐患判定

依据有关法律法规、部门规章和国家标准，以下情形应当判定为重大事故隐患：

1. 危险化学品生产、经营单位主要负责人和安全生产管理人员未依法经考核合格。

2. 特种作业人员未持证上岗。

3. 涉及“两重点一重大”的生产装置、储存设施外部安全防护距离不符合国家标准要求。

4. 涉及重点监管危险化工工艺的装置未实现自动化控制，系统未实现紧急停车功能，装备的自动化控制系统、紧急停车系统未投入使用。

5. 构成一级、二级重大危险源的危险化学品罐区未实现紧急切断功能；涉及毒性气体、液化气体、剧毒液体的一级、二级重大危险源的危险化学品罐区未配备独立的安全仪表系统。

6. 全压力式液化烃储罐未按国家标准设置注水措施。

7. 液化烃、液氨、液氯等易燃易爆、有毒有害液化气体的充装未使用万向管道充装系统。

8. 光气、氯气等剧毒气体及硫化氢气体管道穿越除厂区（包括化工园区、工业园区）外的公共区域。

9. 地区架空电力线路穿越生产区且不符合国家标准要求。

10. 在役化工装置未经正规设计且未进行安全设计诊断。

11. 使用淘汰落后安全技术工艺、设备目录列出的工艺、设备。

12. 涉及可燃和有毒有害气体泄漏的场所未按国家标准设置检测报警装置，爆炸危险场所未按国家标准安装使用防爆电气设备。

13. 控制室或机柜间面向具有火灾、爆炸危险性装置一侧不满足国家标准关于防火防爆的要求。

14. 化工生产装置未按国家标准要求设置双重电源供电，自动化控制系统未设置不间断电源。

15. 安全阀、爆破片等安全附件未正常投用。

16. 未建立与岗位相匹配的全员安全生产责任制或者未制定实施生产安全事故隐患排查治理制度。

17. 未制定操作规程和工艺控制指标。

18. 未按照国家标准制定动火、进入受限空间等特殊作业管理制度，或者制度未有效执行。

19. 新开发的危险化学品生产工艺未经小试、中试、工业化试验直接进行工业化生产；国内首次使用的化工工艺未经过省级人民政府有关部门组织的安全可靠性论证；新建装置未制定试生产方案投料开车；精细化工企业未按规范性文件要求开展反应安全风险评估。

20. 未按国家标准分区分类储存危险化学品，超量、超品种储存危险化学品，相互禁配物质混放混存。

二、危险货物港口作业重大事故隐患判定

危险货物港口作业重大事故隐患包括以下5个方面：

（一）存在超范围、超能力、超期限作业情况，或者危险货物存放不符合安全要求的

1. 超出“港口经营许可证”“港口危险货物作业附证”许可范围和有效期从事危险货物作业的；

2. 仓储设施（堆场、仓库、储罐，下同）超设计能力、超容量储存危险货物，或者储罐未按规定检验、检测评估的；

3. 储罐超温、超压、超液位储存，管道超温、超压、超流速输送，危险货物港口作业重要设备设施超负荷运行的；

4. 危险货物港口作业相关设备设施超期限服役且无法出具检测或检验合格证明、无法满足安全生产要求的；

5. 装载《危险货物品名表》（GB 12268）和《国际海运危险货物规则》规定的1.1项、1.2项爆炸品和硝酸铵类物质的危险货物集装箱未按照规定实行直装直取作业的；

6. 装载《危险货物品名表》（GB 12268）和《国际海运危险货物规则》规定的1类爆炸品（除1.1项、1.2项以外）、2类气体和7类放射性物质的危险货物集装箱超时、超量等违规存放的；

7. 危险货物未根据理化特性和灭火方式分区、分类和分库储存隔离，或者储存隔离间距不符合规定，或者存在禁忌物违规混存情况的。

（二）危险货物作业工艺设备设施不满足危险货物的危险有害特性的安全防范要求，或者不能正常运行的

1. 装卸甲、乙类火灾危险性货物的码头，未按《海港总体设计规范》（JTS165）等规定设置快速脱缆钩、靠泊辅助系统、缆绳张力监测系统和作业环境监测系统，或者不能正常运行的；

2. 液体散货码头装卸设备与管道未按装卸及检修要求设置排空系统，或者不能正常运行

的;吹扫介质的选用不满足安全要求的;

3. 对可能产生超压的工艺管道系统未按规定设置压力检测和安全泄放装置,或者不能正常运行的;

4. 储罐未根据储存危险货物的危险有害特性要求,采取氮气密封保护系统、添加抗氧化剂或阻聚剂、保温储存等特殊安全措施的;

5. 储罐(罐区)、管道的选型、布置及防火堤(隔堤)的设置不符合规定的。

(三) 危险货物作业场所的安全设施、应急设备的配备不能满足要求,或者不能正常运行、使用的

1. 危险货物作业场所未按规定设置相应的防火、防爆、防雷、防静电、防泄漏等安全设施、措施,或者不能正常运行的。

2. 危险货物作业大型机械未按规定设置防阵风和防台风装置,或者不能正常运行的。

3. 危险货物作业场所未按规定设置通信、报警装置,或者不能正常运行的。

4. 重大危险源未按规定配备温度、压力、液位、流量、组分等信息的不间断采集和监测系统的;储存剧毒物质的场所、设施,未按规定设置视频监控系统,或者不能正常运行的。

5. 工艺设备及管道未根据输送物料的火灾危险性及作业条件,设置相应的仪表、自动联锁保护系统或者紧急切断措施,或者不能正常运行的。

6. 未按规定配备必要的应急救援器材、设备的;应急救援器材、设备不能满足可能发生的火灾、爆炸、泄漏、中毒事故的应急处置的类型、功能、数量要求,或者不能正常使用的。

(四) 危险货物作业场所或装卸储运设备设施的安全距离(间距)不符合规定的

1. 危险货物作业场所与其外部周边地区人员密集场所、重要公共设施、重要交通基础设施等的安全距离(间距)不符合规定的。

2. 危险货物港口经营人内部装卸储运设备设施以及建(构)筑物之间的安全距离(间距)不符合规定的。

(五) 安全管理存在重大缺陷的

1. 未按规定设置安全生产管理机构、配备专职安全生产管理人员的;未建立安全生产责任制、安全教育培训制度、安全操作规程、安全事故隐患排查治理、重大危险源管理、火灾(爆炸、泄漏、中毒)等重大事故应急预案等安全管理制度,或者落实不到位且情节严重的。

2. 未按规定对安全生产条件定期进行安全评价的。

3. 从业人员未按规定取得相关从业资格证书并持证上岗的。

4. 违反安全规范或操作规程在作业区域进行动火、受限空间作业、盲板抽堵、高处作业、吊装、临时用电、动土、断路作业等危险作业的。

第六章　危险化学品重大危险源安全管理

第一节　重大危险源辨识与评估

一、基本概念

（一）危险化学品重大危险源

《危险化学品安全管理条例》有关重大危险源的定义：危险化学品重大危险源是指生产、储存、使用或者搬运危险化学品，且危险化学品的数量等于或者超过临界量的单元（包括场所和设施）。

《危险化学品重大危险源辨识》GB 18218 有关危险化学品重大危险源的定义：危险化学品重大危险源是指长期地或临时地生产、加工、使用和经营危险化学品，且危险化学品的数量等于或超过临界量的单元。

《危险化学品重大危险源监督管理暂行规定》有关危险化学品重大危险源的定义：危险化学品重大危险源是指按照《危险化学品重大危险源辨识》标准辨识确定，生产、储存、使用或者搬运危险化学品的数量等于或者超过临界量的单元（包括场所和设施）。

（二）生产单元

危险化学品的生产、加工及使用等的装置及设施，当装置及设施之间有切断阀时，以切断阀作为分隔界限划分为独立的单元。

（三）储存单元

用于储存危险化学品的储罐或仓库组成的相对独立的区域，储罐区以罐区防火堤为界限划分为独立的单元，仓库以独立库房（独立建筑物）为界限划分为独立的单元。

（四）临界量

某种或某类危险化学品构成重大危险源所规定的最小数量。

二、重大危险源辨识

（一）重大危险源辨识的责任单位

危险化学品单位应当按照《危险化学品重大危险源辨识》标准，对本单位的危险化学品生产、经营、储存和使用装置、设施或者场所进行重大危险源辨识，并记录辨识过程与结果。

（二）辨识依据

1. 危险化学品应依据其危险特性及其数量进行重大危险源辨识。

危险化学品的纯物质及其混合物应按《化学品分类和标签规范》的规定进行分类。

危险化学品重大危险源可分为生产单元危险化学品重大危险源和储存单元危险化学品重大危险源。

2. 危险化学品临界量的确定方法如下：

(1) 在表 6－1 范围内的危险化学品，其临界量应按表 6－1 确定；

(2) 未在表 6－1 范围内的危险化学品，应依据其危险性，按表 6－2 确定其临界量；若一种危险化学品具有多种危险性，应按其中最低的临界量确定。

表 6－1　危险化学品名称及其临界量

序号	危险化学品名称和说明	别名	CAS 号	临界量/t
1	氨	液氨；氨气	7664—41—7	10
2	二氟化氧	一氧化二氟	7783—41—7	1
3	二氧化氮		10102—44—0	1
4	二氧化硫	亚硫酸酐	7446—09—5	20
5	氟		7782—41—4	1
6	碳酰氯	光气	75—44—5	0.3
7	环氧乙烷	氧化乙烯	75—21—8	10
8	甲醛(含量＞90％)	蚁醛	50—00—0	5
9	磷化氢	磷化三氢；膦	7803—51—2	1
10	硫化氢		7783—06—4	5
11	氯化氢(无水)		7647—01—0	20
12	氯	液氯；氯气	7782—50—5	5
13	煤气(CO,CO 和 H_2、CH_4 的混合物等)			20
14	砷化氢	砷化三氢、胂	7784—42—1	1
15	锑化氢	三氢化锑；锑化三氢；䏲	7803—52—3	1
16	硒化氢		7783—07—5	1
17	溴甲烷	甲基溴	74—83—9	10
18	丙酮氰醇	丙酮合氰化氢；2-羟基异丁腈；氰丙醇	75—86—5	20
19	丙烯醛	烯丙醛；败脂醛	107—02—8	20
20	氟化氢		7664—39—3	1
21	1-氯-2,3-环氧丙烷	环氧氯丙烷(3-氯-1,2-环氧丙烷)	106—89—8	20
22	3-溴-1,2-环氧丙烷	环氧溴丙烷；溴甲基环氧乙烷；表溴醇	3132—64—7	20

续表

<table>
<tr><th>序号</th><th>危险化学品名称和说明</th><th>别名</th><th>CAS号</th><th>临界量/t</th></tr>
<tr><td>23</td><td>甲苯二异氰酸酯</td><td>二异氰酸甲苯酯;TDI</td><td>26471—62—5</td><td>100</td></tr>
<tr><td>24</td><td>一氯化硫</td><td>氯化硫</td><td>10025—67—9</td><td>1</td></tr>
<tr><td>25</td><td>氰化氢</td><td>无水氢氰酸</td><td>74—90—8</td><td>1</td></tr>
<tr><td>26</td><td>三氧化硫</td><td>硫酸酐</td><td>7446—11—9</td><td>75</td></tr>
<tr><td>27</td><td>3-氨基丙烯</td><td>烯丙胺</td><td>107—11—9</td><td>20</td></tr>
<tr><td>28</td><td>溴</td><td>溴素</td><td>7726—95—6</td><td>20</td></tr>
<tr><td>29</td><td>乙撑亚胺</td><td>吖丙啶;1-氮杂环丙烷;氮丙啶</td><td>151—56—4</td><td>20</td></tr>
<tr><td>30</td><td>异氰酸甲酯</td><td>甲基异氰酸酯</td><td>624—83—9</td><td>0.75</td></tr>
<tr><td>31</td><td>叠氮化钡</td><td>叠氮钡</td><td>18810—58—7</td><td>0.5</td></tr>
<tr><td>32</td><td>叠氮化铅</td><td></td><td>13424—46—9</td><td>0.5</td></tr>
<tr><td>33</td><td>雷汞</td><td>二雷酸汞;雷酸汞</td><td>628—86—4</td><td>0.5</td></tr>
<tr><td>34</td><td>三硝基苯甲醚</td><td>三硝基茴香醚</td><td>28653—16—9</td><td>5</td></tr>
<tr><td>35</td><td>2,4,6-三硝基甲苯</td><td>梯恩梯;TNT</td><td>118—96—7</td><td>5</td></tr>
<tr><td>36</td><td>硝化甘油</td><td>硝化丙三醇;甘油三硝酸酯</td><td>55—63—0</td><td>1</td></tr>
<tr><td>37</td><td>硝化纤维素
[干的或含水(或乙醇)＜25%]</td><td rowspan="5">硝化棉</td><td rowspan="5">9004—70—0</td><td>1</td></tr>
<tr><td>38</td><td>硝化纤维素(未改型的,
或增塑的,含增塑剂＜18%)</td><td>1</td></tr>
<tr><td>39</td><td>硝化纤维素(含乙醇≥25%)</td><td>10</td></tr>
<tr><td>40</td><td>硝化纤维素(含氮≤12.6%)</td><td>50</td></tr>
<tr><td>41</td><td>硝化纤维素(含水≥25%)</td><td>50</td></tr>
<tr><td>42</td><td>硝化纤维素溶液(含氮量≤12.6%,
含硝化纤维素≤55%)</td><td>硝化棉溶液</td><td>9004—70—0</td><td>50</td></tr>
<tr><td>43</td><td>硝酸铵(含可燃物＞0.2%,
包括以碳计算的任何有机物,
但不包括任何其他添加剂)</td><td></td><td>6484—52—2</td><td>5</td></tr>
<tr><td>44</td><td>硝酸铵(含可燃物≤0.2%)</td><td></td><td>6484—52—2</td><td>50</td></tr>
<tr><td>45</td><td>硝酸铵肥料(含可燃物≤0.4%)</td><td></td><td></td><td>200</td></tr>
<tr><td>46</td><td>硝酸钾</td><td></td><td>7757—79—1</td><td>1 000</td></tr>
<tr><td>47</td><td>1,3-丁二烯</td><td>联乙烯</td><td>106—99—0</td><td>5</td></tr>
<tr><td>48</td><td>二甲醚</td><td>甲醚</td><td>115—10—6</td><td>50</td></tr>
</table>

续表

序号	危险化学品名称和说明	别名	CAS 号	临界量/t
49	甲烷，天然气		74—82—8 （甲烷） 8006—14—2 （天然气）	50
50	氯乙烯	乙烯基氯	75—01—4	50
51	氢	氢气	1333—74—0	5
52	液化石油气 （含丙烷、丁烷及其混合物）	石油气（液化的）	68476—85—7 74—98—6 （丙烷） 106—97—8 （丁烷）	50
53	一甲胺	氨基甲烷；甲胺	74—89—5	5
54	乙炔	电石气	74—86—2	1
55	乙烯		74—85—1	50
56	氧（压缩的或液化的）	液氧；氧气	7782—44—7	200
57	苯	纯苯	71—43—2	50
58	苯乙烯	乙烯苯	100—42—5	500
59	丙酮	二甲基酮	67—64—1	500
60	2-丙烯腈	丙烯腈；乙烯基氰；氰基乙烯	107—13—1	50
61	二硫化碳		75—15—0	50
62	环己烷	六氢化苯	110—82—7	500
63	1,2-环氧丙烷	氧化丙烯；甲基环氧乙烷	75—56—9	10
64	甲苯	甲基苯、苯基甲烷	108—88—3	500
65	甲醇	木醇；木精	67—56—1	500
66	汽油（乙醇汽油、甲醇汽油）		86290—81—5 （汽油）	200
67	乙醇	酒精	64—17—5	500
68	乙醚	二乙基醚	60—29—7	10
69	乙酸乙酯	醋酸乙酯	141—78—6	500
70	正己烷	己烷	110—54—3	500
71	过乙酸	过醋酸；过氧乙酸；乙酰过氧化氢	79—21—0	10

续表

序号	危险化学品名称和说明	别名	CAS 号	临界量/t
72	过氧化甲基乙基酮（10%<有效氧含量≤10.7%，含 A 型稀释剂≥48%）		1338—23—4	10
73	白磷	黄磷	12185—10—3	50
74	烷基铝	三烷基铝		1
75	戊硼烷	五硼烷	19624—22—7	1
76	过氧化钾		17014—71—0	20
77	过氧化钠	双氧化钠；二氧化钠	1313—60—6	20
78	氯酸钾		3811—04—9	100
79	氯酸钠		7775—09—9	100
80	发烟硝酸		52583—42—3	20
81	硝酸（发红烟的除外，含硝酸> 70%）		7697—37—2	100
82	硝酸胍	硝酸亚氨脲	506—93—4	50
83	碳化钙	电石	75—20—7	100
84	钾	金属钾	7440—09—7	1
85	钠	金属钠	7440—23—5	10

表 6－2　未在表 6－1 中列举的危险化学品类别及其临界量

类别	符号	危险性分类及说明	临界量/t
健康危害	J（健康危险性符号）	—	—
急性毒性	J1	类别 1，所有暴露途径，气体	5
	J2	类别 1，所有暴露途径，固体、液体	50
	J3	类别 2、类别 3，所有暴露途径，气体	50
	J4	类别 2、类别 3，吸入途径，液体（沸点≤35℃）	50
	J5	类别 2，所有暴露途径，液体（除 J4 外）、固体	500
物理危险	W（物理危险性符号）	—	—
爆炸物	W1.1	—不稳定爆炸物 —1.1 项爆炸物	1
	W1.2	1.2、1.3、1.5、1.6 项爆炸物	10
	W1.3	1.4 项爆炸物	50
易燃气体	W2	类别 1 和类别 2	10
气溶胶	W3	类别 1 和类别 2	150（净重）

续表

类别	符号	危险性分类及说明	临界量/t
氧化性气体	W4	类别 1	50
易燃液体	W5.1	—类别 1 —类别 2 和 3,工作温度高于沸点	10
	W5.2	—类别 2 和 3,具有引发重大事故的特殊工艺条件包括危险化工工艺、爆炸极限范围或附近操作、操作压力大于 1.6 MPa 等	50
	W5.3	—不属于 W5.1 或 W5.2 的其他类别 2	1 000
	W5.4	—不属于 W5.1 或 W5.2 的其他类别 3	5 000
自反应物质和混合物	W6.1	A 型和 B 型自反应物质和混合物	10
	W6.2	C 型、D 型、E 型自反应物质和混合物	50
有机过氧化物	W7.1	A 型和 B 型有机过氧化物	10
	W7.2	C 型、D 型、E 型、F 型有机过氧化物	50
自燃液体和自燃固体	W8	类别 1 自燃液体 类别 1 自燃固体	50
氧化性固体和液体	W9.1	类别 1	50
	W9.2	类别 2、类别 3	200
易燃固体	W10	类别 1 易燃固体	200
遇水放出易燃气体的物质和混合物	W11	类别 1 和类别 2	200

(三) 重大危险源的辨识指标

1. 生产单元、储存单元内存在危险化学品的数量等于或超过表 6-1、表 6-2 规定的临界量,即被定为重大危险源。

单元内存在的危险化学品的数量根据危险化学品种类的多少区分为以下两种情况;

(1) 生产单元、储存单元内存在的危险化学品为单一品种时,该危险化学品的数量即为单元内危险化学品的总量,若等于或超过相应的临界量,则定为重大危险源。

(2) 生产单元、储存单元内存在的危险化学品为多品种时,按式(1)计算,若满足式(1),则定为重大危险源:

$$S = q_1/Q_1 + q_2/Q_2 + \cdots + q_n/Q_n \geqslant 1 \tag{1}$$

式中:

S——辨识指标;

$q_1, q_2, \cdots, q_n$——每种危险化学品的实际存在量,单位为吨(t);

$Q_1, Q_2, \cdots, Q_n$——与每种危险化学品相对应的临界量,单位为吨(t)。

2. 危险化学品储罐以及其他容器、设备或仓储区的危险化学品的实际存在量按设计最大量确定。

3. 对于危险化学品混合物,如果混合物与其纯物质属于相同危险类别,则视混合物为纯物

质，按混合物整体进行计算。如果混合物与其纯物质不属于相同危险类别，则应按新危险类别考虑其临界量

4. 危险化学品重大危险源的辨识流程(图 6-1)：

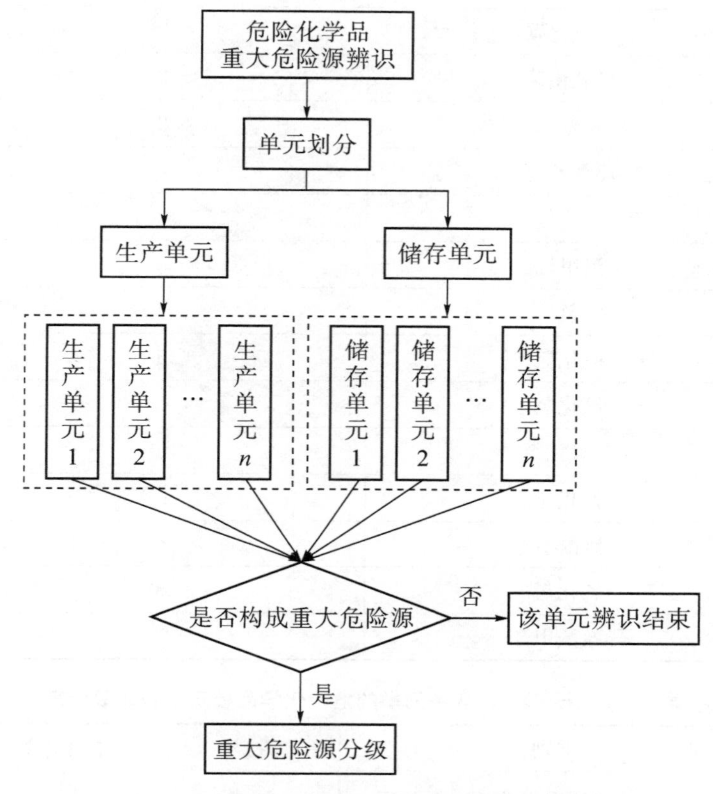

图 6-1　危险化学品重大危险源的辨识流程图

三、重大危险源的分级

(一) 重大危险源的分级指标

采用单元内各种危险化学品实际存在量与其相对应的临界量比值，经校正系数校正后的比值之和作为分级指标。

重大危险源的分级指标按式(2)计算。

$$R = \alpha\left(\beta_1 \frac{q_1}{Q_1} + \beta_2 \frac{q_2}{Q_2} + \cdots + \beta_n \frac{q_n}{Q_n}\right) \tag{2}$$

式中：

R——重大危险源分级指标；

α——该危险化学品重大危险源厂区外暴露人员的校正系数；

$\beta_1, \beta_2, \cdots, \beta_n$——与每种危险化学品相对应的校正系数；

$q_1, q_2, \cdots, q_n$——每种危险化学品实际存在量，单位为吨(t)；

$Q_1, Q_2, \cdots, Q_n$——与每种危险化学品相对应的临界量，单位为吨(t)。

根据单元内危险化学品的类别不同，设定校正系数 β 值。在表 6-3 范围内的危险化学品，

其 β 值按表 6－3 确定；未在表 6－3 范围内的危险化学品，其 β 值按表 6－4 确定。

表 6－3　毒性气体校正系数 β 取值表

名称	校正系数 β
一氧化碳	2
二氧化硫	2
氨	2
环氧乙烷	2
氯化氢	3
溴甲烷	3
氯	4
硫化氢	5
氟化氢	5
二氧化氮	10
氰化氢	10
碳酰氯	20
磷化氢	20
异氰酸甲酯	20

表 6－4　未在表 6－3 中列举的危险化学品校正系数 β 取值表

类别	符号	校正系数 β
急性毒性	J1	4
	J2	1
	J3	2
	J4	2
	J5	1
爆炸物	W1.1	2
	W1.2	2
	W1.3	2
易燃气体	W2	1.5
气溶胶	W3	1
氧化性气体	W4	1
易燃液体	W5.1	1.5
	W5.2	1
	W5.3	1
	W5.4	1

续表

类别	符号	校正系数 β
自反应物质和混合物	W6.1	1.5
	W6.2	1
有机过氧化物	W7.1	1.5
	W7.2	1
自燃液体和自燃固体	W8	1
氧化性固体和液体	W9.1	1
	W9.2	1
易燃固体	W10	1
遇水放出易燃气体的物质和混合物	W11	1

根据危险化学品重大危险源的厂区边界向外扩展 500 m 范围内常住人口数量，按照表 6-5 设定暴露人员校正系数 α 值。

表 6-5　暴露人员校正系数 α 取值表

厂外可能暴露人员数量	校正系数 α
100 人以上	2.0
50～99 人	1.5
30～49 人	1.2
1～29 人	1.0
0 人	0.5

（二）重大危险源分级标准

根据计算出来的 R 值，按表 6-6 确定危险化学品重大危险源的级别。

表 6-6　重大危险源级别和 R 值的对应关系

重大危险源级别	R 值
一级	$R \geqslant 100$
二级	$100 > R \geqslant 50$
三级	$50 > R \geqslant 10$
四级	$R < 10$

四、重大危险源安全评估

（一）危险化学品单位是重大危险源安全评估的责任单位

危险化学品单位应当对重大危险源进行安全评估并确定重大危险源等级。危险化学品单位可以组织本单位的注册安全工程师、技术人员或者聘请有关专家进行安全评估，也可以委托具有相应资质的安全评价机构进行安全评估。

依照法律、行政法规的规定，危险化学品单位需要进行安全评价的，重大危险源安全评估可以与本单位的安全评价一起进行，以安全评价报告代替安全评估报告，也可以单独进行重大危险源安全评估。

（二）委托安全评价机构开展安全评估的情形

重大危险源有下列情形之一的，应当委托具有相应资质的安全评价机构，按照有关标准的规定采用定量风险评价方法进行安全评估，确定个人和社会风险值：

1. 构成一级或者二级重大危险源，且毒性气体实际存在（在线）量与其在《危险化学品重大危险源辨识》中规定的临界量比值之和大于或等于1的。

2. 构成一级重大危险源，且爆炸品或液化易燃气体实际存在（在线）量与其在《危险化学品重大危险源辨识》中规定的临界量比值之和大于或等于1的。

（三）重大危险源安全评估报告的内容

重大危险源安全评估报告应当客观公正、数据准确、内容完整、结论明确、措施可行，并包括下列内容：

1. 评估的主要依据。
2. 重大危险源的基本情况。
3. 事故发生的可能性及危害程度。
4. 个人风险和社会风险值（仅适用定量风险评价方法）。
5. 可能受事故影响的周边场所、人员情况。
6. 重大危险源辨识、分级的符合性分析。
7. 安全管理措施、安全技术和监控措施。
8. 事故应急措施。
9. 评估结论与建议。

危险化学品单位以安全评价报告代替安全评估报告的，其安全评价报告中有关重大危险源的内容应当符合上述规定的要求。

（四）应当重新进行辨识、安全评估及分级的情形

有下列情形之一的，危险化学品单位应当对重大危险源重新进行辨识、安全评估及分级：

1. 重大危险源安全评估已满三年的。
2. 构成重大危险源的装置、设施或者场所进行新建、改建、扩建的。
3. 危险化学品种类、数量、生产、使用工艺或者储存方式及重要设备、设施等发生变化，影响重大危险源级别或者风险程度的。
4. 外界生产安全环境因素发生变化，影响重大危险源级别和风险程度的。
5. 发生危险化学品事故造成人员死亡，或者10人以上受伤，或者影响到公共安全的。
6. 有关重大危险源辨识和安全评估的国家标准、行业标准发生变化的。

五、重大危险源安全管理

1. 危险化学品单位应当建立完善重大危险源安全管理规章制度和安全操作规程，并采取有效措施保证其得到执行。

2. 危险化学品单位应当根据构成重大危险源的危险化学品种类、数量、生产、使用工艺（方式）或者相关设备、设施等实际情况，按照下列要求建立健全安全监测监控体系，完善控制措施：

（1）重大危险源配备温度、压力、液位、流量、组分等信息的不间断采集和监测系统以及可燃气体和有毒有害气体泄漏检测报警装置，并具备信息远传、连续记录、事故预警、信息存储等功能；一级或者二级重大危险源，具备紧急停车功能。记录的电子数据的保存时间不少于30天。

（2）重大危险源的化工生产装置装备满足安全生产要求的自动化控制系统；一级或者二级重大危险源，装备紧急停车系统。

（3）对重大危险源中的毒性气体、剧毒液体和易燃气体等重点设施，设置紧急切断装置；毒性气体的设施，设置泄漏物紧急处置装置。涉及毒性气体、液化气体、剧毒液体的一级或者二级重大危险源，配备独立的安全仪表系统（SIS）。

（4）重大危险源中储存剧毒物质的场所或者设施，设置视频监控系统。

（5）安全监测监控系统符合国家标准或者行业标准的规定。

3. 通过定量风险评价确定的重大危险源的个人和社会风险值，不得超过个人和社会可容许风险限值标准。

超过个人和社会可容许风险限值标准的，危险化学品单位应当采取相应的降低风险措施。

4. 危险化学品单位应当按照国家有关规定，定期对重大危险源的安全设施和安全监测监控系统进行检测、检验，并进行经常性维护、保养，保证重大危险源的安全设施和安全监测监控系统有效、可靠运行。维护、保养、检测应当作好记录，并由有关人员签字。

5. 危险化学品单位应当明确重大危险源中关键装置、重点部位的责任人或者责任机构，并对重大危险源的安全生产状况进行定期检查，及时采取措施消除事故隐患。事故隐患难以立即排除的，应当及时制定治理方案，落实整改措施、责任、资金、时限和预案。

6. 危险化学品单位应当对重大危险源的管理和操作岗位人员进行安全操作技能培训，使其了解重大危险源的危险特性，熟悉重大危险源安全管理规章制度和安全操作规程，掌握本岗位的安全操作技能和应急措施。

7. 危险化学品单位应当在重大危险源所在场所设置明显的安全警示标志，写明紧急情况下的应急处置办法。

8. 危险化学品单位应当将重大危险源可能发生的事故后果和应急措施等信息，以适当方式告知可能受影响的单位、区域及人员。

9. 危险化学品单位应当依法制定重大危险源事故应急预案，建立应急救援组织或者配备应急救援人员，配备必要的防护装备及应急救援器材、设备、物资，并保障其完好和方便使用；配合地方人民政府安全生产监督管理部门制定所在地区涉及本单位的危险化学品事故应急预案。

对存在吸入性有毒、有害气体的重大危险源，危险化学品单位应当配备便携式浓度检测设备、空气呼吸器、化学防护服、堵漏器材等应急器材和设备；涉及剧毒气体的重大危险源，还应当配备两套以上（含本数）气密型化学防护服；涉及易燃易爆气体或者易燃液体蒸气的重大危险源，还应当配备一定数量的便携式可燃气体检测设备。

10. 危险化学品单位应当制定重大危险源事故应急预案演练计划，并按照下列要求进行事故应急预案演练：

（1）对重大危险源专项应急预案，每年至少进行一次；

（2）对重大危险源现场处置方案，每半年至少进行一次。

应急预案演练结束后，危险化学品单位应当对应急预案演练效果进行评估，撰写应急预案演练评估报告，分析存在的问题，对应急预案提出修订意见，并及时修订完善。

11. 危险化学品单位应当对辨识确认的重大危险源及时、逐项进行登记建档。

重大危险源档案应当包括下列文件、资料：

（1）辨识、分级记录；

（2）重大危险源基本特征表；

（3）涉及的所有化学品安全技术说明书；

（4）区域位置图、平面布置图、工艺流程图和主要设备一览表；

（5）重大危险源安全管理规章制度及安全操作规程；

（6）安全监测监控系统、措施说明、检测、检验结果；

（7）重大危险源事故应急预案、评审意见、演练计划和评估报告；

（8）安全评估报告或者安全评价报告；

（9）重大危险源关键装置、重点部位的责任人、责任机构名称；

（10）重大危险源场所安全警示标志的设置情况；

（11）其他文件、资料。

12. 危险化学品单位在完成重大危险源安全评估报告或者安全评价报告后15日内，应当填写重大危险源备案申请表，重大危险源档案材料，报送所在地县级人民政府安全生产监督管理部门备案。

13. 危险化学品单位新建、改建和扩建危险化学品建设项目，应当在建设项目竣工验收前完成重大危险源的辨识、安全评估和分级、登记建档工作，并向所在地县级人民政府安全生产监督管理部门备案。

第二节　重大危险源包保责任制

1. 危险化学品企业应当明确本企业每一处重大危险源的主要负责人、技术负责人和操作负责人，从总体管理、技术管理、操作管理三个层面对重大危险源实行安全包保。

2. 重大危险源的主要负责人，对所包保的重大危险源负有下列安全职责：

（1）组织建立重大危险源安全包保责任制并指定对重大危险源负有安全包保责任的技术负责人、操作负责人；

（2）组织制定重大危险源安全生产规章制度和操作规程，并采取有效措施保证其得到执行；

（3）组织对重大危险源的管理和操作岗位人员进行安全技能培训；

（4）保证重大危险源安全生产所必需的安全投入；

（5）督促、检查重大危险源安全生产工作；

（6）组织制定并实施重大危险源生产安全事故应急救援预案；

（7）组织通过危险化学品登记信息管理系统填报重大危险源有关信息，保证重大危险源安全监测监控有关数据接入危险化学品安全生产风险监测预警系统。

3. 重大危险源的技术负责人，对所包保的重大危险源负有下列安全职责：

(1) 组织实施重大危险源安全监测监控体系建设，完善控制措施，保证安全监测监控系统符合国家标准或者行业标准的规定；

(2) 组织定期对安全设施和监测监控系统进行检测、检验，并进行经常性维护、保养，保证有效、可靠运行；

(3) 对于超过个人和社会可容许风险值限值标准的重大危险源，组织采取相应的降低风险措施，直至风险满足可容许风险标准要求；

(4) 组织审查涉及重大危险源的外来施工单位及人员的相关资质、安全管理等情况，审查涉及重大危险源的变更管理；

(5) 每季度至少组织对重大危险源进行一次针对性安全风险隐患排查，重大活动、重点时段和节假日前必须进行重大危险源安全风险隐患排查，制定管控措施和治理方案并监督落实；

(6) 组织演练重大危险源专项应急预案和现场处置方案。

4. 重大危险源的操作负责人，对所包保的重大危险源负有下列安全职责：

(1) 负责督促检查各岗位严格执行重大危险源安全生产规章制度和操作规程；

(2) 对涉及重大危险源的特殊作业、检维修作业等进行监督检查，督促落实作业安全管控措施；

(3) 每周至少组织一次重大危险源安全风险隐患排查；

(4) 及时采取措施消除重大危险源事故隐患。

5. 危险化学品企业应当在重大危险源安全警示标志位置设立公示牌，写明重大危险源的主要负责人、技术负责人、操作负责人姓名、对应的安全包保职责及联系方式，接受员工监督(见表 6-7)。

重大危险源安全包保责任人、联系方式应当录入全国危险化学品登记信息管理系统，并向所在地应急管理部门报备，相关信息变更的，应当于变更后 5 日内在全国危险化学品登记信息管理系统中更新。

6. 危险化学品企业应当向社会承诺公告重大危险源安全风险管控情况，在安全承诺公告牌企业承诺内容中增加落实重大危险源安全包保责任的相关内容。

7. 危险化学品企业应当建立重大危险源主要负责人、技术负责人、操作负责人的安全包保履职记录，做到可查询、可追溯，企业的安全管理机构应当对包保责任人履职情况进行评估，纳入企业安全生产责任制考核与绩效管理。

8. 专门用语的含义：

(1) 安全包保，是指危险化学品企业专门为重大危险源指定主要负责人、技术负责人和操作负责人，并由其包联保证重大危险源安全管理措施落实到位的一种安全生产责任制。

(2) 重大危险源的主要负责人，应当由危险化学品企业的主要负责人担任。

(3) 重大危险源的技术负责人，应当由危险化学品企业层面技术、生产、设备等分管负责人或者二级单位(分厂)层面有关负责人担任。

(4) 重大危险源的操作负责人，应当由重大危险源生产单元、储存单元所在车间、单位的现场直接管理人员担任，例如车间主任。

表 6-7　重大危险源安全包保公示牌(示例)

<table>
<tr><td colspan="3">重大危险源安全包保公示牌
编号：</td></tr>
<tr><td>（危险化学品名称）</td><td>主要负责人</td><td>（姓名）　（手机号码）
（在企业的职务）</td></tr>
<tr><td rowspan="2">（重大危险源级别）
（最大数量/t）</td><td>技术负责人</td><td>（姓名）　（手机号码）
（在企业的职务）</td></tr>
<tr><td>操作负责人</td><td>（姓名）　（手机号码）
（在企业的职务）</td></tr>
<tr><td>监督举报电话</td><td colspan="2">（企业电话），（企业邮箱），12350</td></tr>
<tr><td>主要负责人
职责</td><td colspan="2">1.（包保责任原文）
2.
3.
4.
5.
6.
7.</td></tr>
<tr><td>技术负责人
职责</td><td colspan="2">1.
2.
3.
4.
5.
6.</td></tr>
<tr><td>操作负责人
职责</td><td colspan="2">1.
2.
3.
4.</td></tr>
</table>

第七章　生产经营单位安全培训

第一节　生产经营单位安全培训总体要求

1. 生产经营单位负责本单位从业人员安全培训工作。

2. 生产经营单位应当按照安全生产法和有关法律、行政法规和规章，建立健全安全培训工作制度。

3. 生产经营单位应当进行安全培训的从业人员包括主要负责人、安全生产管理人员、特种作业人员和其他从业人员。

(1) 生产经营单位主要负责人是指有限责任公司或者股份有限公司的董事长、总经理，其他生产经营单位的厂长、经理、(矿务局)局长、矿长(含实际控制人)等。

(2) 生产经营单位安全生产管理人员是指生产经营单位分管安全生产的负责人、安全生产管理机构负责人及其管理人员，以及未设安全生产管理机构的生产经营单位专、兼职安全生产管理人员等。

(3) 生产经营单位其他从业人员是指除主要负责人、安全生产管理人员和特种作业人员以外，该单位从事生产经营活动的所有人员，包括其他负责人、其他管理人员、技术人员和各岗位的工人以及临时聘用的人。

(4) 生产经营单位使用被派遣劳动者的，应当将被派遣劳动者纳入本单位从业人员统一管理，对被派遣劳动者进行岗位安全操作规程和安全操作技能的教育和培训。劳务派遣单位应当对被派遣劳动者进行必要的安全生产教育和培训。

(5) 生产经营单位接收中等职业学校、高等学校学生实习的，应当对实习学生进行相应的安全生产教育和培训，提供必要的劳动防护用品。学校应当协助生产经营单位对实习学生进行安全生产教育和培训。

生产经营单位从业人员应当接受安全培训，熟悉有关安全生产规章制度和安全操作规程，具备必要的安全生产知识，掌握本岗位的安全操作技能，了解事故应急处理措施，知悉自身在安全生产方面的权利和义务。

4. 未经安全培训合格的从业人员，不得上岗作业。

第二节　主要负责人、安全生产管理人员的安全培训

1. 生产经营单位主要负责人和安全生产管理人员应当接受安全培训，具备与所从事的生产经营活动相适应的安全生产知识和管理能力。

2. 生产经营单位主要负责人安全培训应当包括下列内容：

(1) 国家安全生产方针、政策和有关安全生产的法律、法规、规章及标准；

(2) 安全生产管理基本知识、安全生产技术、安全生产专业知识；

(3) 重大危险源管理、重大事故防范、应急管理和救援组织以及事故调查处理的有关规定；

(4) 职业危害及其预防措施；

(5) 国内外先进的安全生产管理经验；

(6) 典型事故和应急救援案例分析；

(7) 其他需要培训的内容。

3. 生产经营单位安全生产管理人员安全培训应当包括下列内容：

(1) 国家安全生产方针、政策和有关安全生产的法律、法规、规章及标准；

(2) 安全生产管理、安全生产技术、职业卫生等知识；

(3) 伤亡事故统计、报告及职业危害的调查处理方法；

(4) 应急管理、应急预案编制以及应急处置的内容和要求；

(5) 国内外先进的安全生产管理经验；

(6) 典型事故和应急救援案例分析；

(7) 其他需要培训的内容。

4. 生产经营单位主要负责人和安全生产管理人员初次安全培训时间不得少于32学时。每年再培训时间不得少于12学时。

煤矿、非煤矿山、危险化学品、烟花爆竹、金属冶炼等生产经营单位主要负责人和安全生产管理人员初次安全培训时间不得少于48学时，每年再培训时间不得少于16学时。

5. 生产经营单位主要负责人和安全生产管理人员的安全培训必须依照安全生产监管部门制定的安全培训大纲实施。

危险化学品、烟花爆竹、金属冶炼、非煤矿山等生产经营单位主要负责人和安全生产管理人员的安全培训大纲及考核标准由国家安全生产监督管理部门统一制定。

危险化学品、烟花爆竹、金属冶炼、煤矿、非煤矿山以外的其他生产经营单位主要负责人和安全管理人员的安全培训大纲及考核标准，由省、自治区、直辖市安全生产监督管理部门制定。

第三节　其他从业人员的安全培训

1. 危险化学品、烟花爆竹、金属冶炼、煤矿、非煤矿山等生产经营单位必须对新上岗的临时工、合同工、劳务工、轮换工、协议工等进行强制性安全培训，保证其具备本岗位安全操作、自救互救以及应急处置所需的知识和技能后，方能安排上岗作业。

2. 加工、制造业等生产单位的其他从业人员，在上岗前必须经过厂（矿）、车间（工段、区、队）、班组三级安全培训教育。

生产经营单位应当根据工作性质对其他从业人员进行安全培训，保证其具备本岗位安全操作、应急处置等知识和技能。

3. 生产经营单位新上岗的从业人员，岗前安全培训时间不得少于 24 学时。

危险化学品、烟花爆竹、金属冶炼、煤矿、非煤矿山等生产经营单位新上岗的从业人员安全培训时间不得少于 72 学时，每年再培训的时间不得少于 20 学时。

4. 厂（矿）级岗前安全培训内容应当包括：

（1）本单位安全生产情况及安全生产基本知识；

（2）本单位安全生产规章制度和劳动纪律；

（3）从业人员安全生产权利和义务；

（4）有关事故案例等。

危险化学品、烟花爆竹、金属冶炼、煤矿、非煤矿山等生产经营单位厂（矿）级安全培训除包括上述内容外，应当增加事故应急救援、事故应急预案演练及防范措施等内容。

5. 车间（工段、区、队）级岗前安全培训内容应当包括：

（1）工作环境及危险因素；

（2）所从事工种可能遭受的职业伤害和伤亡事故；

（3）所从事工种的安全职责、操作技能及强制性标准；

（4）自救互救、急救方法、疏散和现场紧急情况的处理；

（5）安全设备设施、个人防护用品的使用和维护；

（6）本车间（工段、区、队）安全生产状况及规章制度；

（7）预防事故和职业危害的措施及应注意的安全事项；

（8）有关事故案例；

（9）其他需要培训的内容。

6. 班组级岗前安全培训内容应当包括：

（1）岗位安全操作规程；

（2）岗位之间工作衔接配合的安全与职业卫生事项；

（3）有关事故案例；

（4）其他需要培训的内容。

7. 从业人员在本生产经营单位内调整工作岗位或离岗一年以上重新上岗时，应当重新接受车间（工段、区、队）和班组级的安全培训。

生产经营单位采用新工艺、新技术、新材料或者使用新设备时，应当对有关从业人员重新进行有针对性的安全培训。

8. 生产经营单位的特种作业人员，必须按照国家有关法律、法规的规定接受专门的安全培训，经考核合格，取得特种作业操作资格证书后，方可上岗作业。

第四节　安全培训的组织实施

1. 生产经营单位从业人员的安全培训工作，由生产经营单位组织实施。

生产经营单位应当坚持以考促学、以讲促学，确保全体从业人员熟练掌握岗位安全生产知识和技能；煤矿、非煤矿山、危险化学品、烟花爆竹、金属冶炼等生产经营单位还应当完善和落实师傅带徒弟制度。

2. 具备安全培训条件的生产经营单位，应当以自主培训为主；可以委托具备安全培训条件的机构，对从业人员进行安全培训。

不具备安全培训条件的生产经营单位，应当委托具备安全培训条件的机构，对从业人员进行安全培训。

生产经营单位委托其他机构进行安全培训的，保证安全培训的责任仍由本单位负责。

3. 生产经营单位应当将安全培训工作纳入本单位年度工作计划。保证本单位安全培训工作所需资金。

生产经营单位的主要负责人负责组织制定并实施本单位安全培训计划。

4. 生产经营单位应当建立健全从业人员安全生产教育和培训档案，由生产经营单位的安全生产管理机构以及安全生产管理人员详细、准确记录培训的时间、内容、参加人员以及考核结果等情况。

5. 生产经营单位安排从业人员进行安全培训期间，应当支付工资和必要的费用。

第八章　应急管理

第一节　应急准备

企业的应急准备工作主要包括制定应急救援预案、建立应急救援队伍、组织应急救援预案演练、储备必要的应急救援装备和物资、建立应急值班制度、应急教育和培训等方面。

一、编制应急救援预案

（一）应急预案编制程序

1. 概述

生产经营单位应急预案编制程序包括成立应急预案编制工作组、资料收集、风险评估、应急资源调查、应急预案编制、桌面推演、应急预案评审和批准实施 8 个步骤。

2. 成立应急预案编制工作组

结合本单位职能和分工，成立以单位有关负责人为组长，单位相关部门人员（如生产、技术、设备、安全、行政、人事、财务人员）参加的应急预案编制工作组，明确工作职责和任务分工，制订工作计划，组织开展应急预案编制工作。预案编制工作组中应邀请相关救援队伍以及周边相关企业、单位或社区代表参加。

3. 资料收集

应急预案编制工作组应收集下列相关资料：

（1）适用的法律法规、部门规章、地方性法规和政府规章、技术标准及规范性文件；

（2）企业周边地质、地形、环境情况及气象、水文、交通资料；

（3）企业现场功能区划分、建（构）筑物平面布置及安全距离资料；

（4）企业工艺流程、工艺参数、作业条件、设备装置及风险评估资料；

（5）本企业历史事故与隐患、国内外同行业事故资料；

（6）属地政府及周边企业、单位应急预案。

4. 风险评估

开展生产安全事故风险评估，撰写评估报告，其内容包括但不限于：

（1）辨识生产经营单位存在的危险有害因素，确定可能发生的生产安全事故类别；

（2）分析各种事故类别发生的可能性、危害后果和影响范围；

（3）评估确定相应事故类别的风险等级。

5. 应急资源调查

全面调查和客观分析本单位以及周边单位和政府部门可请求援助的应急资源状况，撰写应急资源调查报告，其内容包括但不限于：

(1) 本单位可调用的应急队伍、装备、物资、场所；

(2) 针对生产过程及存在的风险可采取的监测、监控、报警手段；

(3) 上级单位、当地政府及周边企业可提供的应急资源；

(4) 可协调使用的医疗、消防、专业抢险救援机构及其他社会化应急救援力量。

6. 应急预案编制

(1) 应急预案编制应当遵循以人为本、依法依规、符合实际、注重实效的原则，以应急处置为核心，体现自救互救和先期处置的特点，做到职责明确、程序规范、措施科学，尽可能简明化、图表化、流程化。

(2) 应急预案编制工作包括但不限下列：

① 依据事故风险评估及应急资源调查结果，结合本单位组织管理体系、生产规模及处置特点，合理确立本单位应急预案体系；

② 结合组织管理体系及部门业务职能划分，科学设定本单位应急组织机构及职责分工；

③ 依据事故可能的危害程度和区域范围，结合应急处置权限及能力，清晰界定本单位的响应分级标准，制定相应层级的应急处置措施；

④ 按照有关规定和要求，确定事故信息报告、响应分级与启动、指挥权移交、警戒疏散方面的内容，落实与相关部门和单位应急预案的衔接。

7. 桌面推演

按照应急预案明确的职责分工和应急响应程序，结合有关经验教训，相关部门及其人员可采取桌面演练的形式，模拟生产安全事故应对过程，逐步分析讨论并形成记录，检验应急预案的可行性，并进一步完善应急预案。桌面演练的相关要求见 AQ/T 9007。

8. 应急预案评审

(1) 评审形式：应急预案编制完成后，生产经营单位应按法律法规有关规定组织评审或论证。参加应急预案评审的人员可包括有关安全生产及应急管理方面的、有现场处置经验的专家。应急预案论证可通过推演的方式开展。

(2) 评审内容：应急预案评审内容主要包括：风险评估和应急资源调查的全面性、应急预案体系设计的针对性、应急组织体系的合理性、应急响应程序和措施的科学性、应急保障措施的可行性、应急预案的衔接性。

(3) 评审程序：应急预案评审程序包括下列步骤：

① 评审准备：成立应急预案评审工作组，落实参加评审的专家，将应急预案、编制说明、风险评估、应急资源调查报告及其他有关资料在评审前送达参加评审的单位或人员。

② 组织评审：评审采取会议审查形式，企业主要负责人参加会议，会议由参加评审的专家共同推选出的组长主持，按照议程组织评审；表决时，应有不少于出席会议专家人数的三分之二同意方为通过；评审会议应形成评审意见(经评审组组长签字)，附参加评审会议的专家签字表。表决的投票情况应以书面材料记录在案，并作为评审意见的附件。

③ 修改完善：生产经营单位应认真分析研究，按照评审意见对应急预案进行修订和完善。评审表决不通过的，生产经营单位应修改完善后按评审程序重新组织专家评审，生产经营单位应写出根据专家评审意见的修改情况说明，并经专家组组长签字确认。

9. 批准实施

通过评审的应急预案，由生产经营单位主要负责人签发实施。

（二）**应急预案体系**

1. 概述

生产经营单位应急预案分为综合应急预案、专项应急预案和现场处置方案。生产经营单位应根据有关法律、法规和相关标准，结合本单位组织管理体系、生产规模和可能发生的事故特点，科学合理确立本单位的应急预案体系，并注意与其他类别应急预案相衔接。

2. 综合应急预案

综合应急预案是为应对各种生产安全事故而制定的综合性工作方案，是本单位应对生产安全事故的总体工作程序、措施和应急预案体系的总纲。

3. 专项应急预案

专项应急预案是生产经营单位为应对某一种或者多种类型生产安全事故，或者针对重要生产设施、重大危险源、重大活动防止生产安全事故而制定的专项工作方案。

专项应急预案与综合应急预案中的应急组织机构、应急响应程序相近时，可不编写专项应急预案，相应的应急处置措施并入综合应急预案。

4. 现场处置方案

现场处置方案是生产经营单位根据不同生产安全事故类型，针对具体场所、装置或者设施所制定的应急处置措施。现场处置方案重点规范事故风险描述、应急工作职责、应急处置措施和注意事项，应体现自救互救、信息报告和先期处置的特点。

事故风险单一、危险性小的生产经营单位，可只编制现场处置方案。

5. 综合应急预案内容

（1）总则

① 适用范围：说明应急预案适用的范围。

② 响应分级：依据事故危害程度、影响范围和生产经营单位控制事态的能力，对事故应急响应进行分级，明确分级响应的基本原则。响应分级不必照搬事故分级。

（2）应急组织机构及职责：明确应急组织形式（可用图示）及构成单位（部门）的应急处置职责。应急组织机构可设置相应的工作小组，各小组具体构成、职责分工及行动任务应以工作方案的形式作为附件。

（3）应急响应

① 信息报告

A. 信息接报：明确应急值守电话、事故信息接收、内部通报程序、方式和责任人，向上级主管部门、上级单位报告事故信息的流程、内容、时限和责任人，以及向本单位以外的有关部门或单位通报事故信息的方法、程序和责任人。

B. 信息处置与研判

a. 明确响应启动的程序和方式。根据事故性质、严重程度、影响范围和可控性，结合响应分级明确的条件，可由应急领导小组作出响应启动的决策并宣布，或者依据事故信息是否达到响应启动的条件自动启动。

b. 若未达到响应启动条件，应急领导小组可作出预警启动的决策，做好响应准备，实时跟踪事态发展。

c. 响应启动后，应注意跟踪事态发展，科学分析处置需求，及时调整响应级别，避免响应不足或过度响应。

② 预警

A. 预警启动:明确预警信息发布渠道、方式和内容。

B. 响应准备:明确作出预警启动后应开展的响应准备工作,包括队伍、物资、装备、后勤及通信。

C. 预警解除:明确预警解除的基本条件、要求及责任人。

③ 响应启动:确定响应级别,明确响应启动后的程序性工作,包括应急会议召开、信息上报、资源协调、信息公开、后勤及财力保障工作。

④ 应急处置:明确事故现场的警戒疏散、人员搜救、医疗救治、现场监测、技术支持、工程抢险及环境保护方面的应急处置措施,并明确人员防护的要求。

⑤ 应急支援:明确当事态无法控制情况下,向外部(救援)力量请求支援的程序及要求、联动程序及要求,以及外部(救援)力量到达后的指挥关系。

⑥ 响应终止:明确响应终止的基本条件、要求和责任人。

(4) 后期处置:明确污染物处理、生产秩序恢复、人员安置方面的内容。

(5) 应急保障

① 通信与信息保障:明确应急保障的相关单位及人员通信联系方式和方法,以及备用方案和保障责任人。

② 应急队伍保障:明确相关的应急人力资源,包括专家、专兼职应急救援队伍及协议应急救援队伍。

③ 物资装备保障:明确本单位的应急物资和装备的类型、数量、性能、存放位置、运输及使用条件、更新及补充时限、管理责任人及其联系方式,并建立台账。

④ 其他保障:根据应急工作需求而确定的其他相关保障措施(如:能源保障、经费保障、交通运输保障、治安保障、技术保障、医疗保障及后勤保障)。

6. 专项应急预案内容

(1) 适用范围:说明专项应急预案适用的范围,以及与综合应急预案的关系。

(2) 应急组织机构及职责:明确应急组织形式(可用图示)及构成单位(部门)的应急处置职责。应急组织机构以及各成员单位或人员的具体职责。应急组织机构可以设置相应的应急工作小组,各小组具体构成、职责分工及行动任务建议以工作方案的形式作为附件。

(3) 响应启动:明确响应启动后的程序性工作,包括应急会议召开、信息上报、资源协调、信息公开、后勤及财力保障工作。

(4) 处置措施:针对可能发生的事故风险、危害程度和影响范围,明确应急处置指导原则,制定相应的应急处置措施。

(5) 应急保障:根据应急工作需求明确保障的内容。

7. 现场处置方案内容

(1) 事故风险描述:简述事故风险评估的结果(可用列表的形式列在附件中)。

(2) 应急工作职责:明确应急组织分工和职责。

(3) 应急处置:包括但不限于下列内容:

① 应急处置程序。根据可能发生的事故及现场情况,明确事故报警、各项应急措施启动、应急救护人员的引导、事故扩大及同生产经营单位应急预案的衔接程序。

② 现场应急处置措施。针对可能发生的事故从人员救护、工艺操作、事故控制、消防、现场恢复等方面制定明确的应急处置措施。

③ 明确报警负责人以及报警电话及上级管理部门、相关应急救援单位联络方式和联系人员，事故报告基本要求和内容。

(4) 注意事项：包括人员防护和自救互救、装备使用、现场安全等方面的内容。

8. 附件

(1) 生产经营单位概况：简要描述本单位地址、从业人数、隶属关系、主要原材料、主要产品、产量，以及重点岗位、重点区域、周边重大危险源、重要设施、目标、场所和周边布局情况。

(2) 风险评估的结果：简述本单位风险评估的结果。

(3) 预案体系与衔接：简述本单位应急预案体系构成和分级情况，明确与地方政府及其有关部门、其他相关单位应急预案的衔接关系(可用图示)。

(4) 应急物资装备的名录或清单：列出应急预案涉及的主要物资和装备名称、型号、性能、数量、存放地点、运输和使用条件、管理责任人和联系电话等。

(5) 有关应急部门、机构或人员的联系方式：列出应急工作中需要联系的部门、机构或人员及其多种联系方式。

(6) 格式化文本：列出信息接报、预案启动、信息发布等格式化文本。

(7) 关键的路线、标识和图纸：包括但不限于：

① 警报系统分布及覆盖范围；

② 重要防护目标、风险清单及分布图；

③ 应急指挥部(现场指挥部)位置及救援队伍行动路线；

④ 疏散路线、集结点、警戒范围、重要地点的标识；

⑤ 相关平面布置、应急资源分布的图纸；

⑥ 生产经营单位的地理位置图、周边关系图、附近交通图；

⑦ 事故风险可能导致的影响范围图；

⑧ 附近医院地理位置图及路线图。

(8) 有关协议或者备忘录：列出与相关应急救援部门签订的应急救援协议或备忘录。

(三) 应急预案修订

生产安全事故应急救援预案应当符合有关法律、法规、规章和标准的规定，具有科学性、针对性和可操作性，明确规定应急组织体系、职责分工以及应急救援程序和措施。

有下列情形之一的，生产安全事故应急救援预案制定单位应当及时修订相关预案：

1. 制定预案所依据的法律、法规、规章、标准发生重大变化。

2. 应急指挥机构及其职责发生调整。

3. 安全生产面临的风险发生重大变化。

4. 重要应急资源发生重大变化。

5. 在预案演练或者应急救援中发现需要修订预案的重大问题。

6. 其他应当修订的情形。

(四) 应急预案公布与备案

1. 生产经营单位应当针对本单位可能发生的生产安全事故的特点和危害，进行风险辨识和评估，制定相应的生产安全事故应急救援预案，并向本单位从业人员公布。

2. 易燃易爆物品、危险化学品等危险物品的生产、经营、储存、运输单位，矿山、金属冶炼、城市轨道交通运营、建筑施工单位，以及宾馆、商场、娱乐场所、旅游景区等人员密集场所经营单位，应当将其制定的生产安全事故应急救援预案按照国家有关规定报送县级以上人民政府负有安全生产监督管理职责的部门备案，并依法向社会公布。

（五）应急预案演练频次

易燃易爆物品、危险化学品等危险物品的生产、经营、储存、运输单位，矿山、金属冶炼、城市轨道交通运营、建筑施工单位，以及宾馆、商场、娱乐场所、旅游景区等人员密集场所经营单位，应当至少每半年组织1次生产安全事故应急救援预案演练，并将演练情况报送所在地县级以上地方人民政府负有安全生产监督管理职责的部门。

二、建立应急救援队伍

1. 易燃易爆物品、危险化学品等危险物品的生产、经营、储存、运输单位，矿山、金属冶炼、城市轨道交通运营、建筑施工单位，以及宾馆、商场、娱乐场所、旅游景区等人员密集场所经营单位，应当建立应急救援队伍；其中，小型企业或者微型企业等规模较小的生产经营单位，可以不建立应急救援队伍，但应当指定兼职的应急救援人员，并且可以与邻近的应急救援队伍签订应急救援协议。

工业园区、开发区等产业聚集区域内的生产经营单位，可以联合建立应急救援队伍。

2. 应急救援队伍的应急救援人员应当具备必要的专业知识、技能、身体素质和心理素质。

应急救援队伍建立单位或者兼职应急救援人员所在单位应当按照国家有关规定对应急救援人员进行培训；应急救援人员经培训合格后，方可参加应急救援工作。

应急救援队伍应当配备必要的应急救援装备和物资，并定期组织训练。

3. 生产经营单位应当及时将本单位应急救援队伍建立情况按照国家有关规定报送县级以上人民政府负有安全生产监督管理职责的部门，并依法向社会公布。

三、配备应急救援器材、设备和物资

易燃易爆物品、危险化学品等危险物品的生产、经营、储存、运输单位，矿山、金属冶炼、城市轨道交通运营、建筑施工单位，以及宾馆、商场、娱乐场所、旅游景区等人员密集场所经营单位，应当根据本单位可能发生的生产安全事故的特点和危害，配备必要的灭火、排水、通风以及危险物品稀释、掩埋、收集等应急救援器材、设备和物资，并进行经常性维护、保养，保证正常运转。

四、建立应急值班制度

下列单位应当建立应急值班制度，配备应急值班人员：

1. 县级以上人民政府及其负有安全生产监督管理职责的部门。

2. 危险物品的生产、经营、储存、运输单位以及矿山、金属冶炼、城市轨道交通运营、建筑施工单位。

3. 应急救援队伍。

规模较大、危险性较高的易燃易爆物品、危险化学品等危险物品的生产、经营、储存、运输单位应当成立应急处置技术组，实行24小时应急值班。

五、应急教育和培训

生产经营单位应当对从业人员进行应急教育和培训，保证从业人员具备必要的应急知识，掌握风险防范技能和事故应急措施。

六、建立生产安全事故应急救援信息系统

生产经营单位可以通过国家建立的生产安全事故应急救援信息系统办理生产安全事故应急救援预案备案手续，报送应急救援预案演练情况和应急救援队伍建设情况；但依法需要保密的除外。

七、应急演练

（一）应急演练的目的、类型与工作原则

1. 应急演练的目的

(1) 检验预案：发现应急预案中存在的问题，提高应急预案的针对性、实用性和可操作性；

(2) 完善准备：完善应急管理标准制度，改进应急处置技术，补充应急装备和物资，提高应急能力；

(3) 磨合机制：完善应急管理部门、相关单位和人员的工作职责，提高协调配合能力；

(4) 宣传教育：普及应急管理知识，提高参演和观摩人员风险防范意识和自救互救能力；

(5) 锻炼队伍：熟悉应急预案，提高应急人员在紧急情况下妥善处置事故的能力。

2. 应急演练的类型

应急演练按照演练内容分为综合演练和单项演练；按照演练形式分为实战演练和桌面演练；按目的与作用分为检验性演练、示范性演练和研究性演练；不同类型的演练可相互组合。

3. 应急演练的工作原则

(1) 符合相关规定：按照国家相关法律法规、标准及有关规定组织开展演练；

(2) 依据预案演练：结合生产面临的风险及事故特点，依据应急预案组织开展演练；

(3) 注重能力提高：突出以提高指挥协调能力、应急处置能力和应急准备能力组织开展演练；

(4) 确保安全有序：在保证参演人员、设备设施及演练场所安全的条件下组织开展演练。

（二）应急演练的基本流程

应急演练的基本流程包括计划、准备、实施、评估总结，持续改进五个阶段。

1. 计划

(1) 需求分析：全面分析和评估应急预案、应急职责、应急处置工作流程和指挥调度程序、应急技能和应急装备、物资的实际情况，提出需通过应急演练解决的内容，有针对性地确定应急演练目标，提出应急演练的初步内容和主要科目。

(2) 明确任务：确定应急演练的事故情景类型、等级、发生地域，演练方式，参演单位，应急演练各阶段主要任务，应急演练实施的拟定日期。

(3) 制订计划：根据需求分析及任务安排，组织人员编制演练计划文本。

2. 准备

(1) 成立演练组织机构：综合演练通常应成立演练领导小组，负责演练活动筹备和实施过程中的组织领导工作，审定演练工作方案、演练工作经费、演练评估总结以及其他需要决定的重要事项。演练领导小组下设策划与导调组、宣传组、保障组、评估组。根据演练规模大小，其组织机构可进行调整。

① 策划与导调组：负责编制演练工作方案、演练脚本，演练安全保障方案，负责演练活动筹

备、事故场景布置、演练进程控制和参演人员调度以及与相关单位、工作组的联络和协调；

② 宣传组：负责编制演练宣传方案，整理演练信息、组织新闻媒体和开展新闻发布；

③ 保障组：负责演练的物资装备、场地、经费、安全保卫及后勤保障；

④ 评估组：负责对演练准备、组织与实施进行全过程、全方位的跟踪评估；演练结束后，及时向演练单位或演练领导小组及其他相关专业组提出评估意见、建议，并撰写演练评估报告。

（2）编制文件

① 工作方案：演练工作方案内容：

A. 目的及要求；

B. 事故情景；

C. 参与人员及范围；

D. 时间与地点；

E. 主要任务及职责；

F. 筹备工作内容；

G. 主要工作步骤；

H. 技术支撑及保障条件；

I. 评估与总结。

② 脚本：演练一般按照应急预案进行，按照应急预案进行时，根据工作方案中设定的事故情景和应急预案中规定的程序开展演练工作。演练单位根据需要确定是否编制脚本，如编制脚本，一般采用表格形式，主要内容：

A. 模拟事故情景；

B. 处置行动与执行人员；

C. 指令与对白、步骤及时间安排；

D. 视频背景与字幕；

E. 演练解说词；

F. 其他

③ 评估方案：演练评估方案内容：

A. 演练信息：目的和目标、情景描述，应急行动与应对措施简介；

B. 评估内容：各种准备、组织与实施、效果；

C. 评估标准：各环节应达到的目标评判标准；

D. 评估程序：主要步骤及任务分工；

E. 附件：所需要用到的相关表格。

④ 保障方案：演练保障方案应包括应急演练可能发生的意外情况、应急处置措施及责任部门、应急演练意外情况中止条件与程序。

⑤ 观摩手册：根据演练规模和观摩需要，可编制演练观摩手册。演练观摩手册通常包括应急演练时间、地点、情景描述、主要环节及演练内容、安全注意事项。

⑥ 宣传方案：编制演练宣传方案，明确宣传目标、宣传方式、传播途径、主要任务及分工、技术支持。

（3）工作保障：根据演练工作需要，做好演练的组织与实施需要相关保障条件。保障条件主要内容：

① 人员保障：按照演练方案和有关要求，确定演练总指挥、策划导调、宣传、保障、评估、参

演人员参加演练活动，必要时设置替补人员；

② 经费保障：明确演练工作经费及承担单位；

③ 物资和器材保障：明确各参演单位所准备的演练物资和器材；

④ 场地保障：根据演练方式和内容，选择合适的演练场地；演练场地应满足演练活动需要，应尽量避免影响企业和公众正常生产、生活；

⑤ 安全保障：采取必要安全防护措施，确保参演、观摩人员以及生产运行系统安全；

⑥ 通信保障：采用多种公用或专用通信系统，保证演练通信信息通畅；

⑦ 其他保障：提供其他保障措施。

3. 实施

(1) 现场检查：确认演练所需的工具、设备、设施、技术资料以及参演人员到位。对应急演练安全设备、设施进行检查确认，确保安全保障方案可行，所有设备、设施完好，电力、通信系统正常。

(2) 演练简介：应急演练正式开始前，应对参演人员进行情况说明，使其了解应急演练规则、场景及主要内容、岗位职责和注意事项。

(3) 启动：应急演练总指挥宣布开始应急演练，参演单位及人员按照设定的事故情景，参与应急响应行动，直至完成全部演练工作。演练总指挥可根据演练现场情况，决定是否继续或中止演练活动。

(4) 执行

① 桌面演练执行：在桌面演练过程中，演练执行人员按照应急预案或应急演练方案发出信息指令后，参演单位和人员依据接收到的信息，回答问题或模拟推演的形式，完成应急处置活动。通常按照四个环节循环往复进行：

A. 注入信息：执行人员通过多媒体文件、沙盘、消息单等多种形式向参演单位和人员展示应急演练场景，展现生产安全事故发生发展情况；

B. 提出问题：在每个演练场景中，由执行人员在场景展现完毕后根据应急演练方案提出一个或多个问题，或者在场景展现过程中自动呈现应急处置任务，供应急演练参与人员根据各自角色和职责分工展开讨论；

C. 分析决策：根据执行人员提出的问题或所展现的应急决策处置任务及场景信息，参演单位和人员分组开展思考讨论，形成处置决策意见；

D. 表达结果：在组内讨论结束后，各组代表按要求提交或口头阐述本组的分析决策结果，或者通过模拟操作与动作展示应急处置活动。

各组决策结果表达结束后，导调人员可对演练情况进行简要讲解，接着注入新的信息。

② 实战演练执行：按照应急演练工作方案，开始应急演练，有序推进各个场景，开展现场点评，完成各项应急演练活动，妥善处理各类突发情况，宣布结束与意外终止应急演练。实战演练执行主要按照以下步骤进行：

A. 演练策划与导调组对应急演练实施全过程的指挥控制；

B. 演练策划与导调组按照应急演练工作方案（脚本）向参演单位和人员发出信息指令，传递相关信息，控制演练进程；信息指令可由人工传递，也可以用对讲机、电话、手机、传真机、网络方式传送，或者通过特定声音、标志与视频呈现；

C. 演练策划与导调组按照应急演练工作方案规定程序，熟练发布控制信息，调度参演单位和人员完成各项应急演练任务；应急演练过程中，执行人员应随时掌握应急演练进展情况，并向领导小组组长报告应急演练中出现的各种问题；

D. 各参演单位和人员，根据导调信息和指令，依据应急演练工作方案规定流程，按照发生真实事件时的应急处置程序，采取相应的应急处置行动；

E. 参演人员按照应急演练方案要求，做出信息反馈；

F. 演练评估组跟踪参演单位和人员的响应情况，进行成绩评定并作好记录。

(5) 演练记录：演练实施过程中，安排专门人员采用文字、照片和音像手段记录演练过程。

(6) 中断：在应急演练实施过程中，出现特殊或意外情况，短时间内不能妥善处理或解决时，应急演练总指挥按照事先规定的程序和指令中断应急演练。

(7) 结束：完成各项演练内容后，参演人员进行人数清点和讲评，演练总指挥宣布演练结束。

4. 评估总结

(1) 评估：按照《生产安全事故应急演练评估规范》(AQ/T 9009)要求执行。

(2) 总结

① 撰写演练总结报告：应急演练结束后，演练组织单位应根据演练记录、演练评估报告、应急预案、现场总结材料，对演练进行全面总结，并形成演练书面总结报告。报告可对应急演练准备、策划工作进行简要总结分析。参与单位也可对本单位的演练情况进行总结。演练总结报告的主要内容：

A. 演练基本概要；

B. 演练发现的问题，取得的经验和教训；

C. 应急管理工作建议。

② 演练资料归档：应急演练活动结束后，演练组织单位应将应急演练工作方案，应急演练书面评估报告、应急演练总结报告文字资料，以及记录演练实施过程的相关图片、视频、音频资料归档保存。

5. 持续改进

(1) 应急预案修订完善：根据演练评估报告中对应急预案的改进建议，按程序对预案进行修订完善。

(2) 应急管理工作改进

① 应急演练结束后，演练组织单位应根据应急演练评估报告、总结报告提出的问题和建议，对应急管理工作(包括应急演练工作)进行持续改进。

② 演练组织单位应督促相关部门和人员，制订整改计划，明确整改目标，制定整改措施，落实整改资金，并跟踪督查整改情况。

第二节　应急救援

一、危险化学品事故的特点

事故是指造成死亡、职业病、伤害、财产损失或其他损失的意外事件。

危险化学品事故是指由一种或数种危险化学品因其能量意外释放造成的人身伤亡、财产损失或环境污染事故。

危险化学品事故主要表现为火灾、爆炸、中毒事故等。危险化学品事故具有以下特点：

（一）突发性

危险化学品事故一般都是瞬间突然发生，往往出乎人们的预料，常在意想不到的时间、地点突然发生。

（二）影响范围大

危险化学品事故发生后，毒物迅速向下风方向扩散，严重污染空气、地面、道路和生产、生活设施，短时间内危害范围即可达数十平方公里。

（三）危险性大

危险化学品事故在危害程度上远远大于其他一般事故。例如，硫化氢、二氧化碳在高浓度下，可在数秒钟内使人发生死亡。又如，温州液氯钢瓶爆炸事故造成32个居民区和6个生产队受到危害，死亡59人。

（四）持续时间长

危险化学品事故发生后，会对空气、地面、水源物体等造成污染，且这种污染能持续较长时间，少则几小时，多则数日、数月。

（五）易引发二次事故

危险化学品事故火灾后能引起爆炸，第一次爆炸后可能再次发生第二次爆炸。

（六）救援难度大

危险化学品事故发生后，救援行动将围绕控制事故源、控制污染区、抢救中毒人员、采样检测、组织污染区人员防护或撤离、对污染区实施洗消等任务展开，难度大，要求高，稍有不慎极易造成严重的后果。

二、事故现场处置基本程序

企业应制订事故处置程序，一旦发生重大事故，做到临危不惧，指挥不乱。事故现场处置基本程序如下：

（一）报警与接警

企业要全面建立健全安全生产动态监控及预报预警机制，做好安全生产事故防范和预报预警工作，做到早防御、早响应、早处置。

当发生危险化学品事故时，现场人员必须根据各自企业制定的事故预案采取积极而有效的抑制措施，尽量减少事故的蔓延，同时向有关部门报告和报警。

接警是实施抢险救援工作的第一步，对成功实施应急处置起到重要的作用。

接警人应做好以下工作：

1. 问清报告人姓名、单位和联系方式。

2. 了解危险化学品事故发生的时间、地点、事故单位、事故原因、危险化学品名称、事故类别（毒物外溢、爆炸、燃烧）、危害波及范围和程度、对抢险救援的要求，同时做好记录。

3. 按规定向有关领导和有关部门报告。

4. 依照应急处置程序，通知、调集出动应急救援力量。

应急救援队伍接到报警后，应立即根据事故情况，调集救援力量，携带专用器材，分配救援任务，下达救援指令，迅速赶赴事故现场。

（二）询情和侦检

危险化学品事故发生后，侦检作业组要迅速了解事故性质、现场地形，掌握危险品类型、浓度、危害人数，从而为救人方法和进攻路线的确定、防毒防爆防扩散以及有效开展其他救援工作提供科学依据。

采取询问和现场侦检的方法，了解和掌握危险化学品泄漏物种类、性质、泄漏时间、泄漏量、已波及的危害范围、潜在的险情（爆炸、中毒等）。

侦检小组应做好以下几项工作：

1. 询问遇险人员情况，容器储量、泄漏量、泄漏时间、部位、形式、扩散范围，周边单位、居民、地形、电源、火源等情况，消防设施、工艺措施、到场人员处置意见。对不明危险化学品，应立即取样，送验、分析，确定名称、成分，同时根据检测仪器，确定泄漏物质种类、浓度、扩散范围。

2. 使用检测仪器测定泄漏物质、浓度、扩散范围。危险化学品事故发生后，采样检测工作要持续进行，检测结果要连续报告。

3. 确认设施、建（构）筑物险情及可能引发爆炸燃烧的各种危险源，确认消防设施运行情况。

4. 侦察环境，测定风向、风速等气象数据，确定救援路线。

（三）隔离事故现场，紧急疏散群众

1. 建立警戒区域

事故发生后，在应急救援过程中，控制危险区域实施要点有实施警戒、清除火源、维护秩序。应根据化学品泄漏扩散的情况或火焰热辐射所涉及的范围建立警戒区，并在通往事故现场的主要干道上实行交通管制。

应急救援人员要在警戒区边界实施不间断的检测，以确保警戒区的有效性。

建立警戒区域时应注意以下几项：

（1）警戒区域的边界应设警示标志，并有专人警戒。

（2）除应急处置人员以及必须坚守岗位的人员外，其他人员禁止进入警戒区。

（3）泄漏溢出的化学品为易燃物品时，区域内严禁火种。

（4）应急救援时，对危险区特别是重度危险区要进行控制，应急救援人员应在事故地区的主要交通要道、路口设安全检查站，除救援人员和抢险救援的车辆外，不可以让无关人员和车辆等进入。

（5）应急救援人员应加强对重要目标和地段的警戒和巡逻，防止人为破坏或制造事端。

2. 紧急疏散

在事故应急救援中，救援人员应迅速建立警戒区域，将警戒区和污染区内与事故应急处理无关的人员撤离，以减少不必要的人员伤亡。

在应急救援过程中，要做好以下几点：

（1）救援人员进入危险区后应立即通过敲门、呼叫等方式搜索受困人员。

为了更好地维护危险区及其附近地区的社会秩序，还应及时利用通告、广播等形式将事故的有关情况及处置措施向群众通报，通过宣传教育，稳定群众情绪，严防由于群众恐慌或各种谣传引起社会混乱。

（2）救援人员首先应熟悉地形，明确撤离方向，准备好进入危险区应携带的标志物、扩音器以及强光手电等必要器材。

(3) 组织群众撤离危险区域时,应选择合理的撤离路线,避免横穿危险区域。

(4) 对危险区域内的人员应及时组织疏散至安全地带,在污染严重、被困人员多、情况比较复杂时,应有其他组配合疏散组开展工作。

(5) 重大危险源引发的事故如可能威胁到企业外周边的居民,指挥部应立即上报有关部门,将居民迅速撤离到安全地点。

紧急疏散时应注意:

(1) 如泄漏物质有毒时,需要佩戴个体防护用品或采用简易有效的防护措施,并有相应的监护措施;

(2) 应向上风或侧上风方向转移,明确专人引导和护送疏散人员到安全区,并在疏散或撤离的路线上设立导引人员,指明方向。

(四) 现场控制

针对不同事故,开展现场控制工作。应急人员应根据事故特点和事故引发物质的不同,采取不同的防护措施。

1. 泄漏控制

对泄漏事故应及时、正确处置,防止事故扩大。

(1) 泄漏源控制:首先通过控制泄漏源来消除危险化学品的溢出或泄漏。通过关闭有关阀门、停止作业或通过采取改变工艺流程、物料走副线、局部停车、打循环、减负荷运行等方法进行泄漏源控制。储罐或其他容器发生泄漏后,采取措施修补和堵塞裂口,制止化学品的进一步泄漏。能否成功堵漏取决于:接近泄漏点的危险程度、泄漏孔的尺寸和部位、泄漏点处实际的或潜在的压力、泄漏物质的特性。泄漏物处置主要有以下几种方法:

① 围堤堵截:如果危险化学品为液体,泄漏到地面上会四处蔓延扩散,难以收集处理。为此,需要筑堤堵截或者引流到安全地点。储罐区发生液体泄漏时,要及时关闭雨水阀,防止物料沿明沟外流,在化工生产中排放的各种废物料,不可以直排下水道。

② 稀释与覆盖:为减少大气污染,通常是采用水枪或消防水带向有害物蒸气云喷射雾状水,加速气体向高空扩散,使其在安全地带扩散。使用这一技术时,将产生大量的被污染水,因此,应疏通污水排放系统。对于可燃物,可以在现场施放大量水蒸气或氮气,破坏燃烧条件。对于液体泄漏,为降低物料向大气中的蒸发速度,可用泡沫或其他覆盖物品覆盖外泄的物料,在其表面形成覆盖层,抑制其蒸发。

③ 收集:对于大型泄漏,可将泄漏出的物料抽入容器内或槽车内;当泄漏量小时,可用沙子、吸附材料、中和材料等吸收中和。

④ 废弃:将收集的泄漏物运至废物处理场所处置。用消防水冲洗剩下的少量物料,冲洗水排入污水系统处理。

(2) 泄漏处置注意事项:现场人员必须配备必要的个人防护器具;如果泄漏物是易燃易爆的,应严禁火种;应急处理时严禁单独行动,要有监护和掩护。清除泄漏物的人员应受过训练。

2. 火灾控制

(1) 灭火对策

① 扑救初期火灾:在火灾尚未扩大到不可控制之前,使用移动式灭火器来控制火灾。先迅速关闭火灾部位的上下部连接阀门,切断进入火灾事故部位的物料,然后立即启用现有各种消防设备、器材扑灭初期火灾和控制火源。

② 保护周围设施:为防止火灾危及相邻设施,及时采取冷却保护措施,并迅速疏散受火势

威胁的物品。

③ 火灾扑救:选择正确的灭火剂和灭火方法。必要时采取堵漏或隔离措施,预防次生灾害扩大。当火势被控制以后,仍要派人监护,清理现场,消灭余火。

(2) 注意事项

① 扑救危险化学品气体类火灾,切忌盲目扑灭火势,在没有采取堵漏措施的情况下,必须保持稳定燃烧。否则,大量可燃气体泄漏出来与空气混合,遇着火源就会发生爆炸。

② 有些危险化学品禁止用水扑救。

③ 危险化学品火灾的扑救应由专业消防队来进行,其他人员不可盲目行动,灭火人员不应个人单独灭火。

④ 卤代烷 1211、1301 灭火剂由于破坏臭氧层被逐步替代。

(五) 危险化学品事故现场的现场急救

危险化学品事故对人体可能造成的伤害为:中毒、窒息、冻伤、化学灼伤、烧伤等。进行急救时,不论患者还是救援人员都需要进行适当的防护。

对一些现场难以急救的重伤员,救护组一边采取应急救护措施,一边组织转送到指定医院。

(六) 洗消

应急救援过程中,为避免毒害物持续造成危害,应对危险化学品事故现场的人员和物资及时进行洗消。对沾有毒害物品的人员要在警戒区出口处实施洗消,进入安全区后再做进一步检查,造成伤害的要尽快进行救护。

洗消的对象包括:人员和装备洗消及环境洗消。

环保部门负责事故现场的环境监测及毒害物质扩散区域内的洗消工作等。

(七) 撤离及后期处置

1. 撤离是指应急处置工作结束后,离开现场或救援后的临时性转移。

(1) 在抢险救援行动中应随时注意气象和事故发展的变化,一旦发现所处的区域受到污染或将被污染时,应立即向安全区转移。

(2) 应急处置工作结束后,按照现场救援指挥部的指令,各救援队有序、安全撤离现场。

2. 后期处置主要包括污染物处理、事故后果影响消除、生产秩序恢复、善后赔偿、抢险过程和应急救援能力评估及应急预案的修订等内容。

三、应急救援措施

发生生产安全事故后,生产经营单位应当立即启动生产安全事故应急救援预案,采取下列一项或者多项应急救援措施,并按照国家有关规定报告事故情况:

1. 迅速控制危险源,组织抢救遇险人员。

2. 根据事故危害程度,组织现场人员撤离或者采取可能的应急措施后撤离。

3. 及时通知可能受到事故影响的单位和人员。

4. 采取必要措施,防止事故危害扩大和次生、衍生灾害发生。

5. 根据需要请求邻近的应急救援队伍参加救援,并向参加救援的应急救援队伍提供相关技术资料、信息和处置方法。

6. 维护事故现场秩序,保护事故现场和相关证据。

7. 法律、法规规定的其他应急救援措施。

四、火灾、爆炸、毒物泄漏处置方案

（一）火灾事故处置方案要点

1. 确定火灾发生位置。
2. 确定引起火灾的物质类别(压缩气体、液化气体、易燃液体、易燃物品、自燃物品等)。
3. 所需的火灾应急救援处置技术和专家。
4. 明确火灾发生区域的周围环境。
5. 明确周围区域存在的重大危险源分布情况。
6. 确定火灾扑救的基本方法。
7. 确定火灾可能导致的后果(含火灾与爆炸伴随发生的可能性)。
8. 确定火灾可能导致的后果对周围区域的可能影响规模和程度。
9. 火灾可能导致后果的主要控制措施(控制火灾蔓延、人员疏散、医疗救护等)。
10. 可能需要调动的应急救援力量(公安消防队伍、企业消防队伍等)。

（二）爆炸事故处置方案要点

1. 确定爆炸地点。
2. 确定爆炸类型(物理性爆炸、化学性爆炸)。
3. 确定引起爆炸的物质类别(气体、液体、固体)。
4. 所需的爆炸应急救援处置技术和专家。
5. 明确爆炸地点的周围环境。
6. 明确周围区域存在的重大危险源分布情况。
7. 确定爆炸可能导致的后果(如火灾、二次爆炸等)。
8. 确定爆炸可能导致后果的主要控制措施(再次爆炸控制手段、工程抢险、人员疏散、医疗救护等)。
9. 可能需要调动的应急救援力量。

（三）易燃、易爆或有毒物质泄漏事故处置方案要点

1. 确定泄漏源的位置。
2. 确定泄漏的化学品种类(易燃、易爆或有毒物质)。
3. 所需的泄漏应急救援处置技术和专家。
4. 确定泄漏源的周围环境(环境功能区、人口密度等)。
5. 确定是否已有泄漏物质进入大气、附近水源、下水道等场所。
6. 明确周围区域存在的重大危险源分布情况。
7. 确定泄漏时间或预计持续时间。
8. 实际或估算的泄漏量。
9. 气象信息。
10. 泄漏扩散趋势预测。
11. 明确泄漏可能导致的后果(泄漏是否可能引起火灾、爆炸、中毒等后果)。
12. 明确泄漏危及周围环境的可能性。
13. 确定泄漏可能导致后果的主要控制措施(堵漏、工程抢险、人员疏散、医疗救护等)。
14. 可能需要调动的应急救援力量(消防特勤部队、企业救援队伍、防化兵部队等)。

五、发生人身中毒事故的急救处理

（一）中毒的途径

在危险化学品的储存、运输、装卸、搬运等作业过程中，毒物主要经呼吸道和皮肤进入人体，经消化道进入人体较少。

1. 呼吸道

整个呼吸道都能吸收毒物，尤以肺泡的吸收能量最大。肺泡的总面积达 55～120 m^2，而且肺泡壁很薄，表面为含碳酸的液体所湿润，又有丰富的微血管，所以毒物吸收后可直接进入大循环而不经肝脏解毒。

中毒的三个途径中，呼吸道吸收毒物速度较快。所以，个体防毒的措施之一是正确使用呼吸防护器，防止有毒物质从呼吸道进入人体引起职业中毒。

2. 皮肤

在搬运危险化学品过程中，毒物能通过皮肤吸收。毒物经皮肤吸收的数量和速度，除与其脂溶性、水溶性、浓度等有关外，皮肤温度升高，出汗增多，也能促使附于皮肤上的毒物易于吸收。

有毒品经过皮肤破裂的地方侵入人体，会随血液蔓延全身，加快中毒速度。因此，在皮肤破裂时，应停止或避免对有毒品的作业。

3. 消化道

作业过程中，毒物经消化道进入体内主要是由于手被毒物污染未彻底清洗而取食食物，或将食物、餐具放在车间内被污染，或误服等。

（二）中毒的主要临床表现

1. 神经系统

慢性中毒早期常见神经衰弱综合征和精神症状，多属功能性改变，脱离毒物接触后可逐渐恢复。常见于砷、铅等中毒。锰中毒和一氧化碳中毒后可出现震颤。重症中毒时可发生中毒性脑病及脑水肿。

2. 呼吸系统

人一次大量吸入能引起窒息的气体会突然窒息。长期吸入刺激性气体能引起慢性呼吸道炎症，出现鼻炎、鼻中隔穿孔、咽炎、喉炎、气管炎等。吸入大量刺激性气体可引起严重的化学性肺水肿和化学性肺炎。某些毒物可导致哮喘发作。

3. 血液系统

许多毒物能对血液系统造成损害，表现为贫血、出血、溶血等。如铅可造成低色素性正常红细胞型贫血。苯可造成白细胞和血小板减少，苯还可导致白血病。砷化氢可引起急性溶血。一氧化碳可导致组织缺氧。

4. 消化系统

毒物导致消化系统症状多种多样。三氧化二砷属于无机剧毒品，可致肝肾损害、肺癌、皮肤癌。三硝基甲苯可引起中毒性肝炎。

5. 中毒性肾病

汞、镉、铀、铅、四氯化碳、砷化氢等可能引起肾损害。

（三）急性中毒的现场急救

发生急性中毒事故，应立即将中毒者及时送医院抢救。护送者要向院方提供引起中毒的原因、毒物名称等，如毒物不明，则需带该毒物及呕吐物的样品，供医院检测。有些毒物毒性一般，但大量进入人体后会立即发生毒性反应甚至致命，即发生急性中毒。

如不能立即到达医院时，可采取急性中毒的现场急救处理：

(1) 吸入中毒者，应迅速脱离中毒现场，向上风向转移，至空气新鲜处。松开患者衣领和裤带，并注意保暖。

(2) 化学毒物沾染皮肤时，应迅速脱去污染的衣服、鞋袜等，用大量流动清水冲洗 15～30 分钟。头面部受污染时，首先注意眼睛的冲洗。当操作人员的皮肤溅上烧碱应立即用硼酸溶液冲洗。

(3) 口服中毒者，如为非腐蚀性物质，应立即用催吐方法，使毒物吐出。现场可用自己的中指、食指刺激咽部、压舌根的方法催吐，也可由旁人用筷子一端扎上棉花刺激咽部催吐。催吐时尽量低头、身体向前弯曲，呕吐物不会呛入肺部。误服强酸、强碱，催吐后反而使食道、咽喉再次受到严重损伤，可服牛奶、蛋清等。另外，对失去知觉者，呕吐物会误吸入肺。误喝了石油类物品，易流入肺部引起肺炎。有抽搐、呼吸困难、神志不清或吸气时有吼声者均不能催吐。

对中毒引起呼吸、心跳停止者，应进行心肺复苏术。

参加救护者，必须做好个人防护，进入中毒现场必须戴防毒面具。佩戴防毒面具作业完后需要转移至安全环境方可将防毒面具摘掉。使用供风式面具时，必须安排专人监护供风设备。如时间短，对于水溶性毒物，如常见的氯、氨、硫化氢等，可暂用浸湿的毛巾捂住口鼻等。在抢救病人的同时，应想方设法阻断毒物泄漏处，阻止蔓延扩散。

个人防护还有一些特定要求，如：接触有毒粉尘时，作业人员应穿防尘工作服，戴机械过滤式防毒口罩；接触强酸、强碱时，作业人员应穿耐酸、耐碱工作服；接触有毒烟雾时，作业人员应佩戴自吸过滤式防毒面具或空气呼吸器，不宜佩戴化学过滤式防毒口罩或面罩。

(四) 危险化学品烧伤的现场抢救

危险化学品具有易燃、易爆、腐蚀、有毒等特点，在生产、贮存、运输、使用过程中容易发生燃烧、爆炸等事故。由于热力作用、化学刺激或腐蚀造成皮肤、眼的烧伤。有的化学物质还可以从创面吸收甚至引起全身中毒。所以对化学烧伤比开水烫伤或火焰烧伤更要重视。

1. 化学性皮肤烧伤

化学性皮肤烧伤的现场处理方法是，立即移离现场，迅速脱去被化学物沾污的衣裤、鞋袜等。

(1) 无论酸、碱或其他化学物烧伤，立即用大量流动清水冲洗创面 15～30 分钟。

(2) 新鲜创面上不要任意涂上油膏或红药水，不用脏布包裹。

(3) 黄磷烧伤时应用大量水冲洗、浸泡或用多层湿布覆盖创面。

(4) 烧伤病人应及时送医院。

(5) 烧伤的同时，往往合并骨折、出血等外伤，在现场也应及时处理。

2. 化学性眼烧伤

(1) 迅速在现场用流动清水冲洗，千万不要未经冲洗处理而急于送医院。

(2) 冲洗时眼皮一定要掰开。

(3) 如无冲洗设备，也可把头部埋入清洁盆水中，把眼皮掰开，眼球来回转动洗涤。

(4) 电石、生石灰颗粒溅入眼内，应先用蘸石蜡油或植物油的棉签去除颗粒后，再用水冲洗。

第九章　安全生产标准化

第一节　方针目标与法规标准及管理职责

一、方针目标

1. 企业应坚持“安全第一，预防为主，综合治理”的安全生产方针。主要负责人应依据国家法律法规，结合企业实际，组织制定文件化的安全生产方针和目标。安全生产方针和目标应满足：

(1) 形成文件，并得到所有从业人员的贯彻和实施；

(2) 符合或严于相关法律法规的要求；

(3) 与企业的职业安全健康风险相适应；

(4) 目标予以量化；

(5) 公众易于获得。

2. 企业应签订各级组织的安全目标责任书，确定量化的年度安全工作目标，并予以考核。企业各级组织应制定年度安全工作计划，以保证年度安全工作目标的有效完成。

二、法律、法规和标准

(一) 法律、法规和标准的识别和获取

1. 企业应建立识别和获取适用的安全生产法律、法规、标准及其他要求的管理制度，明确责任部门，确定获取渠道、方式和时机，及时识别和获取，定期更新。

2. 企业应将适用的安全生产法律、法规、标准及其他要求及时传达给相关方。

(二) 法律、法规和标准符合性评价

企业应每年至少 1 次对适用的安全生产法律、法规、标准及其他要求的执行情况进行符合性评价，消除违规现象和行为。

三、企业负责人职责

1. 企业主要负责人是本单位安全生产的第一责任人，应全面负责安全生产工作，落实安全生产基础和基层工作。

2. 企业主要负责人应组织实施安全标准化、信息化，构建安全风险分级管控和隐患排查治理双重预防机制，建设企业安全文化。

3. 企业主要负责人应做出明确的、公开的、文件化的安全承诺，并确保安全承诺转变为必需的资源支持。

4. 企业主要负责人应定期组织召开安全生产委员会(以下简称安委会)或领导小组会议。

5. 制定并落实领导干部带班值班制度。

四、企业职责

1. 企业应制定安委会和管理部门的安全职责。

2. 企业应制定主要负责人、各级管理人员和从业人员的安全职责。

3. 企业应建立安全生产责任制考核机制，对各级管理部门、管理人员及从业人员安全职责的履行情况和安全生产责任制的实现情况进行定期考核，予以奖惩。

五、安全管理组织机构

1. 企业应设置安委会，设置安全生产管理部门或配备专职安全生产管理人员，并按规定配备注册安全工程师。

2. 企业应根据生产经营规模大小，设置相应的管理部门。

3. 企业应建立、健全从安委会到基层班组的安全生产管理网络。

六、安全生产投入

1. 企业应依据国家、当地政府的有关安全生产费用提取规定，自行提取安全生产费用，专项用于安全生产。

2. 企业应按照规定的安全生产费用使用范围，合理使用安全生产费用，建立安全生产费用台账。

3. 企业应依法参加工伤保险和安全责任险，为从业人员缴纳保险费。

第二节 风险管控与管理制度

一、范围与评价方法

1. 企业应组织制定风险评价管理制度，明确风险评价的目的、范围和准则。

2. 企业风险评价的范围应包括：

(1) 规划、设计和建设、投产、运行等阶段；

(2) 常规和非常规活动；

(3) 事故及潜在的紧急情况；

(4) 所有进入作业场所人员的活动；

(5) 原材料、产品的运输和使用过程；

(6) 作业场所的设施、设备、车辆、安全防护用品；

(7) 丢弃、废弃、拆除与处置；

(8) 企业周围环境；

(9) 气候、地震及其他自然灾害等。

3. 企业可根据需要，选择科学、有效、可行的风险评价方法。常用的评价方法有：

(1) 工作危害分析(JHA)；

(2) 安全检查表分析(SCL)；

(3) 预危险性分析(PHA)；

(4) 危险与可操作性分析(HAZOP)；

(5) 失效模式与影响分析(FMEA)；

(6) 故障树分析(FTA)；

(7) 事件树分析(ETA)；

(8) 作业条件危险性分析(LEC)等方法。

4. 企业应依据以下内容制定风险评价准则：

(1) 有关安全生产法律、法规；

(2) 设计规范、技术标准；

(3) 企业的安全管理标准、技术标准；

(4) 企业的安全生产方针和目标等。

二、风险评价

1. 企业应依据风险评价准则，选定合适的评价方法，定期和及时对作业活动和设备设施进行危险、有害因素识别和风险评价，确定重大安全风险、较大安全风险、一般安全风险和低安全风险四个级别，绘制“红橙黄蓝”四色安全风险空间分布图。

2. 企业应全员参与安全风险辨识评价和管控工作。

三、风险控制

1. 企业对辨识出的安全风险，应当根据安全风险特点，从组织、技术、管理、应急等方面逐项制定管控措施，按照不同安全风险等级实施分级管控，将安全风险管控责任逐一落实到企业、车间、班组和岗位。

2. 企业应当建立安全风险管控清单。安全风险管控清单应当列明安全风险名称、所处位置(场所、部位、环节)、可能导致的事故类型及其后果、主要管控措施、管控责任部门和责任人。

3. 企业应建立不可接受安全风险(重大风险)清单，对不可接受安全风险要及时制定并落实消除、减小或控制安全风险的措施，将安全风险控制在可接受的范围。

4. 企业应根据安全风险管控清单中的管控措施，制定排查计划，按照分级管控原则确定排查责任人、排查周期、方式等，开展安全风险管控措施有效性排查，发现措施失效后应将失效的风险管控措施作为事故隐患及时处置。

5. 企业应将风险评价的结果及所采取的控制措施对从业人员进行宣传、培训，使其熟悉工作岗位和作业环境中存在的危险、有害因素，掌握、落实应采取的控制措施。

6. 企业应当建立安全风险档案。

四、安全风险报告

企业应按照《江苏省工业企业安全生产风险报告规定》(江苏省人民政府令第 140 号)，落实安全风险报告责任，定期报告较大以上安全风险。

五、重大危险源

1. 企业应按照《危险化学品重大危险源辨识》(GB 18218)辨识并确定重大危险源,建立重大危险源档案。

2. 企业应按照有关规定对重大危险源设置安全监控报警系统。

3. 企业应按照国家有关规定,定期对重大危险源进行安全评估。

4. 企业应对重大危险源的设备、设施定期检查、检验,并做好记录。

5. 企业应制定重大危险源应急救援预案,配备必要的救援器材、装备,每年至少进行1次重大危险源应急救援预案演练。

6. 企业应将重大危险源及相关安全措施、应急措施报送当地县级以上人民政府应急管理部门和有关部门备案。

7. 企业重大危险源的防护距离应满足国家标准或规定。不符合国家标准或规定的,应采取切实可行的防范措施,并在规定期限内进行整改。

六、变更

1. 企业应严格执行变更管理制度,履行下列变更程序:

(1) 变更申请:按要求填写变更申请表,由专人进行管理;

(2) 变更审批:变更申请表应逐级上报主管部门,并按管理权限报主管领导审批;

(3) 变更实施:变更批准后,由主管部门负责实施。不经审查和批准,任何临时性的变更都不得超过原批准范围和期限;

(4) 变更验收:变更实施结束后,变更主管部门应对变更的实施情况进行验收,形成报告,并及时将变更结果通知相关部门和有关人员。

2. 企业应对变更过程产生的风险进行分析和控制。

七、风险信息更新

1. 企业应按照“疑险从有、疑险必研,有险要判、有险必控”的原则,每日在布置生产工作任务的同时,同步研判各项工作的安全风险,落实安全风险管控措施,由主要负责人每天签署安全承诺,在工厂主门外公告,接受公众监督。

2. 企业应定期评审或检查风险评价结果和风险控制效果,并根据评审结果及时更新风险信息。

3. 企业应在下列情形发生时及时进行风险评价,并更新风险信息:

(1) 新的或变更的法律法规或其他要求;

(2) 操作条件变化或工艺改变;

(3) 技术改造项目;

(4) 有对事件、事故或其他信息的新认识;

(5) 组织机构发生大的调整。

八、供应商

企业应严格执行供应商管理制度,对供应商资格预审、选用和续用等过程进行管理,并定期识别与采购有关的风险。

九、安全生产规章制度

1．企业应制定健全的安全生产规章制度，至少包括下列内容：

(1) 安全生产职责；

(2) 识别和获取适用的安全生产法律法规、标准及其他要求；

(3) 安全生产会议管理；

(4) 安全生产费用；

(5) 安全生产奖惩管理；

(6) 管理制度评审和修订；

(7) 安全培训教育；

(8) 特种作业人员管理；

(9) 管理部门、基层班组安全活动管理；

(10) 风险评价；

(11) 隐患排查治理；

(12) 重大危险源管理；

(13) 变更管理；

(14) 事故管理；

(15) 防火、防爆管理，包括禁烟管理；

(16) 消防管理；

(17) 仓库、罐区安全管理；

(18) 关键装置、重点部位安全管理；

(19) 生产设施管理，包括安全设施、特种设备等；

(20) 监视和测量设备管理；

(21) 特殊作业管理，包括动火作业、进入受限空间作业、临时用电作业、高处作业、起重吊装作业、破土作业、断路作业、设备检维修作业、高温作业、抽堵盲板作业管理等；

(22) 危险化学品安全管理，包括剧毒化学品安全管理及危险化学品储存、出入库、运输、装卸等；

(23) 检维修管理；

(24) 生产设施拆除和报废管理；

(25) 承包商管理；

(26) 供应商管理；

(27) 职业卫生管理，包括防尘、防毒管理；

(28) 劳动防护用品(具)和保健品管理；

(29) 作业场所职业危害因素检测管理；

(30) 应急救援管理；

(31) 安全检查管理；

(32) 自评。

2．企业应将安全生产规章制度发放到有关的工作岗位。

十、操作规程

1．企业应根据生产工艺、技术、设备设施特点和原材料、辅助材料、产品的危险性，编制操作规程，并发放到相关岗位。

2. 企业应在新工艺、新技术、新装置、新产品投产或投用前，组织编制新的操作规程。

十一、规章制度和操作规程修订

1. 企业应明确评审和修订安全生产规章制度和操作规程的时机和频次，定期进行评审和修订，确保其有效性和适用性。在发生以下情况时，应及时对相关的规章制度或操作规程进行评审、修订：

(1) 当国家安全生产法律、法规、规程、标准废止、修订或新颁布时；

(2) 当企业归属、体制、规模发生重大变化时；

(3) 当生产设施新建、扩建、改建时；

(4) 当工艺、技术路线和装置设备发生变更时；

(5) 当上级安全监督部门提出相关整改意见时；

(6) 当安全检查、风险评价过程中发现涉及规章制度层面的问题时；

(7) 当分析重大事故和重复事故原因，发现制度性因素时；

(8) 其他相关事项。

2. 企业应组织相关管理人员、技术人员、操作人员和工会代表参加安全生产规章制度和操作规程评审和修订，注明生效日期。

3. 企业应保证使用最新有效版本的安全生产规章制度和操作规程。

第三节　培训教育

一、培训教育管理

1. 企业应严格执行安全培训教育制度，依据国家、地方及行业规定和岗位需要，制定适宜的安全培训教育目标和要求。根据不断变化的实际情况和培训目标，定期识别安全培训教育需求，制定并实施安全培训教育计划。

2. 企业应组织培训教育，保证安全培训教育所需人员、资金和设施。

3. 企业应建立从业人员安全培训教育档案。

4. 企业安全培训教育计划变更时，应记录变更情况。

5. 企业安全培训教育主管部门应对培训教育效果进行评价。

6. 企业应确立终身教育的观念和全员培训的目标，对在岗的从业人员进行经常性安全培训教育。

二、从业人员岗位标准

1. 企业对从业人员岗位标准要求应文件化，做到明确具体。

2. 落实国家、地方及行业等部门制定的岗位标准。

3. 涉及“两重点一重大”生产装置和储存设施的企业，主要负责人和主管生产、设备、技术、安全的负责人必须具备化学、化工、安全等相关专业大专及以上学历或化工类中级及以上职称。

4. 其他化工企业主要负责人、分管安全负责人和分管技术负责人有 3 年以上化工行业从业经历，具有大学专科以上学历；其中至少有 1 人有化工专业大专以上学历，或者具有化工专业高级技术职称。

5. 企业的安全总监应当具有中级及以上技术职称或取得化工安全类注册安全工程师资格。

6. 应急管理部门许可的有生产实体或者储存设施构成重大危险源的危险化学品企业，专职安全管理人员需具有国民教育化工化学类或安全工程大专及以上学历，有 3 年以上化工生产相关从业经历，或取得化工安全类注册安全工程师执业证，或有化工化学类中级以上技术职称。

7. 其他化工企业专职安全管理人员需具有国民教育化工化学类或安全工程中专及以上学历，有 2 年以上化工生产相关从业经历，或取得化工安全类注册安全工程师执业证，或有化工化学类中级以上技术职称。

8. 涉及重大危险源、重点监管化工工艺的生产装置、储存设施操作人员必须具备高中及以上学历或化工类中等及以上职业教育水平，涉及爆炸危险性化学品的生产装置和储存设施的操作人员必须具备化工类大专及以上学历。

9. 危险化学品特种作业人员具有高中或者相当于高中及以上文化程度，具有直接从事危险作业岗位操作的从业经历。

三、管理人员培训

1. 企业主要负责人和安全生产管理人员应接受专门的安全培训教育，经应急管理部门对其安全生产知识和管理能力考核合格，取得安全合格证后方可任职，并按规定参加每年再培训。

2. 企业其他管理人员，包括管理部门负责人和基层单位负责人、专业工程技术人员的安全培训教育由企业相关部门组织，经考核合格后方可任职。

四、从业人员培训教育

1. 企业应对从业人员进行安全培训教育，并经考核合格后方可上岗。从业人员每年应接受再培训，再培训时间不得少于国家或地方政府规定学时。

2. 企业应按有关规定，对新从业人员进行厂级、车间（工段）级、班组级安全培训教育，经考核合格后，方可上岗。新从业人员安全培训教育时间不得少于国家或地方政府规定学时。

3. 企业特种作业人员应按有关规定参加安全培训教育，取得特种作业操作证，方可上岗作业，并定期复审。

4. 企业从事危险化学品运输的驾驶员、船员、押运人员，必须经所在地设区的市级人民政府交通部门考核合格（船员经海事管理机构考核合格），取得从业资格证，方可上岗作业。

5. 企业应在新工艺、新技术、新装置、新产品投产前，对有关人员进行专门培训，经考核合格后，方可上岗。

五、其他人员培训教育

1. 企业从业人员转岗、脱离岗位一年以上（含一年），应进行车间（工段）、班组级安全培训教育，经考核合格后，方可上岗。

2. 企业应对外来参观、学习等人员进行有关安全规定及安全注意事项的培训教育。

3. 企业应对承包商的作业人员进行入厂安全培训教育，经考核合格发放入厂证，保存安全培训教育记录。进入作业现场前,作业现场所在基层单位应对施工单位的作业人员进行进入现场前安全培训教育,保存安全培训教育记录。

六、日常安全教育

1. 企业管理部门、班组应按照月度安全活动计划开展安全活动和基本功训练。

2. 班组安全活动每月不少于 2 次,每次活动时间不少于 1 学时。班组安全活动应有负责人、有计划、有内容、有记录。企业负责人应每月至少参加 1 次班组安全活动,基层单位负责人及其管理人员应每月至少参加 2 次班组安全活动。

3. 管理部门安全活动每月不少于 1 次,每次活动时间不少于 2 学时。

4. 企业安全生产管理部门或专职安全生产管理人员应每月至少 1 次对安全活动记录进行检查,并签字。

5. 企业安全生产管理部门或专职安全生产管理人员应结合安全生产实际,制定管理部门、班组月度安全活动计划,规定活动形式、内容和要求。

第四节　生产设施与工艺安全及作业安全

一、生产设施建设

1. 企业应确保建设项目安全设施与建设项目的主体工程同时设计、同时施工、同时投入生产和使用。

2. 企业应按照建设项目安全许可有关规定,对建设项目的设立阶段、设计阶段、试生产阶段和竣工验收阶段规范管理。

3. 企业应对建设项目的施工过程实施有效安全监督,保证施工过程处于有序管理状态。

4. 企业建设项目建设过程中的变更应严格执行变更管理规定,履行变更程序,对变更全过程进行风险管理。

5. 企业应采用先进的、安全性能可靠的新技术、新工艺、新设备和新材料。

二、安全设施

1. 企业应严格执行安全设施管理制度,建立安全设施台账。

2. 企业应确保安全设施配备符合国家有关规定和标准,做到:

(1) 按照 GB/T 50493 在易燃、易爆、有毒区域设置固定式可燃气体和/或有毒气体的检测报警设施,报警信号应发送至工艺装置、储运设施等控制室或操作室;

(2) 按照 GB 50351 在可燃液体罐区设置防火堤,在酸、碱罐区设置围堤并进行防腐处理;

(3) 宜按照 SH/T 3097 在输送易燃物料的设备、管道安装防静电设施;

(4) 按照 GB 50057 在厂区安装防雷设施;

(5) 按照 GB 50016、GB 50140 配置消防设施与器材;

(6) 按照 GB 50058 设置电力装置;

(7) 按照 GB 39800 配备个体防护装备;

(8) 厂房、库房建筑应符合 GB 50016、GB 50160;

（9）在工艺装置上可能引起火灾、爆炸的部位设置超温、超压等检测仪表、声和/或光报警和安全联锁装置等设施。

3. 企业的各种安全设施应有专人负责管理，定期检查和维护保养。

4. 安全设施应编入设备检维修计划，定期检维修；安全设施不得随意拆除、挪用或弃置不用，因检维修拆除的，检维修完毕后应立即复原。

5. 企业应对监视和测量设备进行规范管理，建立监视和测量设备台账，定期进行校准和维护，并保存校准和维护活动的记录。

三、特种设备

1. 企业应按照《特种设备安全监察条例》管理规定，对特种设备进行规范管理。

2. 企业应建立特种设备台账和档案。

3. 特种设备投入使用前或者投入使用后30日内，企业应当向直辖市或者设区的市特种设备监督管理部门登记注册。

4. 企业应对在用特种设备进行经常性日常维护保养，至少每月进行1次检查，并保存记录。

5. 企业应对在用特种设备及安全附件、安全保护装置、测量调控装置及有关附属仪器仪表进行定期校验、检修，并保存记录。

6. 企业应在特种设备检验合格有效期届满前一个月向特种设备检验检测机构提出定期检验要求。未经定期检验或者检验不合格的特种设备，不得继续使用。企业应将安全检验合格标志置于或者附着于特种设备的显著位置。

7. 企业特种设备存在严重事故隐患，无改造、维修价值，或者超过安全技术规范规定使用年限，应及时予以报废，并向原登记的特种设备监督管理部门办理注销。

8. 企业应开展老旧装置的安全风险排查与评估分级，实施老旧装置安全风险分类整治与管控。

四、工艺安全

1. 企业操作人员应掌握工艺安全信息，主要包括：

（1）化学品危险性信息：① 物理特性；② 化学特性，包括反应活性、腐蚀性、热和化学稳定性等；③ 毒性；④ 职业接触限值。

（2）工艺信息：① 流程图；② 化学反应过程；③ 最大储存量；④ 工艺参数（如：压力、温度、流量）安全上下限值。

（3）设备信息：① 设备材料；② 设备和管道图纸；③ 电气类别；④ 调节阀系统；⑤ 安全设施（如报警器、联锁等）。

2. 企业应保证下列设备设施运行安全可靠、完整：

（1）压力容器和压力管道，包括管件和阀门；

（2）泄压和排空系统；

（3）紧急停车系统；

（4）监控、报警系统；

（5）联锁系统；

（6）各类动设备，包括备用设备等。

3. 企业应对工艺过程进行风险分析：

(1) 工艺过程中的危险性；

(2) 工作场所潜在事故发生因素；

(3) 控制失效的影响；

(4) 人为因素等。

4. 企业生产装置开车前应组织检查，进行安全条件确认。安全条件应满足下列要求：

(1) 现场工艺和设备符合设计规范；

(2) 系统气密测试、动设备空运转调试合格；

(3) 操作规程和应急预案已制订；

(4) 编制并落实了装置开车方案；

(5) 操作人员培训合格；

(6) 各种危险已消除或控制。

5. 企业生产装置停车应满足下列要求：

(1) 编制停车方案；

(2) 操作人员能够按停车方案和操作规程进行操作。

6. 企业生产装置紧急情况处理应遵守下列要求：

(1) 发现或发生紧急情况，应按照不伤害人员为原则，妥善处理，同时向有关方面报告；

(2) 工艺及机电设备等发生异常情况时，采取适当的措施，并通知有关岗位协调处理，必要时，按程序紧急停车。

7. 企业生产装置泄压系统或排空系统排放的危险化学品应引至安全地点并得到妥善处理。

8. 企业操作人员应严格执行操作规程，对工艺参数运行出现的偏离情况及时分析，保证工艺参数控制不超出安全限值，偏差及时得到纠正。

五、关键装置及重点部位

1. 企业应加强对关键装置、重点部位安全管理，实行企业领导干部联系点管理机制。

2. 联系人对所负责的关键装置、重点部位负有安全监督与指导责任，包括：

(1) 指导安全联系点实现安全生产；

(2) 监督安全生产方针、政策、法规、制度的执行和落实；

(3) 定期检查安全生产中存在的问题；

(4) 督促隐患项目治理；

(5) 监督事故处理原则的落实；

(6) 解决影响安全生产的突出问题等。

3. 联系人应每月至少到联系点进行一次安全活动，活动形式包括参加基层班组安全活动、安全检查、督促治理事故隐患、安全工作指示等。

4. 企业应建立关键装置、重点部位档案，建立企业、管理部门、基层单位及班组监控机制，明确各级组织、各专业的职责，定期进行监督检查，并形成记录。

5. 布置在装置区或车间的装置控制室、机柜间、交接班室等重要设施应满足防火、防爆要求。

六、检维修

1. 企业应严格执行检维修管理制度，实行日常检维修和定期检维修管理。

2. 企业应制订年度综合检维修计划，落实“五定”，即定检修方案、定检修人员、定安全措施、定检修质量、定检修进度原则。

3. 企业在进行检维修作业时，应执行下列程序：

(1) 检维修前：①进行危险、有害因素识别；②编制检维修方案；③办理工艺、设备设施交付检维修手续；④对检维修人员进行安全培训教育；⑤检维修前对安全控制措施进行确认；⑥为检维修作业人员配备适当的劳动保护用品；⑦办理各种作业许可证。

(2) 对检维修现场进行安全检查。

(3) 检维修后办理检维修交付生产手续。

七、拆除和报废

1. 企业应严格执行生产设施拆除和报废管理制度。拆除作业前，拆除作业负责人应与需拆除设施的主管部门和使用单位共同到现场进行对接，作业人员进行危险、有害因素识别，制定拆除计划或方案，办理拆除设施交接手续。

2. 企业凡需拆除的容器、设备和管道，应先清洗干净，分析、验收合格后方可进行拆除作业。

3. 企业欲报废的容器、设备和管道内仍存有危险化学品的，应清洗干净，分析、验收合格后，方可报废处置。

八、作业许可

企业应对下列危险性作业活动实施作业许可管理，严格履行审批手续，各种作业许可证中应有危险、有害因素识别和安全措施内容：

1. 动火作业。
2. 受限空间作业。
3. 破土作业。
4. 临时用电作业。
5. 高处作业。
6. 断路作业。
7. 吊装作业。
8. 设备检修作业。
9. 抽堵盲板作业。
10. 其他危险性作业。

九、警示标志

1. 企业应在易燃、易爆、有毒有害等危险场所的醒目位置设置符合 GB 2894 规定的安全标志。

2. 企业应在重大危险源现场设置明显的安全警示标志。

3. 企业应按有关规定，在厂内道路设置限速、限高、禁行等标志。

4. 企业应在检维修、施工、吊装等作业现场设置警戒区域和安全标志，在检修现场的坑、井、洼、沟、陡坡等场所设置围栏和警示灯。

5. 企业应在可能产生严重职业危害作业岗位的醒目位置，按照 GBZ 158 设置职业危害警示标识，同时设置告知牌，告知产生职业危害的种类、后果、预防及应急救治措施、作业场所职业危害因素检测结果等。

6. 企业应按有关规定，在生产区域设置风向标。

十、作业环节

1. 企业应在危险性作业活动作业前进行危险、有害因素识别，制定控制措施。在作业现场配备相应的安全防护用品(具)及消防设施与器材，规范现场人员作业行为。

2. 企业作业活动的负责人应严格按照规定要求科学指挥；作业人员应严格执行操作规程，不违章作业，不违反劳动纪律。

3. 企业作业人员在进行上述“作业许可”小节中规定的作业活动时，应持相应的作业许可证作业。

4. 企业作业活动监护人员应具备基本救护技能和作业现场的应急处理能力，持相应作业许可证进行监护作业，作业过程中不得离开监护岗位。

5. 企业应保持作业环境整洁。

6. 企业同一作业区域内有两个以上承包商进行生产经营活动，可能危及对方生产安全时，应组织并监督承包商之间签订安全生产协议，明确各自安全生产管理职责和应当采取的安全措施，并指定专职安全生产管理人员进行安全检查与协调。

7. 企业应办理机动车辆进入生产装置区、罐区现场相关手续，机动车辆应佩戴标准阻火器、按指定线路行驶。

十一、承包商

企业应严格执行承包商管理制度，对承包商资格预审、选择、开工前准备、作业过程监督、表现评价、续用等过程进行管理，建立合格承包商名录和档案。企业应与选用的承包商签订安全协议书。

第五节　职业健康与危险化学品管理

一、职业危害项目申报

企业如存在法定职业病目录所列的职业危害因素，应按照国家有关规定，及时、如实向所在地卫生健康主管部门申报，接受其监督。

二、作业场所职业危害管理

1. 企业应制定职业危害防治计划和实施方案，建立健全职业卫生档案和从业人员健康监护档案。

2. 企业作业场所应符合 GBZ 1、GBZ 2。

3. 企业应确保使用有毒物品作业场所与生活区分开，作业场所不得住人；应将有害作业与无害作业分开，高毒作业场所与其他作业场所隔离。

4. 企业应在可能发生急性职业损伤的有毒有害作业场所按规定设置报警设施、冲洗设施、防护急救器具专柜，设置应急撤离通道和必要的泄险区，定期检查，并记录。

5. 企业应严格执行生产作业场所职业危害因素检测管理制度，定期对作业场所进行检测，在检测点设置告知牌，告知检测结果，并将结果存入职业卫生档案。

6. 企业不得安排上岗前未经职业健康检查的从业人员从事接触职业病危害的作业；不得安排有职业禁忌的从业人员从事禁忌作业。

三、劳动防护用品

1. 企业应根据接触危害的种类、强度，为从业人员提供符合国家标准或行业标准的个体防护用品和器具，并监督、教育从业人员正确佩戴、使用。

2. 企业各种防护器具都应定点存放在安全、方便的地方，并有专人负责保管，定期校验和维护，每次校验后应记录、铅封。

3. 企业应建立职业卫生防护设施及个体防护用品管理台账，加强对劳动防护用品使用情况的检查监督，凡不按规定使用劳动防护用品者不得上岗作业。

四、危险化学品档案

企业应对所有危险化学品，包括产品、原料和中间产品进行普查，建立危险化学品档案。

五、化学品分类

企业应按照国家有关规定对其产品、所有中间产品进行分类，并将分类结果汇入危险化学品档案。

六、化学品安全技术说明书和安全标签

1. 生产企业的产品属危险化学品时，应按 GB 16483 和 GB 15258 编制产品安全技术说明书和安全标签，并提供给用户。

2. 采购危险化学品时，应索取安全技术说明书和安全标签，不得采购无安全技术说明书和安全标签的危险化学品。

七、化学事故应急咨询服务电话

生产企业应设立 24 小时应急咨询服务固定电话，有专业人员值班并负责相关应急咨询。没有条件设立应急咨询服务电话的，应委托危险化学品专业应急机构作为应急咨询服务代理。

八、危险化学品登记

企业应按照有关规定对危险化学品进行登记。

九、危害告知

企业应以适当、有效的方式对从业人员及相关方进行宣传，使其了解生产过程中危险化学品的危险特性、活性危害、禁配物等，以及采取的预防及应急处理措施。

十、储存和运输

1. 企业应严格执行危险化学品储存、出入库安全管理制度。危险化学品应储存在专用仓库、专用场地或者专用储存室(以下统称专用仓库)内,并按照相关技术标准规定的储存方法、储存数量和安全距离,实行隔离、隔开、分离储存,禁止将危险化学品与禁忌物品混合储存;危险化学品专用仓库应当符合相关技术标准对安全、消防的要求,设置明显标志,并由专人管理;危险化学品出入库应当进行核查登记,并定期检查。

2. 企业的剧毒化学品必须在专用仓库单独存放,实行双人收发、双人保管制度。企业应将储存剧毒化学品的数量、地点以及管理人员的情况,报当地公安部门和应急管理部门备案。

3. 企业应严格执行危险化学品运输、装卸安全管理制度,规范运输、装卸人员行为。

第六节　事故应急与检查自评

一、应急指挥与救援系统

1. 企业应建立应急指挥系统,实行分级管理,即厂级、车间级管理。

2. 企业应建立应急救援队伍。

3. 企业应明确各级应急指挥系统和救援队的职责。

二、应急救援设施

1. 企业应按国家有关规定,配备足够的应急救援器材,并保持完好。

2. 企业应建立应急通信网络,保证应急通信网络的畅通。

3. 企业应为有毒有害岗位配备救援器材柜,放置必要的防护救护器材,进行经常性的维护保养并记录,保证其处于完好状态。

三、应急救援预案与演练

1. 企业按照 GB/T 29639,根据风险评价的结果,针对潜在事件和突发事故,制定相应的事故应急救援预案。

2. 企业应组织从业人员进行应急预案的培训,定期演练,评价演练效果,评价应急预案的充分性和有效性,并形成记录。

3. 企业应定期评审、评估应急预案。

4. 企业应将应急救援预案报县级以上人民政府应急管理部门和其他负有安全生产监督管理职责的部门备案,并通报当地应急协作单位,建立应急联动机制。

四、抢险与救护

1. 企业发生生产安全事故后,应迅速启动应急预案,企业负责人直接指挥,积极组织抢救,妥善处理,以防止事故的蔓延扩大,减少人员伤亡和财产损失。安全、技术、设备、动力、生产、消防、保卫等部门应协助做好现场抢救和警戒工作,保护事故现场。

2. 企业发生有害物大量外泄事故或火灾爆炸事故应设警戒线。

3. 企业抢救人员应佩戴好相应的防护器具，对伤亡人员及时进行抢救处理。

五、事故报告

1. 企业应明确事故报告程序。发生生产安全事故后，事故现场有关人员除立即采取应急措施外，应按规定和程序报告本单位负责人及有关部门。情况紧急时，事故现场有关人员可以直接向事故发生地县级以上人民政府应急管理部门和负有安全生产监督管理职责的有关部门报告。

2. 企业负责人接到事故报告后，应当于1小时内向事故发生地县级以上应急管理部门和负有安全生产监管职责的有关部门报告。

3. 企业在事故报告后出现新情况时，应按有关规定及时补报。

六、事故调查

1. 企业发生生产安全事故后，应积极配合各级人民政府组织的事故调查，负责人和有关人员在事故调查期间不得擅离职守，应当随时接受事故调查组的询问，如实提供有关情况。

2. 未造成人员伤亡的一般事故，县级人民政府委托企业负责组织调查的，企业应按规定成立事故调查组组织调查，按时提交事故调查报告。

3. 企业应落实事故整改和预防措施，防止事故再次发生。整改和预防措施应包括：

(1) 工程技术措施；

(2) 培训教育措施；

(3) 管理措施。

4. 企业应建立事故档案和事故管理台账。

七、安全检查

1. 生产经营单位应当建立健全并落实生产安全事故隐患排查治理制度，采取技术、管理措施，及时发现并消除事故隐患。

2. 企业应根据安全生产法律法规和安全风险管控情况，针对可能发生安全事故的风险点，全面开展安全风险隐患排查工作，做到安全风险隐患排查全覆盖，责任到人。

3. 企业各种安全检查表应作为企业有效文件，并在实际应用中不断完善。

八、安全检查形式与内容

1. 企业应根据事故隐患排查计划，开展日常排查、综合性排查、专业性排查、季节性排查、重点时段及节假日前排查、事故类比排查、复产复工前排查和外聘专家诊断式排查、操作人员现场巡检，以及基层车间（装置）直接管理人员（工艺、设备技术人员）和电气、仪表人员专业检查等，建立隐患排查治理台账，并与责任制考核挂钩。

2. 企业隐患排查形式、内容和频次应满足规定要求。

九、隐患治理

1. 对排查发现的安全隐患，应当立即组织整改，并如实记录安全隐患排查治理情况，建立安全隐患排查治理台账，及时向员工通报。

2. 对于不能立即完成整改的隐患，应进行安全风险分析，并应从工程控制、安全管理、个体防护、应急处置及培训教育等方面采取有效的管控措施，防止安全事故的发生。

3. 利用信息化手段实现风险隐患排查闭环管理的全程留痕，形成排查治理全过程记录信息数据库。

十、自评

企业应每年至少 1 次对安全标准化运行进行自评，提出进一步完善安全标准化的计划和措施。

第十章　典型事故案例分析

第一节　2022年典型事故案例分析

案例1

芮城县圣奥化工有限公司“5·31”较大燃爆事故

2022年5月31日14时12分，芮城县圣奥化工有限公司在检修冰机动火作业过程中发生燃爆事故，造成3人死亡，3人受伤，直接经济损失367.0293万元。

一、事故原因

（一）直接原因

切割作业过程中溅落的火花引起管沟及密闭地下池中可燃气体与空气形成的混合性气体燃爆。

经查看事故现场视频，与冰机正对的管沟先起火燃烧随即发生爆炸，可以确定为燃爆事故。

可燃气体成分及来源，事故后现场勘查，发现厂房内3个地下池内有约0.5 m深的液体，询问企业人员，3个地下池内主要为日常生产过程中清洗地面、设备等排出的冲洗水。对地池液体取样分析，含有乙胺成分。企业厂房内工艺过程基本采用人工作业方式，对各种设备进行加料、出料等过程。企业在事故装置生产过程中使用涉及的物料包括乙胺溶液、盐酸等易燃有害化学品，乙胺极易挥发，而且比空气重，可较长时间在地下池积聚，随时间逐步形成达到爆炸极限范围的混合气体。

（二）相关企业主要问题

1. 芮城县圣奥化工有限公司存在的问题

一是安全管理严重缺位。安全生产责任制形同虚设，实际主要负责人、安全管理人员无安全管理合格证，持证主要负责人、安全管理人员实为公司财务人员。此次检修没有制定检修方案，没有履行安全检修的交接手续，没有进行检修前的安全教育，没有办理相关的作业票证，特种作业人员无证上岗。

二是特殊作业管理混乱。票证办理流于形式，作业票办理均是主要负责人及安全管理持证人员在空白作业票证提前签字，需要作业时再填写其他内容。事故当天动火作业没有办理动火作业票，未按照要求进行危险有害因素识别。

三是安全培训教育不到位。未认真落实年度安全培训计划，未建立健全安全培训档案，安全培训缺乏针对性，存在走过场。

四是车间内平面布置存在重大缺陷。在甲类车间内设置有地下水池、管沟，不符合GB 50016—2014版第3.6.6(3)的要求，管沟、地下水池未采取任何防止气体聚集的安全措施。

五是外来人员管理混乱。企业未建立外来人员管理制度，未对外来从业人员进行安全风险告知，未建立外来人员培训记录。本次作业未对西安久鼎制冷设备有限公司技术人员杨××进行动火作业的安全交底。

2. 西安久鼎制冷设备有限公司存在的问题

西安久鼎制冷设备有限公司对技术人员业务培训不到位，该公司业务人员杨××在未充分了解事故车间布置的情况下，对现场风险辨识不足，指导企业作业人员直接排放冷凝器中的氟利昂，造成部分氟利昂进入地下水池，对池内可燃气体造成扰动，整个可燃气体平面上移。

3. 设计诊断单位存在的问题

山西惟智安环科技有限公司不具备化工设计资质与圣奥化工等11家化工企业签订设计诊断合同，朱××不是设计单位人员，违规进行设计诊断工作，通过张×出具虚假诊断报告。设计诊断报告未对密闭地下池、管沟进行危险有害因素分析，未对甲类车间设置的密闭地下池、管沟提出明确诊断分析及对应整改措施，设计诊断报告存在重大缺陷(经公安部门鉴定设计诊断报告系伪造公章)。

案例 2

安徽昊源化工集团有限公司"2022·5·11"较大中毒和窒息事故

2022年5月11日9时45分许，安徽昊源化工集团有限公司气化车间渣锁斗B检修作业中发生一起中毒和窒息事故，造成3人死亡，直接经济损失560.32万元。

一、事故的直接原因

经调查认定，事故的直接原因是：昊源化工相关作业人员未认真落实受限空间作业安全管理有关规定，在办理受限空间作业票证时，取样人员未按照有关要求取样，未能检测出渣锁斗底部二氧化碳气体浓度超标；渣锁斗内通风不彻底；作业人员进入渣锁斗进行作业前，安全措施确认人未对照安全措施进行逐一确认，有关人员进入渣锁斗作业未落实有关安全措施，造成人员窒息死亡。

渣锁斗内存在的有害气体分析：经调查，气化炉系统在停车置换合格后与其他系统采用盲板进行了隔离，排除了其他系统有害气体进入渣锁斗B内的可能。由于事故渣锁斗B的排渣阀在事故发生前一直处于关闭状态，因此捞渣机B内的有害气体无法通过排渣管道进入渣锁斗B内，故排除捞渣池内有害气体进入渣锁斗B的可能。

5月9日14时28分许，现场中控关闭了渣锁斗B的排渣阀，之后，渣锁斗B的排渣阀直至事故发生时一直处于关闭状态。

5月10日1时51分，现场中控关小开工引射器的蒸汽调节阀，抽气压力从−8.9 kPa上升至−1.72 kPa。5月10日11时许，气化炉烧嘴拆开，16时许四楼渣锁斗B上方的破渣机被移开。

综上，在渣锁斗出口排渣阀关闭期间，从开工引射器抽气压力下降到渣锁斗与气化炉间连接的破渣机拆除的时间段内，气化炉内气体处于相对不流动状态，由于 CO_2 密度比空气大，在10余小时的时间里，气化炉内残余 CO_2 和积灰中解析出的部分 CO_2 在重力作用下向渣锁斗底部沉积，导致渣锁斗底部 CO_2 不断积聚。

综合以上分析，事故发生时，事故渣锁斗 B 内底部存在大量 CO_2 气体。

二、事故的间接原因

1. 系统空气置换期间，事故渣锁斗排渣阀关闭后至事故发生时一直未打开，导致事故渣锁斗内气体置换不彻底，渣锁斗内存在窒息性气体 CO_2。

2. 未能有效组织开展员工安全培训教育，从业人员的安全意识淡薄，受限空间应急救援知识和技能缺乏，施救人员未做好安全防护的情况下进入施救，导致伤亡扩大。

3. 地方政府相关部门履行安全监督管理职责不力。

第二节　2021 年典型事故案例分析

河南顺达新能源科技有限公司“1·14”中毒事故

2021 年 1 月 14 日 16 时 20 分左右，位于驻马店高新技术产业开发区的河南顺达新能源科技有限公司在 1＃水解保护剂罐进行保护剂扒出作业时，发生一起窒息事故，造成 4 人死亡、3 人受伤，直接经济损失约 1 010 万元。

事故的直接原因：作业人员违章作业，致使作业人员缺氧窒息晕倒，现场人员救援能力不足，组织混乱，导致事故扩大。主要教训：河南顺达新能源科技有限公司安全风险辨识不足，未明确高浓度氮气造成的窒息风险；安全技术措施审查把关不严，未将受限空间与危险化学品管道进行隔离；现场管理不到位，受限空间作业人员佩戴正压面罩后无紧固措施；安全投入不足，未向净化车间配备体积小、适合进出罐作业的正压式呼吸器；应急救援演练针对性不强，未开展特殊受限空间作业防中毒方案演练。此外，其股东昊华骏化集团有限公司未落实安全生产责任制，对下属企业高风险作业安全技术措施进行审查、检查责任失管失察。

湖北仙隆化工股份有限公司“2·26”爆炸事故

2021 年 2 月 26 日 16 时 19 分左右，湖北仙隆化工股份有限公司复工复产期间，非法生产甲基硫化物发生爆炸事故，造成 4 人死亡、4 人受伤。

初步分析事故的主要原因：事故单位进行甲基硫化物蒸馏提纯，在更换搅拌电机减速机时，未对蒸馏釜内物料进行冷却，导致釜内甲基硫化物升温，发生剧烈分解引发爆炸。主要教训：仙隆化工股份有限公司法律意识淡薄，主要负责人不懂化工，在未经变更、未经设计、未经许可的情况下，借合法生产之名（许可为乙基氯化物）非法组织生产甲基硫化物；一线从业人员文化水平偏低，缺乏安全意识和风险辨识管控能力。

吉林化纤股份有限公司"2·27"中毒事故

2021年2月27日23时10分许，吉林化纤股份有限公司发生一起较大中毒事故，造成5人死亡、8人受伤，直接经济损失约829万元。

事故的直接原因：长丝八车间部分排风机停电停止运行，该车间三楼回酸高位罐酸液中逸出的硫化氢无法经排风管道排出，致硫化氢从高位罐顶部敞口处逸出，并扩散到楼梯间内。硫化氢在楼梯间内大量聚集，达到致死浓度。新原液车间工艺班班长在经楼梯间前往三楼作业岗位途中，吸入硫化氢中毒，在对其施救过程中多人中毒，导致事故后果扩大。主要教训：吉林化纤股份有限公司重要安全设备缺失，未设置固定式有毒气体报警装置、事故通风系统、全线DCS集散式自动控制系统和双回路电源供电；风险辨识和管控缺失，未辨识出八纺酸站三楼存在硫化氢中毒风险；事故应急处置不力，未制定现场处置方案，未配备应急器材等管控措施；相关人员安全意识淡薄，安全教育和培训流于形式。

黑龙江凯伦达科技有限公司"4·21"中毒事故

2021年4月21日13时43分，绥化安达市黑龙江凯伦达科技有限公司发生一起中毒窒息事故，造成4人死亡、9人中毒受伤，直接经济损失约873万元。事故发生在三车间制气工段制气釜停工检修过程中。

初步分析事故的主要原因：在4个月的停产期间，制气釜内气态物料未进行退料、隔离和置换，釜底部聚集了高浓度的氧硫化碳与硫化氢混合气体，维修作业人员在没有采取任何防护措施的情况下，进入制气釜底部作业，吸入有毒气体造成中毒窒息。在抢救过程中救援人员在没有防护措施的情况下多次向釜内探身、呼喊、拖拽施救，致使现场9人不同程度中毒受伤。主要教训：凯伦达科技有限公司法律意识缺失、安全意识淡薄，未落实安全生产主体责任，违规组织受限空间作业；风险辨识和隐患排查治理不到位，未辨识出制气釜检修存在中毒窒息风险；安全管理制度不完善，缺少停车作业内容，对釜内物料退料、置换的操作规定不明确；作业人员岗位培训不到位，未开展特殊作业安全培训；应急处置能力不足，未配备足够应急救援物资和个人防护用品。此外，未依法取得建设项目施工许可证，擅自开工建设，未批先建问题突出。

河北鼎睿石化有限公司"5·31"火灾事故

2021年5月31日14时28分，位于沧州市渤海新区南大港产业园区东兴工业区的鼎睿石化有限公司发生火灾事故，直接经济损失约3 872万元，未造成人员伤亡。

初步分析事故的主要原因：鼎睿石化有限公司在油气回收管线未安装阻火器和切断阀的情况下，违规动火作业，引发管内及罐顶部可燃气体闪爆，引燃罐内稀释沥青。主要教训：鼎睿石化有限公司法律意识淡薄，在储罐建成未验收的情况下，擅自投入使用，非法储存稀释沥青；在动火作业前未进行危险因素辨识，未制定并落实动火作业的安全措施，违章指挥无证人员动火作业。

第三节　2020年典型事故案例分析

案例8

辽宁葫芦岛辽宁先达农业科学有限公司"2·11"爆炸事故

2020年2月11日19时50分左右，位于辽宁葫芦岛经济开发区的辽宁先达农业科学有限公司烯草酮车间发生爆炸事故，造成5人死亡、10人受伤，直接经济损失约1 200万元。

发生原因是烯草酮工段操作人员未对物料进行复核确认、错误地将丙酰三酮加入氯代胺储罐内，导致丙酰三酮和氯代胺在储罐内发生反应，放热并积累热量，物料温度逐渐升高，最终导致物料分解、爆炸。主要教训：辽宁先达农业科学有限公司安全生产规章制度不健全、执行不规范，生产异常应急处理机制不健全，对从业人员安全教育培训不到位，烯草酮车间管理人员职责划分不清。

案例9

内蒙古鄂尔多斯市华冶煤焦化有限公司"4·30"火灾事故

2020年4月30日8时30分许，内蒙古鄂尔多斯市华冶煤焦化有限公司化产回收车间冷鼓工段2＃电捕焦油器发生燃爆事故，造成4人死亡，直接经济损失843.7万元。

发生原因是作业人员违反安全作业规定，在2＃电捕焦油器顶部进行作业时，未有效切断煤气来源，导致煤气漏入2＃电捕焦油器内部，与空气形成易燃易爆混合气体，作业过程中产生明火，发生燃爆。主要教训：华冶煤焦化有限公司安全生产责任制、安全生产规章制度和操作规程不健全，落实不到位，对煤气设备组织检维修前未制定检维修方案，未进行安全风险分析，未办理特殊作业审批手续；检维修工作安排不合理，形成交叉作业；监测报警设施不完好，不能正常使用；安全培训教育不深入，从业人员安全素质不高。

案例10

湖北仙桃蓝化有机硅有限公司"8·3"闪爆事故

2020年8月3日17时39分左右，湖北省仙桃市蓝化有机硅有限公司甲基三丁酮肟基硅烷车间发生爆炸事故，造成6人死亡、4人受伤。发生爆炸的装置未经正规设计，违法私自组织建设开工，在试生产过程中发生事故。

据初步调查，发生原因是操作工在清理分层塔内积液时，没有彻底将分层塔底部丁酮肟盐酸盐排放至萃取工序，导致大量丁酮肟盐酸盐随上层清液进入产品中和工序，进入1＃静置槽继续反应，反应热量在静置槽中累积，静置槽没有温度监测及降温措施，丁酮肟盐酸盐发生分解爆炸。主要教训：操作人员安全风险辨识不到位，对丁酮肟盐酸盐危险性认识不足，无操作规程。

山西孝义山西晋茂能源科技有限公司"9·14"中毒事故

2020年9月14日9时许，山西晋茂能源科技有限公司VOCs处理装置发生一起有毒气体泄漏中毒事故，造成4人死亡、1人受伤。根据山西省焦化产业政策，该企业计划关闭退出。

据初步调查，发生原因是VOCs工段操作人员操作不当，将酸洗塔废液排入地槽，又把碱洗塔内的碱性废液排入地槽，地下槽内酸碱废液发生反应，生成硫化氢气体溢散导致人员中毒。主要教训：事故企业对VOCs治理设施安全风险辨识不到位、操作人员技能不足、临近关闭退出安全管理松懈。

甘肃张掖耀邦化工科技有限公司"9·14"中毒事故

2020年9月14日22时01分，位于甘肃省张掖市高台县盐池工业园区的张掖耀邦化工科技有限公司污水处理厂发生硫化氢气体中毒事故，造成3人死亡，直接经济损失450万元。

发生原因是企业污水处理厂当班人员违反操作规程将盐酸快速加入含有大量硫化物的废水池内进行中和，致使大量硫化氢气体短时间内快速溢出，当班人员在未穿戴安全防护用品的情况下冒险进入危险场所，吸入高浓度的硫化氢等有毒混合气体，导致人员中毒。主要教训：该项目环境影响评价文件未依法经审批部门审查批准，擅自开工建设并投入使用；企业擅自改变生产废水处理工艺和方式，设计处理方式为污水处理中和车间中和釜反应处理，于2020年9月11日擅自将污水处理方式变更为废水池中和处理；未对2020年9月13日专家提出的15条隐患问题进行彻底整改，即违法组织试生产；安全教育培训制度和安全管理职责未落实，隐患排查治理不彻底。

案例13

湖北天门楚天生物科技有限公司"9·28"爆炸事故

2020年9月28日14时07分左右，湖北省天门市楚天生物科技有限公司发生爆炸事故，造成6人死亡、1人受伤。

据初步调查，发生原因是在进行压滤试验时，静电引燃危险物料分解爆炸。主要教训：发生爆炸的装置采用的工艺技术来自沿海省份，由于反应后物料环保处理达不到要求转移至该地区，事故企业在不了解物料危险特性的情况下，私自摸索试验，压滤过程中发生爆炸。

案例14

浙江衢州中天东方氟硅材料有限公司"11·9"火灾事故

2020年11月9日11时17分许，浙江省衢州市中天东方氟硅材料有限公司发生火灾事故，过火面积约9 000 m^2，虽未造成人员伤亡，但造成较大社会影响。

据初步调查，发生原因是，事故企业3#堆场用吨桶储存的甲基氯硅烷高沸物泄漏，作业人员使用熟石灰粉中和泄漏出的高沸物，并将中和后的混合物装入塑料编织袋，石灰粉与高沸物继续反应，放出热量、集聚（甲基氯硅烷高沸物遇湿、遇碱剧烈反应并放热），致使混合物和编织袋起火燃烧，引燃并烧毁临近的其他吨桶，导致大量高沸物泄漏，造成过火面积扩大。主要教训：事故企业安全意识和法制意识淡薄、违规用丙类仓库储存甲类危险化学品；操作人员安全知识不足，对甲基氯硅烷高沸物危险特性不掌握，盲目使用熟石灰粉中和。

案例15

江西吉安海洲医药化工有限公司"11·17"爆炸事故

2020年11月17日7时21分左右，位于江西省吉安市井冈山经开区富滩产业园海洲医药化工有限公司发生爆炸事故，造成3人死亡、5人受伤。

据初步调查，发生原因是303釜处理的对甲苯磺酰脲废液中含有溶剂氯化苯，操作工使用真空泵转料至302釜中，因302釜刚蒸馏完前一批次物料尚未冷却降温，废液中的氯化苯受热形成爆炸性气体，转料过程中产生静电引起爆炸。主要教训：事故企业主要负责人安全意识淡薄，未落实法定职责组织制定废液处理操作规程；对废液处理工艺安全风险认识不足，未进行安全风险辨识并落实管控措施；未严格落实变更管理制度，随意利用闲置设备设施蒸馏废液。

第四节　2020年前典型事故案例分析

案例16

江苏响水天嘉宜化工有限公司"3·21"特别重大爆炸事故

2019年3月21日14时48分许，位于江苏省盐城市响水县生态化工园区的天嘉宜化工有限公司（以下简称天嘉宜公司）发生特别重大爆炸事故，造成78人死亡、76人重伤，640人住院治疗，直接经济损失198 635.07万元。

一、事故直接原因

事故调查组通过深入调查和综合分析认定，事故直接原因是天嘉宜公司旧固废库内长期违法贮存的硝化废料持续积热升温导致自燃，燃烧引发硝化废料爆炸。

起火位置为天嘉宜公司旧固废库中部偏北堆放硝化废料部位。经对天嘉宜公司硝化废料取样进行燃烧实验，表明硝化废料在产生明火之前有白烟出现，燃烧过程中伴有固体颗粒燃烧物溅射，同时产生大量白色和黑色的烟雾，火焰呈黄红色。经与事故现场监控视频比对，事故初始阶段燃烧特征与硝化废料的燃烧特征相吻合，认定最初起火物质为旧固废库内堆放的硝化废料。

事故调查组认定贮存在旧固废库内的硝化废料属于固体废物，经委托专业机构鉴定属于危险废物。

起火原因:事故调查组通过调查逐一排除了其他起火原因,认定为硝化废料分解自燃起火。

经对样品进行热安全性分析,硝化废料具有自分解特性,分解时释放热量,且分解速率随温度升高而加快。实验数据表明,绝热条件下,硝化废料的贮存时间越长,越容易发生自燃。天嘉宜公司旧固废库内贮存的硝化废料,最长贮存时间超过七年。在堆垛紧密、通风不良的情况下,长期堆积的硝化废料内部因热量累积,温度不断升高,当上升至自燃温度时发生自燃,火势迅速蔓延至整个堆垛,堆垛表面快速燃烧,内部温度快速升高,硝化废料剧烈分解发生爆炸,同时殉爆库房内的所有硝化废料,共计约 600 吨袋(1 吨袋可装约 1 t 货物)。

二、企业主要问题

(一) 天嘉宜公司

天嘉宜公司无视国家环境保护和安全生产法律法规,长期违法违规贮存、处置硝化废料,企业管理混乱,是事故发生的主要原因。

1. 刻意瞒报硝化废料

违反《中华人民共和国环境保护法》(简称《环境保护法》)《中华人民共和国环境影响评价法》(简称《环境影响评价法》),擅自改变硝化车间废水处置工艺,通过加装冷却釜冷凝析出废水中的硝化废料,未按规定重新报批环境影响评价文件,也未在项目验收时据实提供情况;违反《中华人民共和国固体废物污染环境防治法》(简称《固体废物污染环境防治法》),在明知硝化废料具有燃烧、爆炸、毒性等危险特性情况下,始终未向环保(生态环境)部门申报登记,甚至通过在旧固废库内硝化废料堆垛前摆放“硝化半成品”牌子、在硝化废料吨袋上贴“硝化粗品”标签的方式刻意隐瞒欺骗。据天嘉宜公司法定代表人陶××、总经理张××(企业实际控制人)、负责环保的副总经理杨×等供述,硝化废料在 2018 年 10 月复产之前不贴“硝化粗品”标签,复产后为应付环保检查,张××和杨×要求贴上“硝化粗品”标签,在旧固废库硝化废料堆垛前摆放“硝化半成品”牌子,“其实还是公司产生的危险废物”。

2. 长期违法贮存硝化废料

天嘉宜公司苯二胺项目硝化工段投产以来,没有按照《国家危险废物名录》《危险废物鉴别标准》对硝化废料进行鉴别、认定,没有按危险废物要求进行管理,而是将大量的硝化废料长期存放于不具备贮存条件的煤棚、固废仓库等场所,超时贮存问题严重,最长贮存时间甚至超过 7 年,严重违反《安全生产法》《固体废物污染环境防治法》、原环保部和原卫生部联合下发的《关于进一步加强危险废物医疗废物监管工作的意见》关于贮存危险废物不得超过一年的有关规定。

3. 违法处置固体废物

违反《环境保护法》《固体废物污染环境防治法》和《环境影响评价法》,多次违法掩埋、转移固体废物,偷排含硝化废料的废水。2014 年以来,8 次因违法处置固体废物被响水县环保局累计罚款 95 万元,其中:2014 年 10 月因违法将固体废物埋入厂区内 5 处地点,受到行政处罚;2016 年 7 月因将危险废物贮存在其他公司仓库造成环境污染,再次受到行政处罚。曾因非法偷运、偷埋危险废物 124.18 t,被追究刑事责任。

4. 固废和废液焚烧项目长期违法运行

违反《环境保护法》有关“三同时”的规定、《建设项目竣工环境保护验收管理办法》,2016 年 8 月,固废和废液焚烧项目建成投入使用,未按响水县环保局对该项目环评批复核定的范围,以调试、试生产名义长期违法焚烧硝化废料,每个月焚烧 25 天以上。至事故发生时固废和废液焚烧项目仍未通过响水县环保局验收。

5. 安全生产严重违法违规

在实际控制人犯罪判刑不具备担任主要负责人法定资质的情况下，让硝化车间主任挂名法定代表人，严重不诚信。违反《安全生产法》，实际负责人未经考核合格，技术团队仅了解硝化废料着火、爆炸的危险特性，对大量硝化废料长期贮存引发爆炸的严重后果认知不够，不具备相应管理能力。安全生产管理混乱，在2017年因安全生产违法违规，3次受到响水县原安监局行政处罚。违反《安全生产法》，公司内部安全检查弄虚作假，未实际检查就提前填写检查结果，3月21日下午爆炸事故已经发生，但重大危险源日常检查表中显示当晚7时30分检查结果为正常。

6. 违法未批先建问题突出

违反《中华人民共和国城乡规划法》《中华人民共和国建筑法》，2010年至2017年，在未取得规划许可、施工许可的情况下，擅自在厂区内开工建设包括固废仓库在内的6批工程。

案例17

天津港"8·12"瑞海公司危险品仓库特别重大火灾爆炸事故

事故造成165人遇难(参与救援处置的公安现役消防人员24人、天津港消防人员75人、公安民警11人，事故企业、周边企业员工和周边居民55人)，8人失踪(天津港消防人员5人，周边企业员工、天津港消防人员家属3人)，798人受伤住院治疗(伤情重及较重的伤员58人、轻伤员740人)；304幢建筑物(其中办公楼宇、厂房及仓库等单位建筑73幢，居民1类住宅91幢、2类住宅129幢、居民公寓11幢)、1 2428辆商品汽车、7 533个集装箱受损。直接经济损失68.66亿元人民币。

一、事故直接原因

（一）最初起火部位认定

通过调查询问事发当晚现场作业员工、调取分析位于瑞海公司北侧的环发讯通公司的监控视频、提取对比现场痕迹物证、分析集装箱毁坏和位移特征，认定事故最初起火部位为瑞海公司危险品仓库运抵区南侧集装箱区的中部。

（二）起火原因分析认定

1. 排除人为破坏因素、雷击因素和来自集装箱外部引火源

公安部派员指导天津市公安机关对全市重点人员和各种矛盾的情况以及瑞海公司员工、外协单位人员情况进行了全面排查，对事发时在现场的所有人员逐人定时定位，结合事故现场勘查和相关视频资料分析等工作，可以排除恐怖犯罪、刑事犯罪等人为破坏因素。

现场勘验表明，起火部位无电气设备，电缆为直埋敷设且完好，附近的灯塔、视频监控设施在起火时还正常工作，可以排除电气线路及设备因素引发火灾的可能。

同时，运抵区为物理隔离的封闭区域，起火当天气象资料显示无雷电天气，监控视频及证人证言证实起火时运抵区内无车辆作业，可以排除遗留火种、雷击、车辆起火等外部因素。

2. 筛查最初着火物质

事故调查组通过调取天津海关H2010通关管理系统数据等，查明事发当日瑞海公司危险

品仓库运抵区储存的危险货物包括第 2、3、4、5、6、8 类及无危险性分类数据的物质，共 72 种。对上述物质采用理化性质分析、实验验证、视频比对、现场物证分析等方法，逐类逐种进行了筛查：

第 2 类气体 2 种，均为不燃气体；第 3 类易燃液体 10 种，均无自燃或自热特性，且其中着火可能性最高的一甲基三氯硅烷燃烧时火焰较小，与监控视频中猛烈燃烧的特征不符；第 5 类氧化性物质 5 种，均无自燃或自热特性；第 6 类毒性物质 12 种、第 8 类腐蚀性物质 8 种、无危险性分类数据物质 27 种，均无自燃或自热特性；第 4 类易燃固体、易于自燃的物质、遇水放出易燃气体的物质 8 种，除硝化棉外，均不自燃或自热。实验表明，在硝化棉燃烧过程中伴有固体颗粒燃烧物飘落，同时产生大量气体，形成向上的热浮力。经与事故现场监控视频比对，事故最初的燃烧火焰特征与硝化棉的燃烧火焰特征相吻合。同时查明，事发当天运抵区内共有硝化棉及硝基漆片 32.97 t。因此，认定最初着火物质为硝化棉。

3. 认定起火原因

硝化棉（$C_{12}H_{16}N_4O_{18}$）为白色或微黄色棉絮状物，易燃且具有爆炸性，化学稳定性较差，常温下能缓慢分解并放热，超过 40℃时会加速分解，放出的热量如不能及时散失，会造成硝化棉温升加剧，达到 180℃时能发生自燃。硝化棉通常加乙醇或水作湿润剂，一旦湿润剂散失，极易引发火灾。

实验表明，去除湿润剂的干硝化棉在 40℃时发生放热反应，达到 174℃时发生剧烈失控反应及质量损失，自燃并释放大量热量。如果在绝热条件下进行实验，去除湿润剂的硝化棉在 35℃时即发生放热反应，达到 150℃时即发生剧烈的分解燃烧。

经对向瑞海公司供应硝化棉的河北三木纤维素有限公司、衡水新东方化工有限公司调查，企业采取的工艺为：先制成硝化棉水棉（含水 30%）作为半成品库存，再根据客户的需要，将湿润剂改为乙醇，制成硝化棉酒棉，之后采用人工包装的方式，将硝化棉装入塑料袋内，塑料袋不采用热塑封口，用包装绳扎口后装入纸筒内。据瑞海公司员工反映，在装卸作业中存在野蛮操作问题，在硝化棉装箱过程中曾出现包装破损、硝化棉散落的情况。

对样品硝化棉酒棉湿润剂挥发性进行的分析测试表明：如果包装密封性不好，在一定温度下湿润剂会挥发散失，且随着温度升高而加快；如果包装破损，在 50℃下 2 小时乙醇湿润剂会全部挥发散失。

事发当天最高气温达 36℃，实验证实，在气温为 35℃时集装箱内温度可达 65℃以上。

以上几种因素耦合作用引起硝化棉湿润剂散失，出现局部干燥，在高温环境作用下，加速分解反应，产生大量热量，由于集装箱散热条件差，致使热量不断积聚，硝化棉温度持续升高，达到其自燃温度，发生自燃。

二、爆炸过程分析

集装箱内硝化棉局部自燃后，引起周围硝化棉燃烧，放出大量气体，箱内温度、压力升高，致使集装箱破损，大量硝化棉散落到箱外，形成大面积燃烧，其他集装箱（罐）内的精萘、硫化钠、糠醇、三氯氢硅、一甲基三氯硅烷、甲酸等多种危险化学品相继被引燃并介入燃烧，火焰蔓延到邻近的硝酸铵（在常温下稳定，但在高温、高压和有还原剂存在的情况下会发生爆炸；在 110℃开始分解，230℃以上时分解加速，400℃以上时剧烈分解、发生爆炸）集装箱。随着温度持续升高，硝酸铵分解速度不断加快，达到其爆炸温度（实验证明，硝化棉燃烧 0.5 小时后达到 1 000℃以上，大大超过硝酸铵的分解温度）。23 时 34 分 06 秒，发生了第一次爆炸。

距第一次爆炸点西北方向约 20 m 处，有多个装有硝酸铵、硝酸钾、硝酸钙、甲醇钠、金属镁、金属钙、硅钙、硫化钠等氧化剂、易燃固体和腐蚀品的集装箱。受到南侧集装箱火焰蔓延作用以及第一次爆炸冲击波影响，23 时 34 分 37 秒发生了第二次更剧烈的爆炸。

据爆炸和地震专家分析，在大火持续燃烧和两次剧烈爆炸的作用下，现场危险化学品爆炸的次数可能是多次，但造成现实危害后果的主要是两次大的爆炸。经爆炸科学与技术国家重点实验室模拟计算得出，第一次爆炸的能量约为 15 t TNT 当量，第二次爆炸的能量约为 430 t TNT 当量。考虑期间还发生多次小规模的爆炸，确定本次事故中爆炸总能量约为 450 t TNT 当量。

最终认定事故直接原因：瑞海公司危险品仓库运抵区南侧集装箱内的硝化棉由于湿润剂散失出现局部干燥，在高温（天气）等因素的作用下加速分解放热，积热自燃，引起相邻集装箱内的硝化棉和其他危险化学品长时间大面积燃烧，导致堆放于运抵区的硝酸铵等危险化学品发生爆炸。

三、瑞海公司存在的主要问题

瑞海公司违法违规经营和储存危险货物，安全管理极其混乱，未履行安全生产主体责任，致使大量安全隐患长期存在。

1. 严重违反天津市城市总体规划和滨海新区控制性详细规划，未批先建、边建边经营危险货物堆场

2013 年 3 月 16 日，瑞海公司违反《中华人民共和国城乡规划法》《安全生产法》《中华人民共和国港口法》《环境影响评价法》《消防法》《建设工程质量管理条例》《国务院关于投资体制改革的决定》《港口危险货物安全管理规定》等法律法规的有关规定，违反《天津市城市总体规划》和 2009 年 10 月《滨海新区西片区、北塘分区等区域控制性详细规划》和 2010 年 4 月《滨海新区北片区、核心区、南片区控制性详细规划》关于事发区域为现代物流和普通仓库区域的有关规定，在未取得立项备案、规划许可、消防设计审核、安全评价审批、环境影响评价审批、施工许可等必需的手续的情况下，在现代物流和普通仓储区域违法违规自行开工建设危险货物堆场改造项目，并于当年 8 月底完工。8 月中旬，当堆场改造项目即将完工时，瑞海公司才向有关部门申请立项备案、规划许可等手续。2013 年 8 月 13 日，天津市发改委才对这一堆场改造工程予以立项。而且，该公司自 2013 年 5 月 18 日起就开展了危险货物经营和作业，属于边建设边经营。

2. 无证违法经营

按照有关法律法规，在港区内从事危险货物仓储业务经营的企业，必须同时取得“港口经营许可证”和“港口危险货物作业附证”，但瑞海公司在 2015 年 6 月 23 日取得上述两证前实际从事危险货物仓储业务经营的两年多时间里，除 2013 年 4 月 8 日至 2014 年 1 月 11 日、2014 年 4 月 16 日至 10 月 16 日期间依天津市交通运输和港口管理局的相关批复经营外，2014 年 1 月 12 日至 4 月 15 日、2014 年 10 月 17 日至 2015 年 6 月 22 日共 11 个月的时间里既没有批复，也没有许可证，违法从事港口危险货物仓储经营业务。

3. 以不正当手段获得经营危险货物批复

瑞海公司实际控制人于××在港口危险货物物流企业从业多年，很清楚在港口经营危险货物物流企业需要行政许可，但正规的行政许可程序需要经过多个部门审批，费时较长。为了达到让企业快速运营、尽快盈利的目的，于××通过送钱、送购物卡（券）和出资邀请打高尔夫、请

客吃饭等不正当手段，拉拢原天津市交通运输和港口管理局副局长李××和天津市交通运输委员会港口管理处处长冯×，要求在行政审批过程中给瑞海公司提供便利。李××滥用职权，违规给瑞海公司先后五次出具相关批复，而这种批复除瑞海公司外从未对其他企业用过。同时，瑞海公司另一实际控制人董××也利用其父亲曾任天津港公安局局长的关系，在港口审批、监管方面打通关节，对瑞海公司得以无证违法经营也起了很大作用。

4. 违规存放硝酸铵

瑞海公司违反《集装箱港口装卸作业安全规程》和《危险货物集装箱港口作业安全规程》，在运抵区多次违规存放硝酸铵，事发当日在运抵区违规存放硝酸铵高达 800 t。

5. 严重超负荷经营、超量存储

瑞海公司 2015 年月周转货物约 6 万 t，是批准月周转量的 14 倍多。多种危险货物严重超量储存，事发时硝酸钾存储量 1 342.8 t，超设计最大存储量 53.7 倍；硫化钠存储量 484 t，超设计最大存储量 19.4 倍；氰化钠存储量 680.5 t，超设计最大储存量 42.5 倍。

6. 违规混存、超高堆码危险货物

瑞海公司违反《港口危险货物安全管理规定》和《危险货物集装箱港口作业安全规程》的规定以及《集装箱港口装卸作业安全规程》的规定，不仅将不同类别的危险货物混存，间距严重不足，而且违规超高堆码现象普遍，4 层甚至 5 层的集装箱堆垛大量存在。

7. 违规开展拆箱、搬运、装卸等作业

瑞海公司违反《危险货物集装箱港口作业安全规程》，在拆装易燃易爆危险货物集装箱时，没有安排专人现场监护，使用普通非防爆叉车；对委托外包的运输、装卸作业安全管理严重缺失，在硝化棉等易燃易爆危险货物的装箱、搬运过程中存在用叉车倾倒货桶、装卸工滚桶码放等野蛮装卸行为。

8. 未按要求进行重大危险源登记备案

瑞海公司没有按照《危险化学品安全管理条例》《港口危险货物安全管理规定》和《港口危险货物重大危险源监督管理办法》等有关规定，对本单位的港口危险货物存储场所进行重大危险源辨识评估，也没有将重大危险源向天津市交通运输部门进行登记备案。

9. 安全生产教育培训严重缺失

瑞海公司违反《危险化学品安全管理条例》和《港口危险货物安全管理规定》的有关规定，部分装卸管理人员没有取得港口相关部门颁发的从业资格证书，无证上岗。该公司部分叉车司机没有取得危险货物岸上作业资格证书，没有经过相关危险货物作业安全知识培训，对危险品防护知识的了解仅限于现场不准吸烟、车辆要带防火帽等，对各类危险物质的隔离要求、防静电要求、事故应急处置方法等均不了解。

10. 未按规定制定应急预案并组织演练

瑞海公司未按《机关、团体、企业、事业单位消防安全管理规定》（公安部令第 61 号）第 40 条的规定，针对理化性质各异、处置方法不同的危险货物制定针对性的应急处置预案，组织员工进行应急演练；未履行与周边企业的安全告知书和安全互保协议。事故发生后，没有立即通知周边企业采取安全撤离等应对措施，使得周边企业的员工不能第一时间疏散，导致人员伤亡情况加重。

案例18

晋济高速公路山西晋城段岩后隧道"3·1"特别重大道路交通危化品燃爆事故

2014年3月1日14时45分许，位于山西省晋城市泽州县的晋济高速公路山西晋城段岩后隧道内，两辆运输甲醇的铰接列车追尾相撞，前车甲醇泄漏起火燃烧，隧道内滞留的另外两辆危险化学品运输车和31辆煤炭运输车等车辆被引燃引爆，造成40人死亡、12人受伤和42辆车烧毁，直接经济损失8 197万元。

一、直接原因

晋E23504/晋E2932挂铰接列车在隧道内追尾豫HC2923/豫H085J挂铰接列车，造成前车甲醇泄漏，后车发生电气短路，引燃周围可燃物，进而引燃泄漏的甲醇。

1. 两车追尾的原因

晋E23504/晋E2932挂铰接列车在进入隧道后，驾驶员未及时发现停在前方的豫HC2932/豫H085J挂铰接列车，距前车仅五六米时才采取制动措施；晋E23504牵引车准牵引总质量(37.6 t)，小于晋E2932挂罐式半挂车的整备质量与运输甲醇质量之和(38.34 t)，存在超载行为，影响刹车制动。

经认定，在晋E23504/晋E2932挂铰接列车追尾碰撞豫HC2932/豫H085J挂铰接列车的交通事故中，晋E23504/晋E2932挂铰接列车驾驶员李建云负全部责任。

2. 车辆起火燃烧的原因

追尾造成豫H085J挂半挂车的罐体下方主卸料管与罐体焊缝处撕裂，该罐体未按标准规定安装紧急切断阀，造成甲醇泄漏；晋E23504车发动机舱内高压油泵向后位移，启动机正极多股铜芯线绝缘层破损，导线与输油泵输油管管头空心螺栓发生电气短路，引燃该导线绝缘层及周围可燃物，进而引燃泄漏的甲醇。

二、间接原因

1. 山西省晋城市福安达物流有限公司安全生产主体责任不落实

企业法定代表人不能有效履行安全生产第一责任人责任；企业应急预案编制和应急演练不符合规定要求；企业没有按照设计充装介质、《第115批公告》批准及"机动车辆整车出厂合格证"记载的介质要求进行充装；从业人员安全培训教育制度不落实，驾驶员和押运员习惯性违章操作，罐体底部卸料管根部球阀长期处于开启状态。另外，肇事车辆在行车记录仪于2014年1月3日发生故障后，仍然继续从事运营活动，违反了《国务院关于加强道路交通安全工作的意见》(国发〔2012〕30号)的有关规定。

2. 河南省焦作市孟州市汽车运输有限责任公司危险货物运输安全生产的主体责任落实不到位

企业未能吸取2012年包茂高速陕西延安"8·26"特别重大道路交通事故教训，仍然存在"以包代管"问题；没有按照设计充装介质、《第215批公告》批准及"机动车辆整车出厂合格证"记载的介质要求进行充装；驾驶员和押运员习惯性违章操作，罐体底部卸料管根部球阀长期处于开启状态。

3. 晋济高速公路煤焦管理站违规设置指挥岗加重了车辆拥堵

(1) 晋济高速公路煤焦管理站违反设计要求在泽州收费站前设置指挥岗，加重了车辆拥堵。拥堵发生后,未主动协调配合收费站等单位对车辆进行疏导。

(2) 晋城市公路煤炭有限公司作为晋济高速公路煤焦管理站的上级主管单位,对管理站的监督检查和工作指导不力,未纠正指挥岗长期违规设在泽州收费站前的问题。

4. 湖北东特车辆制造有限公司、河北昌骅专用汽车有限公司生产销售不合格产品

湖北东特车辆制造有限公司生产销售的"晋 E2932 挂"半挂车的罐体未安装紧急切断阀,不符合《道路运输液体危险货物罐式车辆 第1部分:金属常压罐体技术要求》(GB 18564.1—2006)标准的规定,属于不合格产品。河北昌骅专用汽车有限公司生产销售的"豫 H085J 挂"半挂车的罐体和"豫 U8315 挂"半挂车的罐体未安装紧急切断阀,不符合《道路运输液体危险货物罐式车辆 第1部分:金属常压罐体技术要求》(GB 18564.1—2006)标准的规定,属于不合格产品。车辆未经过检验机构检验销售出厂,不符合《危险化学品安全管理条例》的规定。

5. 山西省晋城市、泽州县政府及其交通运输管理部门对危险货物道路运输安全监管不力

(1) 泽州县道路运输管理所组织开展危险货物道路运输管理和监督检查工作不力对山西省晋城市福安达物流有限公司存在的行车记录仪终端长时间无法运行、从业人员安全教育培训走形式等问题监管不力、执法不严,督促企业整改安全隐患不到位。晋城市道路运输管理局对危险货物运输安全监管责任、挂牌责任不落实;重审批、轻监管,对山西省晋城市福安达物流有限公司的监督检查不细致,开展安全生产大检查和专项检查工作不深入;对泽州县道路运输管理所履行监管职责督促指导不力。

(2) 泽州县交通运输管理局对道路运输管理所组织开展危险货物道路运输安全监管工作监督检查不力,对道路运输管理所未认真履行监管职责的问题失察。晋城市交通运输管理局开展危险货物道路运输安全监管工作不到位,在2013年山西省组织开展的道路运输安全生产大检查等工作中,未认真组织落实对危险货物运输安全的大检查,指导督促泽州县交通运输管理局履行危险货物运输安全监管职责不到位。

(3) 泽州县政府对泽州县交通运输管理局开展交通运输行业安全监管工作指导不力,未能有效指导泽州县交通运输管理局认真履行监管职责,未发现和纠正企业违规经营行为。泽州县委未认真贯彻落实"党政同责、一岗双责、齐抓共管"的要求,指导监督县政府和相关职能部门履行安全生产监管责任不到位。

(4) 晋城市政府贯彻落实国家道路运输安全相关法律法规不到位,对市交通运输管理部门和泽州县政府履行道路运输安全监管职责的情况督促检查不到位。

6. 河南省焦作市交通运输管理部门和孟州市政府及其交通运输管理部门对危险货物道路运输安全监管不到位

(1) 孟州市公路运输管理所未认真吸取2012年包茂高速陕西延安"8·26"特别重大道路交通事故教训,未能纠正孟州市汽车运输有限责任公司危险货物车辆挂靠经营的问题,对该公司开展从业人员安全教育、隐患排查及应急演练等工作检查指导不到位,督促整改不力。焦作市道路运输管理局对孟州市公路运输管理所业务指导不到位;对危险货物运输企业申请材料办理把关不严,督促检查不到位。

(2) 孟州市交通运输局未认真吸取2012年包茂高速陕西延安"8·26"特别重大道路交通事故教训,未能纠正孟州市汽车运输有限责任公司危险货物车辆挂靠经营的问题,对孟州市公路运输管理所开展道路运输企业安全生产监督检查工作督促指导不到位;对局属孟州市汽车运输有限责任公司在安全生产管理中存在的问题督促整改不力。焦作市交通运输局对焦作市道路运输管理局在危险货物业务审批、监督检查等工作中存在的问题监督指导不到位;对孟州市

交通运输局业务指导不力。

（3）孟州市政府对孟州市交通运输局开展交通运输行业安全监管工作指导不力，未能有效指导孟州市交通运输局纠正企业违规经营行为。

7. 山西省高速公路管理部门对高速公路管理和拥堵信息处置不到位

（1）晋城高速公路有限责任公司作为晋济高速公路的运营管理单位，对晋济高速公路煤焦管理站在泽州收费站前方违规设立指挥岗的请求采取默许态度，未予制止；企业应急预案的针对性和可操作性不强，启动标准不明确，培训和演练不到位；信息监控中心发现道路拥堵后，未按应急响应要求及时通知高速交警、煤焦管理站，也未对拥堵情况进行跟踪和处理；泽州收费站未主动向煤焦管理站提出疏导措施建议。

（2）山西省高速公路管理局作为山西省高速公路的行业监管部门和晋城高速公路有限责任公司的上级主管部门，履行高速公路安全运营监管职责不到位，对晋城高速公路有限责任公司交通安全运营工作指导督促不力；应急预案的针对性和可操作性不强；所属信息监控中心在接到拥堵信息后未按规定及时报告领导并作好记录，也未作进一步跟踪处理，安全管理制度不规范、落实不到位。

8. 山西省公安高速交警部门履行道路交通安全监管责任不到位

（1）山西省公安高速交警三支队八大队未能预判晋济高速公路解除封闭措施后车辆集中驶入高速公路情况，拥堵情况出现后，对事故路段交通巡查、疏导不力，未积极主动协调泽州收费站、煤焦管理站等相关单位采取有效措施疏导车辆。

（2）山西省公安高速交警三支队指导督促八大队开展路面交通巡查、疏导工作不到位，对八大队业务培训教育不到位。

9. 山西省锅炉压力容器监督检验研究院、河南省正拓罐车检测服务有限公司违规出具检验报告

（1）山西省锅炉压力容器监督检验研究院槽车罐车质量安全检验站为晋 E2932 挂使用罐体出具了“允许使用”的委托检验报告。晋城市福安达物流有限公司晋 E2932 挂使用罐体未安装紧急切断阀，不符合《道路运输液体危险货物罐式车辆 第 1 部分：金属常压罐体技术要求》（GB 18564.1—2006）标准要求中 5.8 的规定，属于不合格产品，且改变了充装介质。

（2）河南省正拓罐车检测服务有限公司为豫 H085J 挂使用罐体出具了“允许使用”的年度检验报告。孟州市汽车运输有限责任公司豫 H085J 挂使用罐体未安装紧急切断阀，且豫 H085J 挂使用罐体壁厚为 4.5 mm，不符合《道路运输液体危险货物罐式车辆 第 1 部分：金属常压罐体技术要求》（GB 18564.1—2006）标准要求。

10. 事故暴露的其他问题

此次事故中的危险化学品罐式半挂车实际运输介质均与设计充装介质、公告批准、合格证记载的运输介质不相符。按照《道路运输液体危险货物罐式车辆 第 1 部分：金属常压罐体技术要求》（GB 18564.1—2006）的要求，不同的介质因为化学特性差异，在计算压力、卸料口位置和结构、安全泄放装置的设置要求等方面均存在差异，不按出厂标定介质充装，造成安全隐患。